U0172887

复杂环境智能机器人丛书

国家科学技术学术著作出版基金资助出版

# 智能喷涂机器人关键技术及应用

## Key Technologies and Applications of Intelligent Spray-painting Robots

訾　斌　王正雨　钱　森　郑　磊　潘敬锋　著

科学出版社

北　京

# 内 容 简 介

本书主要针对智能喷涂机器人关键技术及应用,详细介绍了喷涂机器人动力学建模、运动精度与可靠性分析、主从示教、助力拖动示教、基于数字孪生的离线编程系统、轨迹规划及路径规划、多机协同喷涂及动态监控技术等内容,并阐述了智能喷涂机器人在家具、钢结构及迷彩喷涂等方面的典型应用,总结了柔性化喷涂生产线和智能喷涂共享中心的研究进展。

本书将智能喷涂机器人关键技术的理论、仿真与实验等研究内容相结合,并介绍了相关案例的典型应用,既可供从事喷涂机器人领域研发和工业应用的工程科技人员、科研院所的研究人员参考,也可作为相关专业本科生及研究生的参考书。

**图书在版编目(CIP)数据**

智能喷涂机器人关键技术及应用/訾斌等著. —北京:科学出版社,2024.3
(复杂环境智能机器人丛书)
ISBN 978-7-03-077785-0

Ⅰ.①智… Ⅱ.①訾… Ⅲ.①喷涂-工业机器人 Ⅳ.①TP242.2

中国国家版本馆 CIP 数据核字(2024)第 021096 号

责任编辑:蒋 芳 高慧元 / 责任校对:高辰雷
责任印制:张 伟 / 封面设计:许 瑞

科学出版社 出版
北京东黄城根北街 16 号
邮政编码:100717
http://www.sciencep.com
北京中科印刷有限公司印刷
科学出版社发行 各地新华书店经销
*
2024 年 3 月第 一 版 开本:720×1000 1/16
2024 年 3 月第一次印刷 印张:20 1/4
字数:405 000
**定价:159.00 元**
(如有印装质量问题,我社负责调换)

# "复杂环境智能机器人丛书"编委会

主　编：王耀南　丁　汉　宋爱国

编　委(按姓名笔画排序)：

文　力　方勇纯　卢　伟　卢秋红　朱大奇

刘小峰　李　斌　宋光明　宋全军　陆　希

周公博　谢　叻　訾　斌　熊　蓉　戴振东

# 丛书序

　　智能机器人是衡量现代科技和高端制造业水平的重要标志，是制造业皇冠顶端的明珠。我国在《中华人民共和国国民经济和社会发展第十四个五年规划和2035年远景目标纲要》等规划中，均将"智能机器人"作为重点领域部署。随着我国空间探测、核能利用、矿山开发、应急救援、水下作业等领域的快速发展，迫切需要可在未知或危险环境中完成复杂作业任务的智能机器人。

　　智能机器人已经融入了我们的日常生活，并且在工业、医疗、军事等领域发挥着越来越重要的作用。尤其在复杂环境的应对方面，智能机器人的优势得到了充分的发挥。然而，复杂环境智能机器人的研究和应用还面临许多挑战。为了深入探讨这些难题，我们组织了"复杂环境智能机器人丛书"。

　　复杂环境智能机器人丛书面向空间探测、航空航天、核能、电力、医疗康复、矿山、消防救灾、水下、农业、安防等多种复杂多变情境，全面完整反映了复杂环境下智能机器人技术的共性理论和前沿技术。丛书集结国内智能机器人领域的知名专家学者，依托多项国家重大科研项目和科研奖项成果，包括国家重点研发计划、国家自然科学基金项目、国家973计划项目、国家863计划项目等。

　　本丛书是首套系统论述和总结复杂环境智能机器人技术的丛书，将对攻克特殊环境服役机器人的关键技术、深化我国特种机器人的工程化应用、加速推进我国智能机器人技术与产业的快速发展有重要意义。

　　在此，我们要感谢本丛书的编委，感谢每一位关心和支持本丛书的专家。同时，也要感谢科学出版社的大力支持。

　　最后，祝愿本丛书能够在推动智能机器人领域的发展和进步中发挥积极的作用。

"复杂环境智能机器人丛书"编委会

2024年2月

# 前　言

由于传统的人工喷涂方式存在喷涂质量不稳定、油漆利用率低、污染较大，且有职业病隐患等诸多问题，机器替人已成为必然的趋势。随着近年来工业机器人技术的飞速发展，喷涂机器人已经广泛应用于汽车、家具、五金及卫浴等行业。"中国制造 2025"提出要加强智能制造工程的发展，加快新一代信息技术和制造技术的融合。喷涂机器人作为工业机器人的一种，其关键技术的发展及应用对提升产业水平，加速智能制造进程有重要的学术意义和生产应用价值。

智能喷涂机器人作为智能喷涂系统的核心，是由机构学、材料科学、计算机、多元信息感知等多学科技术交叉综合而构成的复杂机器人系统，其发展与新材料、新设计、新方法和新工艺的应用密不可分。本书针对智能喷涂机器人的关键技术进行了详细系统的阐述，从喷涂机器人的发展概述、基本特点、系统建模、理论分析到计算机仿真，知识点覆盖面广，通过多学科交叉融合，体现了智能喷涂机器人关键技术及应用。

全书针对当前智能喷涂机器人在生产应用中的关键技术，将理论研究、仿真分析与实验相结合，重点总结了喷涂机器人动力学建模、运动精度与可靠性分析、主从示教、助力拖动示教、基于数字孪生的离线编程系统、轨迹规划及路径规划、多机协同喷涂及动态监控等技术，以及柔性化喷涂生产线典型应用的研究进展。

本书的研究成果得到了国家重点研发计划智能机器人专项 "喷涂机器人技术及在家具行业的示范应用"（2017YFB1303900）、国家杰出青年科学基金项目 "智能柔性驱动机器人理论、技术与装备"（51925502）等项目的资助，在此表示衷心的感谢。同时，感谢合肥工业大学智能机器人研究所对本书相关内容做出的贡献，特别感谢埃夫特智能装备股份有限公司、希美埃（芜湖）机器人技术有限公司及赣州汇明木业有限公司的大力支持。本书由合肥工业大学訾斌教授、王正雨副教授、钱森副教授、潘敬锋博士生和埃夫特智能装备股份有限公司郑磊副总经理撰写，全书由訾斌教授统稿。本书在撰写过程中引用了一些国内外文献资料，在此向有关参考文献的作者表示感谢。

　　由于作者水平有限，书中难免存在疏漏之处，恳请读者予以批评指正。

作　者

2023 年 10 月于合肥

# 目 录

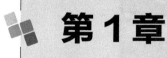

# 第1章

## 绪 论

## 1.1 喷涂机器人概述

### 1.1.1 喷涂机器人的基本概念

表面喷涂是生产制造过程中非常重要的一道工序，能够有效地保护工件免受环境的腐蚀，延长工件使用寿命，改善工件表面性能以及美化工件外观等[1]。传统的表面喷涂都是以手工或半自动化方式完成的，喷涂过程中油漆释放大量对人体有害的物质，长期处于恶劣工作环境中的喷涂工人，健康会受到极大的影响。除此之外，由于人工操作无法做到在喷涂过程中全程匀速移动喷枪和精准重复，工件表面喷涂质量不一、工件返喷率较高[2]。大部分的工业制造产品（如机床、工程机械、农林机械、交通运载工具、家电、家具等）在制造过程中都会涉及表面涂装工艺[3]。飞机、航天器等产品对表面涂装质量要求极高，其涂装质量直接影响到产品的使用性能和安全性能。对于汽车、家电等消费级产品，其表面涂装质量将直接影响产品的寿命以及在市场上的竞争力。此外，现代工业与以往的单一化、大批量生产模式有所不同，用户定制的个性化产品逐渐增多。这些都对表面喷涂技术提出了新的要求，因此需要高精度、智能、柔性化自动喷涂设备来解决所面临的问题。为改善喷涂工人工作环境、提高产品质量，一些机器人厂商将机器人应用到喷涂领域并且取得了很好的效果。

喷涂机器人又称为喷漆机器人（spray painting robot），是可进行自动喷漆或喷涂其他涂料的工业机器人。喷涂机器人是机器人技术与表面喷涂工艺相结合的产物，是工业机器人领域的一个重要分支，主要应用于工业产品的表面涂装作业[4]。世界上首台喷涂机器人在1969年由挪威的Trallfa公司发明并制造出来（图1.1），用以喷涂独轮手推车的车厢。经过50多年的发展，喷涂机器人的喷涂性能逐渐提高、喷涂功能日趋完善（图1.2）。喷涂机器人的应用包含了汽车、家具、五金等行业，近年来也逐渐应用到船舶、航空[5]，不仅提高了工业自动化水平，还使得表面涂装技术迈向新的台阶。

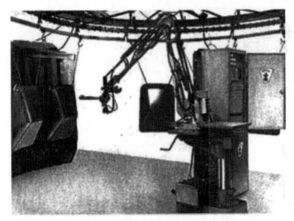

图 1.1　世界上首台喷涂机器人

图 1.2　现代喷涂机器人

## 1.1.2　喷涂机器人的主要特点

喷涂机器人主要由机器人本体、计算机和相应的控制系统组成，液压驱动的喷涂机器人还包括液压油源，如油泵、油箱和电机等。多采用 5 或 6 自由度关节式结构，手臂有较大的运动空间，并可做复杂的轨迹运动，其腕部一般有 2～3 个自由度，可灵活运动。较先进的喷涂机器人腕部采用柔性手腕，既可向各个方向弯曲，又可转动，其动作类似人的手腕，能方便地通过较小的孔伸入工件内部，喷涂其内表面。喷涂机器人一般采用液压驱动，具有动作速度快、防爆性能好等特点，可通过手把手示教或点位示教来实现。喷涂机器人属于工业机器人范畴，带有腕部结构的刚性串联机械臂通常可以实现较大的工作空间并且有较为灵活的工作姿态，能够很好地满足喷涂过程对姿态灵活性的需求，因此在喷涂行业中得到较为广泛的应用，典型串联机构喷涂机器人如图 1.3 所示。

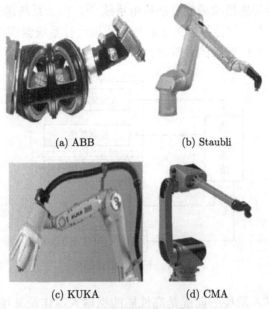

(a) ABB　　　　　(b) Staubli

(c) KUKA　　　　　(d) CMA

图 1.3　典型串联机构喷涂机器人

　　喷涂机器人具有以下特点：① 重复定位精度高、可实现喷枪匀速移动，因此工件表面涂层厚度均匀、喷涂效果好，不同工件表面喷涂质量一致性高；② 喷涂作业不受环境影响，无须担心有害气体损害喷涂机器人的健康；③ 喷涂机器人可连续运作，提高生产效率；④ 喷涂机器人柔性化程度高，针对不同工件只需修改相应的控制程序即可实现喷涂作业；⑤ 使用方便，对于喷涂机器人的编程可以采用示教方式，只需有经验的喷涂工人拖动机器人喷枪完整地喷完一个工件即可将喷涂轨迹存储到喷涂机器人控制系统中 [6]。

## 1.2　智能喷涂机器人关键技术概述

　　喷涂机器人属于工业机器人的一种，一般来说，由 3 大部分 6 个子系统组成。3 大部分是机械部分、传感部分和控制部分。6 个子系统可分为机械结构系统、驱动系统、感知系统、机器人–环境交互系统、人机交互系统和控制系统 [7]。其结构框图如图 1.4 所示。其关键技术领域也包含机械结构、驱动系统、感知系统、操作系统及机器人示教系统。

　　自第一台商业化喷涂机器人 DeVilbiss-Trallfa 问世以来，喷涂机器人逐步从液压驱动到电机驱动，从笨重的机构设计到集成化的轻量机构，喷涂作业也从单机器人作业到多机器人协同作业，从人机分离到人机协作，而未来的智能机器人将独立完成高度复杂的作业任务。智能喷涂机器人是拥有自感知、自执行、自适

应等能力的由多种传感器构成的复杂机电系统[8]，由于系统越来越复杂，综合利用现代信息技术、人工智能技术的最新研究成果进行系统健康状态的监测、预测、诊定和管理是实现智能喷涂的关键部分[9-11]。

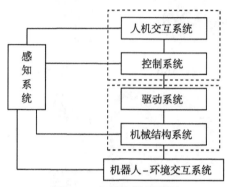

图 1.4　机器人结构框图

　　智能喷涂机器人发展的前提是高性能的机器人本体及高精度运动控制算法。随着加工制造精度的不断提高，先进的结构优化设计方法和零部件装配技术从根本上提升了机器人的静动态性能[12]。近年来，针对机器人本体机构刚度优化[13,14]、运动学参数标定技术[15]、动力学参数辨识技术[16]等不断创新，进一步保证了机器人静动态性能。迭代学习控制[17]、模糊控制[18]、神经网络[19]和自适应控制[20]等单一控制策略已成功用于机器人运动控制和路径跟踪避障控制。此外，将单一控制策略与其他控制策略相结合的混合控制方法在机器人的控制中也发挥了重要作用[21]。

　　针对智能喷涂机器人关键技术及其应用，本书首先介绍了喷涂机器人技术的当前研究现状，然后第 2~7 章主要从喷涂机器人的运动精度及可靠性分析、拖动示教和主从示教技术、迷彩路径规划、离线编程技术、系统协同喷涂和动态监控等几个方面进行详细的理论分析及应用介绍，第 8 和第 9 章详细介绍了智能喷涂机器人在实际喷涂生产中的典型应用。

## 1.3　智能喷涂机器人国内外研究现状

　　喷涂机器人属于工业机器人的一种特殊应用，因此喷涂机器人的发展与工业机器人相关技术密切相关。工业机器人的产生和发展主要源于国外，国外一些发达国家在工业机器人技术上拥有很多经验积累和技术优势。相比之下，国内工业机器人研究起步较晚，所研发设计的工业机器人性能与国外工业机器人也存在差距。随着"中国制造 2025"的提出[22]，要加强智能制造工程的发展，加快新一代信息技术和制造技术的融合，工业机器人技术在中国制造业转型的过程中得到了飞速的发展。国内一些科研院所、高校以及企业都加大对工业机器人的研究力度，国内工业机器人研发环境有所改善，众多学者和企业研究人员也在智能喷涂机器人关键技术领域进行了大量的研究。

1. 喷涂机器人运动精度与可靠性分析

喷涂机器人的运动精度分析主要考虑机器人本体误差及运行环境的影响，目前常用的描述方法有最大熵原则、粗糙集理论、遗传算法和蒙特卡罗（Monte Carlo）方法等。Kim 等为了研究机器人本体误差对末端运动精度的影响，使用一阶可靠性方法（FORM）并假设影响机器人末端位姿精度的关节间隙变量和连杆参数都为随机正态分布，建立了六自由度串联机器人的末端位姿的 6 个功能函数，从而计算出机器人的运动可靠性指标[23]。Rao 等针对机器人的关节间隙和连杆尺寸偏差的优化，在机器人末端位置不同精度的要求下，使用 Monte Carlo 模拟 (MCS) 进行了大量的模拟计算，对机器人的本体设计有着重要作用，但计算过程需要大量数据并且效率相对较低[24]。Pandey 等针对关节间隙这一单一因素对机器人系统可靠性的影响进行了研究，提出了一种极值分布方法，使用最大熵原则来描述机器人的位置误差，推导出机器人末端运动的可靠性函数[25]。Sharma 等则使用模糊理论和遗传算法对机器人的末端运动可靠性进行了评估[26]。

机器人运动可靠性分析的一个重要基础便是机器人的定位精度测量和标定实验研究。华东交通大学的孙剑萍等综合考虑机器人各连杆参数的不确定性区间取值对末端精度的影响，研究定位精度的可靠性及标定问题，基于区间数学，提出了一种基于非概率模型的机器人定位精度及参数标定的可靠性度量及分析方法[27]。陈钢等提出了一种基于误差模型的机器人运动学位置参数和角度参数分离标定方法，利用 MCPC 方法建立机器人运动学方程[28]。而何锐波等将指数积公式引入基于关节运动轨迹的串联机构进行运动学参数辨识，并通过实验验证了方法可用于一般串联机构运动学标定[29]。北京邮电大学的李彤等通过研究机器人末端定位精度和运动可靠性的数学关系来描绘机器人的轨迹跟踪任务，并分析了影响机器人定位精度的因素，并且提出了机器人末端轨迹跟踪任务的通用运动可靠性模型[30]。浙江大学的王伟等通过研究路径中所有离散位置点误差的极值分布，基于最大熵原理建立了机器人系统的功能函数，采用四阶矩估计法 (FMRM) 对机器人的可靠性进行了计算[31]。

2. 喷涂机器人拖动示教技术

喷涂机器人的示教技术是研究喷涂机器人的核心问题。喷涂机器人对工件表面进行喷涂的过程中，喷涂的轨迹示教是非常重要的环节，因为喷涂的轨迹决定了喷涂效果和喷涂效率[32]。目前喷涂机器人喷涂轨迹示教方法主要分为离线编程示教[33] 和拖动示教[34] 两种。离线编程是目前应用范围最广的示教方式，操作人员在示教器或仿真软件上离线编写一段机器人的运动轨迹后，喷涂机器人读取并执行轨迹以完成预期喷涂任务。

现有的成熟的机器人离线仿真软件包括瑞士 ABB 公司的 RobotStudio 软件，见图 1.5(a)[35,36]；德国 KUKA 公司研发的 KUKA.Sim 仿真软件，见图 1.5(b)[37]；日本 FANUC 公司的 RoboGuide 软件，见图 1.5(c)；日本 KAWASAKI 开发的 K-ROSET 机器人仿真软件，见图 1.5(d)。中国希美埃公司开发的视觉编程技术，针对平面类和简单立体类工件，率先采用视觉传感器，可自动识别和提取工件的位置和轮廓特征，同时根据喷涂工艺专家系统及预先设定的喷涂规则，自动生成喷涂程序。拖动示教如图 1.6 所示，由操作人员手持固定在工业机器人的末

(a) ABB RobotStudio

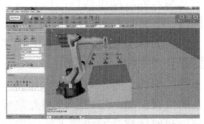
(b) KUKA.Sim

(c) RoboGuide

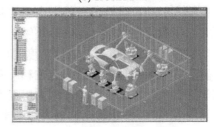
(d) K-ROSET

图 1.5　工业机器人离线编程示教器

图 1.6　工业机器人拖动示教

端的拖动器，拖动喷涂机器人在实际的工作环境中直接对家具进行喷涂，在喷涂作业的过程中，工业机器人控制系统会同时记录下机器人的运行轨迹，拖动示教完成后便可以运行已保存的轨迹对喷涂动作进行复现。

为了更好地进行喷涂机器人的拖动示教，国内外学者近年来针对助力拖动示教技术做了大量的研究，ABB 美国研究中心的 Choi 等 [38] 设计了一种可安装在机器人末端执行器上的便携拖动示教的摇杆装置，并对该装置进行了校准，使用此设备可以使示教更方便。示教摇杆共有六个自由度，示教时通过摇杆采集示教者的动作意图，并将数据传输到机器人控制系统，使机器人末端沿着示教者的运动方向移动，从而实现随动示教功能。

意大利米兰理工大学的 Ragaglia 等 [39] 提出一种针对轻型机器人拖动精确示教方法，其特点是不依赖于力/力矩传感器，根据机器人的动力学模型和关节角度、关节角速度以及关节驱动电机的电流值等参数估计示教者的拖动力大小。采用投票系统识别示教者施加在机器人上的力和力矩大小及方向，通过导纳控制获得机器人精确拖动示教程序。该示教控制方案如图 1.7 所示。美国加利福尼亚大学的 Lin 等 [40] 提出了一种远程引导示教方法，该方法在传统引导示教的基础上将示教操作者和机器人分离开来，实现远程引导示教功能。在示教装置中加入 ATI 六维力/力矩传感器，获得操作者所施加在示教装置上的力和力矩，使用动作捕捉系统获取操作者的移动和旋转方位，最后将力/力矩传感器和动作捕捉系统采集的信号输入机器人控制系统对机器人的运动进行控制，示教系统硬件和示教装置如图 1.8 和图 1.9 所示。

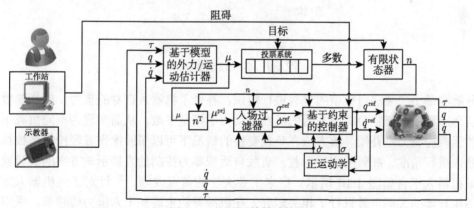

图 1.7　拖动示教算法框图

中国科学院沈阳自动化研究所的侯澈等 [41] 研究了负载自适应零力控制的直接示教，提出一种零力控制方法，将柔性关节机械臂的动力学作为被控对象，考虑了模型中的电机摩擦力、惯量和机械臂重力在示教过程中的影响，并采用 QR

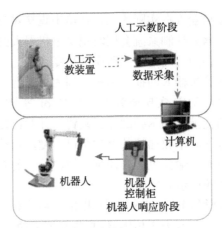

图 1.8　远程引导示教硬件结构

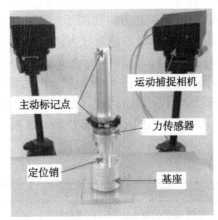

图 1.9　示教演示装置

分解和最小二乘法对模型的参数进行辨识，补偿了机器人自身的重力。根据参数自适应程序，调整负载变换后的机器人动力学模型参数，从而实现为不同负载下的示教提供力矩补偿。该方法在负载变换的情况下可以帮助操作者轻松地拖拽机器人进行精准、高效的直接示教，负载自适应零力控制的直接示教方案的实验验证机器人平台如图 1.10 所示。广东工业大学的黄冠成等[42]针对工业机器人末端执行器的柔顺示教进行了相关研究。在机械臂的末端加上六维力传感器，采用柔顺控制算法和力位控制算法相结合的机器人控制算法，使机械臂实现柔顺示教功能，柔顺示教控制框图和硬件结构如图 1.11 和图 1.12 所示。文献 [43] 提出了一种新型的机器人示教系统，使用视觉捕捉系统获得示教笔的末端位姿对机器人进行示教。在示教笔上不同位置安装光学靶点，动作捕捉系统通过采集

图 1.10　7 自由度工业机器人实验平台

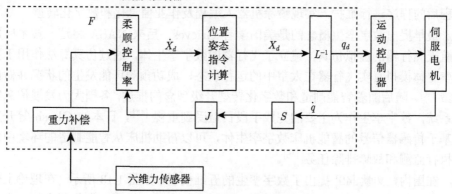

图 1.11　柔顺示教控制框图

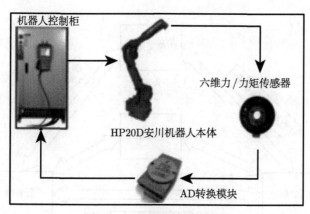

图 1.12　柔顺示教硬件结构

各光学靶点的位置坐标进而计算出用以控制机器人运动的笔尖位置和姿态。采用菲茨定律对该方法进行有效的验证，结果表明此示教系统具有准确度高、操作方便以及稳定性好等特点。

3. 基于数字孪生的离线编程技术

数字孪生指在信息化平台内建立一个物理实体、流程或者系统，借助数字孪生，可以在信息化平台了解物理实体的状态，并对物理实体里面预定义的接口元件进行控制[44]。数字孪生技术与其他领域相结合，具有远程实时监控、虚拟现实实验和超前仿真解决现实体存在问题等优点[45]，将数字孪生技术应用于喷涂机器人离线编程，通过采集喷涂机器人工作时的关节角度数据，使孪生体实时地复现实体喷涂机器人的运动，从而远程监控喷涂机器人的程序执行状态。监控的结果可以作为反馈信息对编制的机器人程序做相应的改进，增加编程精度，并能对编程后的程序进行维护，实现喷涂机器人编程及作业信息化和数字化转型。

最早提出数字孪生概念的是美国学者 Grieves，后来 NASA 将这一技术应用于航天飞行器的虚拟仿真，建立了飞行器的数字孪生体，通过仿真算法作用于数字孪生体模拟真实飞行器在太空中的运行状态，成功预测可能发生的状况并做出决策[46]。随后随着智能制造和数字化转型升级理念的推进，各国大力发展信息物理系统，数字孪生作为主要的完成手段日益受到重视[47]。日本的 Ghosh 等开发了基于传感器信号的智能机床数字孪生体，可以帮助机床从智能制造的环境中自主执行监测和故障排除任务[48]。

在国内，文献 [49] 提出了数字孪生的五维模型，如图 1.13 所示。在理论上较为丰富地描述了数字孪生技术模型的工作过程，该五维模型是指物理实体、虚拟实体、孪生数据、数据连接通信和服务[50]。哈尔滨工业大学的刘大同等梳理了数

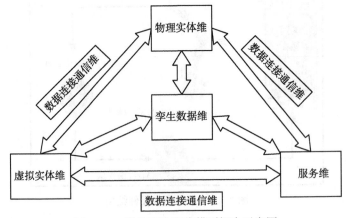

图 1.13　数字孪生五维模型概念示意图

字孪生基本概念、技术体系和关键技术以及未来发展趋势，分析了数字孪生与大数据、人工智能等的相互促进关系[51]。南京理工大学的柳林燕等将数字孪生应用于车间生产过程，依据数字孪生技术理论，建立了车间生产过程数字孪生系统体系架构，并对车间实际生产线进行了数字孪生的实现[52]。

在国外，针对机器人离线编程技术的研究较早且发展比较成熟，1987年，Klein提出了基于 CAD 建模技术的喷涂机器人离线编程系统[53]。20世纪80年代中期美国 NASA 在航空飞机发动机机器人焊接领域应用离线编程技术[54]，到了20世纪90年代后已经有一些商业性离线编程系统产生。德国西门子公司研发了具备机器人模型建立、运动仿真和机器人程序编制等功能的机器人离线编程系统 RobCAD，该系统广泛用于汽车焊接喷涂领域[55]。加拿大某公司研发了支持目前大多数机器人品牌的离线编程系统 RobotMaster[56]，集机器人程序编写、模拟仿真和程序文件输出等功能于一体，能够用于机加工、焊接和喷涂领域，目前该软件在国内由上海傲卡公司代理[57]。瑞士机器人公司 ABB 针对其自身的机器人产品研发了一套包含模型导入、轨迹规划、程序编写、文件输出和虚拟示教器等功能的机器人离线编程系统 RobotStudio，该软件经过多年的迭代功能日益完善成熟，近期的版本更是结合了数字孪生技术，可实现虚拟现实和虚实交互等，但对机器人品牌支持有限[58]。

虽然国内对于机器人离线编程技术的研究要晚于国外，但是随着该技术流入国内后立马引起众多高校和公司的重视。北京工业大学在 C++ 的基础上进行二次开发，研发了用于机器人焊接的机器人离线编程系统[59]。华中科技大学基于计算机技术研发了用于汽车喷涂的机器人离线编程系统 HOLPSS，可以搭建机器人模型、运动仿真和程序编写等，缺点是基于计算机技术只能使用机器语言进行编程[60]。上海交通大学在 OpenGL 的基础上进行二次开发，研发出可人机交互和模拟仿真功能的机器人离线编程系统，可对机器人程序自动转换[61]。国内一些公司目前也相继研发出商业化机器人离线编程系统，第一款国内商业化离线编程软件是由北京华航唯实公司研发的 RobotArt，该系统功能齐全，可与国外离线编程软件相媲美，包含模型建立、运动规划、模拟仿真、程序编写以及信息通信等功能，目前用于焊接、加工和喷涂等领域[62]。埃夫特机器人公司研发出支持多品牌机器人、物流仿真和喷涂焊接工艺解决方案等多功能离线编程系统 ER_Factory[63]。埃斯顿自动化公司自主研发了机器人离线编程系统 Estun Studio，可实现离线编程、多场景仿真[64]。

4. 基于遥操作的主从示教技术

结合虚拟现实和遥操作技术的喷涂机器人主从示教技术具有传统示教方法不具备的高效、直观、安全的优点。将遥操作技术与虚拟现实技术结合起来并用于机器人喷涂，可以使操作人员远程操作喷涂机器人进行喷涂，免受涂料对身体的伤害，同时虚拟现实技术可以增强遥操作主从示教过程中的临场感，降低了遥操作主从示教交互的难度。结合虚拟现实和遥操作的喷涂机器人主从示教系统的研究和开发具有现实应用和学术研究意义。

1948 年，美国阿贡原子能实验室研制出了世界上第一台主从示教机器人 M1[65] 如图 1.14 所示，被用于原子能领域，是主从示教技术诞生的标志。至此各个国家开始对主从示教技术开展了大量的研究，并将该技术广泛应用于原子能研究、深海开发、太空探索、远程医疗、救险反恐等领域，并取得了丰硕的成果。近年来，随着计算机技术的飞速发展，主从示教技术得到了进一步的发展。

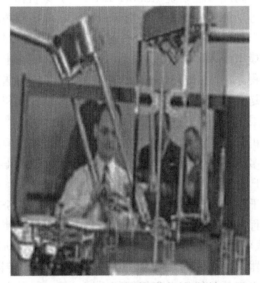

图 1.14　M1 主从遥操作机械手样机

瑞典厄勒布鲁大学利用现实与虚拟世界相结合的混合现实技术，开发了一种新型的遥操作主从示教系统，并提出了一种新的系统设计和控制算法。在系统设计中，基于任务空间实时数据增强的虚拟环境，开发了混合现实接口，以增强操作人员的视觉感知能力。为了使操作者从控制回路中自由解耦，减轻操作者的负担，提出了一种新的交互代理来控制机器人[66]。智利大学使用 RGB-D 摄像机获得的点云数据作为触觉反馈，并建立用户可以与之交互的虚拟机器人和虚拟工作环境，提出用于机器人主从操作的方法。机器人的运动首先在虚拟工作区中执行，然后在实际工作区中执行。使用点云数据创建虚拟工作区，并使用该数据直接计算触觉反馈。另外，智利大学研究了 "比例工作空间" 和 "增量末端执行器运动"两种反向运动主从示教模式,目的是确定哪种更适合触觉遥操作方法。结果证实,所提出的触觉远程操作方法通过减少机器人末端执行器轨迹与目标轨迹之间的平均误差可以提高操作人员的精度,减少了末端执行器与环境中的物体碰撞的可能性,还缩减了在未知工作空间中完成轨迹跟踪任务所花费的时间。效果更好的逆运动遥操作模式是"比例工作空间",它让操作人员具有更直观的操作感受[67]。在航空航天领域,德国宇航局开发了结合力、触、视觉的应用于空间站的主从系统,可以在太空完成来自地球的运动指令[68]。

美国麻省理工学院计算机科学和人工智能实验室开发了一种低成本的基于心智模型的 VR 主从远程控制机器人系统,如图 1.15 所示,该主从系统利用了虚拟现实技术并将其与现有的机器人控制基础架构集成在一起。该系统运行在一个商业游戏引擎上,使用的是现成的 VR 硬件,可以部署在多个网络架构上。该系统基于人脑模型并将用户嵌入 VR 控制室中。控制室允许显示多个传感器,并在用户和机器人之间进行动态映射,该动态映射允许用户和机器人之间交互[69]。日本同志社大学的 Ito 等为了应对日本人口老龄化严重、劳动力不足的情况开发了一种远程触觉教学系统,在示教人员手臂上安装光学运动传感器来采集人的手臂动作进而对机器人进行主从示教教学动作,并且通过多位置和状态角度的修正提高运动的精确度,将手部运动轨迹作为机器人端点的运动轨迹[70]。韩国电子通信研究院的 Lee 等设计了一种对双臂工业机器人编程示教的主从系统,开发了一种被动外骨骼装置作为主从遥操作系统的主端设备,从而对双臂机器人进行示教,并将基于遥操作的冗余机械手控制方案作为教学软件应用于从机器人控制。实验表明,用主端设备可以测量穿戴者的手臂运动,控制器成功实现了冗余控制遥操作从机器人。并且提出了基于遥操作的示教方法,将人的期望动作直接传递给从机器人完成任务。特别是工作路径由人工操作者手动示教生成,不需要进行复杂的计算。这就减少了教学时间,从而缩短了生产周期,这在工业制造过程中是非常重要的[71]。

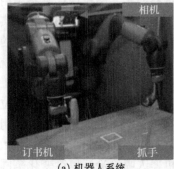  

(a) 机器人系统　　　　　(b) 虚拟现实控制室　　　　　(c) VR系统

图 1.15　麻省理工学院主从系统

华南理工大学的 Xu 等利用视觉信息采集演示者的动作对机器人进行主从示教，机器人就可以再现轨迹 [72]，Yang 等以 TouchX 操纵杆为主端设备，虚拟 Baxter 机器人手臂为从端机器人建立了遥操作主从系统，并将径向基函数 (RBF) 神经网络和波动变量技术相结合，提出了一种远程操作系统的控制方案，同时对通信延迟和动态不确定性的影响进行补偿 [73]。华南理工大学的 Du 等开发了可以在线识别操作人员的手势指令和语音指令的主从示教系统。手势指令的识别通过深度摄像头 (Kinect) 和惯性传感器实现。并且结合区间卡尔曼滤波和改进粒子滤波对操作人员的手势指令进行精确识别后将指令转化成计算机可以理解的文本，利用最大熵算法将文本处理成相应的机器人指令。该在线机器人主从示教系统能够成功地对机器人进行示教 [74]。上海交通大学针对托卡马克柔性内窥机械臂手术装置，设计并实现了基于虚拟现实技术的托卡马克内窥机械臂主从示教手术系统。该系统利用虚拟现实技术对托卡马克腔体进行三维重构，并通过对柔性内窥机械臂进行建模，使得操作人员可以实时地通过虚拟成像从任意角度观察机械臂的位姿状态 [75]。

5. 面向定制迷彩的轨迹规划技术

数码迷彩机器人喷涂技术作为军事装备现代化能力的体现，是世界上各个国家广泛关注和研究的方向，该技术主要运用于军事方面，其喷涂效果的优劣将直接影响本国军队的军事作战能力，因此世界上大多数国家对数码迷彩喷涂的技术研究处于保密状态，可收集的资料相对较少，在此背景下开展数码迷彩机器人喷涂技术研究从而使我国的武器装备能够在战场上实现快速换装是十分重要的。

在欧美、日本等发达国家，喷涂机器人的研发使用已经有相当长的时间，不仅是在喷涂机器人本体研究、控制系统、轨迹规划算法、自动编程等方面拥有了深厚的技术积累，而且拥有 ABB、库卡、发那科、安川、杜尔等公司研发的先进喷涂机器人产品。但出于军事保密的原因，迄今为止没有看到国外有关数码迷彩机器人喷涂设备的新闻报道和相关文献。但相关资料显示，美军现已装备了用于车辆换装的迷彩作业车组，在战场上可以开设用于迷彩喷涂的工作站，能够实现对目标车辆的快速自动换装喷涂 [76]。为实现精确控制 F-35 战机隐身涂层的厚度的需求，2009 年洛克希德·马丁航空公司开发了一套机器人飞机精加工系统 (RAFS)[77]，如图 1.16 所示。该系统包含了 3 台安装在固定导轨上的机械臂，工具中心点的定位精度可达 2.032mm，重复定位精度为 1.524mm，飞机的地面定位精度为 3.175mm，垂直方向定位精度为 0.254mm。除此之外，RAFS 还配备专用的涂层输送系统和离线编程软件，能够融合喷涂工艺对 F-35 战机实现精准喷涂。RAFS 的实验结果显示，与传统的手工喷涂相比，机器人喷涂涂层厚度变化范围的减少率最高可达 90%。

图 1.16　机器人飞机精加工系统

近年来，国内许多的科研院所和机构也相继开展了数码迷彩机器人喷涂技术的研究，但目前为止还处于初级阶段，仍没有开发出一套完整的能够用于实战场景的数码迷彩喷涂装备。西北工业大学的初苗等设计出一种新型的数码迷彩喷涂装置[78]，该装置为直角坐标式机器人，主要包括数码迷彩喷涂装置结构和喷涂设备控制系统两部分，如图 1.17 所示。实验表明该装置可以获得较为理想的数码伪装图案，并验证了喷涂距离和油漆黏度对数码迷彩喷涂的影响，但该装置只能喷涂基本的数码迷彩块，没有结合实际迷彩图案进行喷涂研究。随后初苗等在自行设计的直角坐标数码迷彩喷涂机器人的基础上提出了一种快速控制算法[79,80]，该算法可以实现数码迷彩的高效、快速喷涂，并通过单色和多色喷涂对该算法的有效性进行了验证。

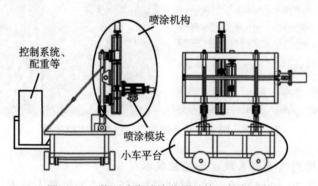

图 1.17　数码迷彩喷涂装置结构及控制系统

总装备部工程兵科研一所的谢卫等构建了一种数码迷彩自动涂装系统[81]，其中硬件部分包括喷涂机器人、固瑞克喷涂设备和 CamCube 3.0 深度相机等，软件部分包括三维模型构建、三维数码迷彩设计和喷涂指令自动生成等模块。使用 CamCube 3.0 深度相机采集目标数据建立目标的三维模型，通过三维数码迷彩设计模块完成喷涂目标的三维模型赋色，最后运行喷涂指令生成模块完成机器人喷涂指令的生成，把完成的指令下载至机器人控制器便可完成目标的数码自动涂装作业，实验表明该系统可有效地提高数码迷彩喷涂效率。但该系统没有说明喷枪喷涂路径的规划方法，还存在需大量人工交互、缺少数码迷彩工艺研究等问题。

哈尔滨工业大学的 Wang 等提出了一种基于投影法的数码迷彩喷涂机器人轨迹规划方法[82]，并对车辆表面的喷涂开展了机器人喷涂规划技术的相关研究[83]。对机器人进行面向喷涂过程的逆运动学求解，运用基于八叉树理论的纹理映射技术实现了二维迷彩图案到三维模型的映射。对于三维模型的喷涂提出一种基于投影法的喷涂规划方法，利用 OpenGL 搭建了喷涂仿真系统，运用仿真软件证明了算法的可行性并检测了机器人的运动效果。实验结果表明该方法可以实现三维模型的数码迷彩喷涂，但仍存在颜色边界不易控制、相邻颜色间混色严重的问题。在此基础上，石文进行了机器人喷涂系统标定与轨迹优化[84]，对机器人基坐标位姿及待喷涂车辆位姿进行了标定。在轨迹规划方面，提出了一种基于分段直线圆弧算法的轨迹优化方法，通过具体的喷涂实验验证了所提方法的有效性和在实际喷涂中的有效性。喷涂实验系统的总体框架与实验效果如图 1.18 所示。

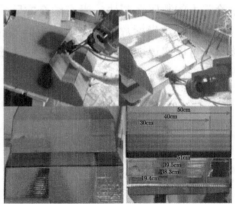

图 1.18　喷涂实验系统的总体框架与实验效果

### 6. 机器人协同喷涂与系统动态监控技术

从 20 世纪 70 年代开始，协同控制技术逐步成为机器人技术领域一个新的发展方向，旨在通过不同机器人进行协同完成不同生产工序。从 20 世纪 80 年代开始，陆续出现一些学者研发出各种各样的多机器人系统，并对这些新系统进行了仿真验证和实验研究，进而根据仿真和实验结果对新系统的理论做进一步的研究。

Suh 等提出一种集中式多机器人控制体系结构[85]，此结构是一种自上而下的层次控制结构。集中式体系结构存在一个主控机器人，根据任务先后需求，分别向其他子机器人传达任务和指令，合理进行任务的分配和调度；当各子机器人完成自己分配的任务后，通过传感器把自己的状态信息反馈到主控机器人，并由主控机器人对此信息进行分析和后续处理。Ben Amor 等提出一种分散式多机器人体系的控制方法[86]。分散式体系结构没有主控机器人，各子机器人由于其高智能性可自主进行决策并完成相应工序。而且，所有机器人之间可以进行相互通信，合理规划自身行为。Kada 等提出一种分布式协同控制体系结构[87]。分布式体系结构综合了集中式和分散式结构的优势，每个智能机器人能够独立完成自身的任务，而且面对环境的改变也能做到快速的适应。

中国科学院沈阳自动化研究所建造的机器人协作装配系统 MRCAS[88] 就是将集中式和分布式两种多机器人体系结构进行整合，最后形成一种分层异构式结构。哈尔滨工业大学的张华军等提出了采用主从协调运动控制方式完成板件两面焊接[89]。其中主机器人为 MOTOMAN 机器人，从机器人为 KUKA 机器人。整个协同系统采用集散控制，搭建了机器人运动学模型，复现了主机器人的运动轨迹。关英姿等对空间多机器人协同运动规划进行了研究[90]。整个协同控制系统由一个 7 自由度操作机器人和一个 13 自由度机器人组成，采用可重构运动规划方法，满足空间在轨装配任务的要求。胡志刚等设计了一种多机器人的生产物流系统[91]。整个系统由 4 台工业机器人和一条传送带组成，通过机器人协同控制完成焊接、装配、分拣和码垛任务。根据物流系统的控制要求，提出采用 PLC 为主控制器，与各机器人和触摸屏之间基于工业网线进行通信，继而实现整个系统任务调度。

国外在工业机器人监控系统和车间监控系统的理论和实践方面有一定的研究。Sallinen 等针对工业机器人的监控提出了基于 Web 用户界面的远程监控和故障维护的系统结构，对机器人的故障维护和远程安全监控有着重要的作用[92]。Leutert 等针对工业机器人的信息控制和远程监控系统，开发了一种可以对机器人的运动周期和数据进行分析处理的监控系统，能够直观地表示机器人的工作数据[93]。Doriya 等针对机器人的故障动态监控提出了一种在云计算环境下的远程故障诊断方法，使用云计算集群作为工业机器人的大脑，使得机器人能够进行远程智能维护[94]。Halder 等提出了一种鲁棒非线性解析冗余方法 (RNLAR) 用于工业机器人的故障检测和分离[95]。

近年来，国内针对系统的动态监控也存在大量的研究，重庆大学的尹超等构建了一种能动态反映车间生产进度、物料消耗情况、零件加工信息的机加车间生产执行情况三维可视化动态监控系统，并对基于 flexsim 的车间生产执行情况可视化监控实现技术进行了研究[96]。南京航空航天大学的张涛等研究了面向数字化车间的介入式 3D 实时监控（图 1.19），并建立了监控系统的实时数据库的 E-R-T 模型，研究了监控系统的 3D 场景模型优化技术[97]。合肥工业大学的柯榕为了实现车间和生产线的可视化监控,使用 Unity3D 技术构造了车间和生产线的三维虚拟场景,通过生产数据的实时驱动来模拟工作状态[98]。南京理工大学的李智等针对生产系统的信息监控,通过设计系统功能和业务流程,并采用多样化的信息采集方式,完成了面向车间制造过程的实时监控系统,对车间制造过程信息的准确性、全面性和实时性有着重要的作用[99]。

图 1.19　车间模拟平台

### 7. 智能柔性化喷涂生产线

柔性化生产线是把多台可以调整的机床联结起来,配以自动运送装置组成的生产线。随着科学技术的发展,人类社会对产品的功能与质量的要求越来越高,对产品的品类需求也越来越多,产品更新换代的周期越来越短,产品的复杂程度也随之增高,但传统的生产线只有品种单一、批量大、设备专用、效率高的,才能构成相应的规模经济效应。为了同时提高制造工业的柔性和生产效率,使之在保证产品质量的前提下,缩短产品生产周期,降低产品成本,最终使中小批量生产能与大批量生产抗衡,柔性自动化系统便应运而生,如图 1.20 所示。

"柔性化"的概念是相对于"刚性化"提出的。"刚性化"的含义是一条生产线只能生产某种或某类生产工艺相近的产品,主要表现为生产的产品较为单一。柔性化制造在自动化技术、信息技术和制造技术的基础上依靠具有高度柔性的制造设备,同时根据加工任务或生产环境的变化适应调度管理,自动适应加工零部件的类别和批量生产的变化,以此来完成多品种、小批量的生产方式。

柔性化生产是一种高效率、高自动化的制造体系,可以保证加工系统获得最大利用率。目前在汽车、电子及家具制造领域都有了相当广泛的应用[100]。尹志勇对汽车生产线进行改造,采用多种车型混色混流的柔性化生产方式,其中涂装车间单条生产线可进行多种车型的生产，由喷涂机器人对不同车型、不同颜色的车体自动喷涂[101]。商智勇对柔性化汽车喷涂生产线采用颜色分组管理的方法强化对车身色差的质量控制，并通过逐层审核质量工具强化生产过程中的标准化工艺管理，有效地解决了产品质量多样化的问题，提高了设备的总体效率，实现了产能最大化[102]。仝晓刚针对机载电子设备结构形式复杂、零件尺寸不大、批量较小、种类较多及漆种较多的特点，设计了一种高柔性多品种小批量的全自动机器人喷涂生产线[103]。张亚星基于六自由度喷涂机器人的智能涂装系统，通过对企业需求和生产流程的调研及分析，设计了智能涂装生产线，完成了设备选型、数据传输及处理、控制程序开发等工作[104]。马成通过对智能喷涂工件、智能喷涂涂料、智能喷涂设备进行分析规划了家具柔性智能喷涂生产线，使用人机交互界面对智能喷涂的轨迹参数和喷枪参数进行录入，使得喷涂效率、喷涂质量和喷涂利用率都有显著的提高[105]。王海平将约束理论应用于汽车厂自动化喷涂生产线，通过对瓶颈工位机器人的喷涂轨迹、喷涂顺序、移动速率等工艺条件进行优化，提升了生产效率[106]。Leng 为解决柔性生产线效率低、生产延迟等问题，提出一种基于任务优先级的绿色柔性生产线调度方法[107]。

图 1.20　智能柔性生产线

### 8. 面向智能制造的智能工厂模式

智能制造系统就是把机器智能融入包括人和资源形成的系统，使制造活动能动态地适应需求和制造环境的变化，从而满足系统的优化目标[108]。智能工厂是整个智能制造系统中的一个微观层次，包含着智能制造装备、智能生产和智能物流等过程。智能工厂被认为是在自动化工厂基础上，通过运用信息物理技术、大数据技术、虚拟仿真技术、网络通信技术等先进技术，建立一个能够实现智能排产、智能生产协同、设备互联智能、资源智能管控、质量智能控制、支持智能决策等功能的贯穿产品原料采购、设计、生产、销售、服务等全生命周期的高度灵活的个性化、数字化、智能化的产品与服务的生产系统[109]。如图 1.21 所示为智能工厂体系架构。智能制造系统并非要求机器智能完全取代人，即使未来高度智能化的制造系统也需要人机共生，智能工厂的本质依然是人机交互[110]。

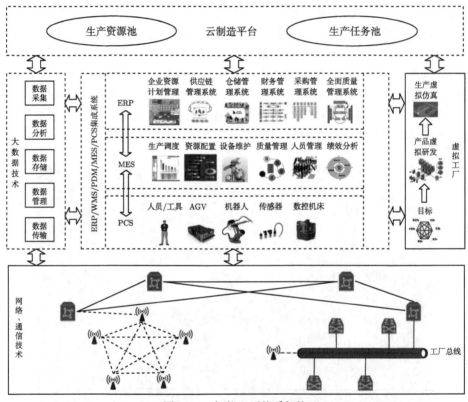

图 1.21　智能工厂体系架构

针对智能工厂的架构与运行方法，诸多学者已经有了一定的研究。丁凯等针对智能工厂底层大量物联设备产生的海量制造数据在云端处理分析和边缘端实时计算两个层面的需求，提出一种基于云-边协同的智能工厂工业物联网架构，如图1.22 所示[111]。钟敬伟等针对智能工厂中基于数据的作业车间调度问题，提出结合新的复合调度规则和深度强化学习的调度方法[112]。高柯柯等针对传统的机械工厂设备健康评估方法存在设备重组困难、主要故障提取无特点以及设备间的交互不明显的问题，提出了一种基于动态贝叶斯网络的设备健康评估方法[113]。杨一昕等通过应用工业互联网、大数据等技术，实现了自动化、信息化和数字化在智能工厂体系中的融合，给出了智能透明汽车工厂具体的实施思路和体系框架[114]。李翌辉等提出了一种智能工厂系统架构的参考模型，并定义了 11 个子系统和信息流模型，共同构成了中低压开关柜装配行业智能工厂架构的标准草案[115]。

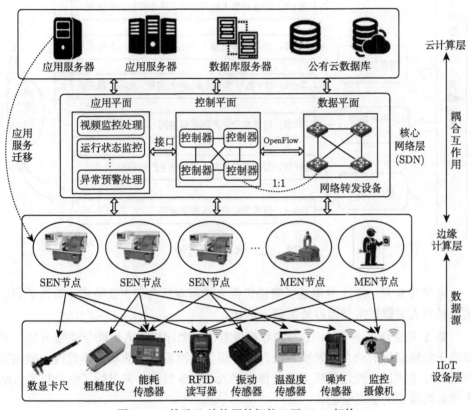

图 1.22　基于云-边协同的智能工厂 IIoT 架构

## 1.4　本章小结

本书针对当前智能喷涂机器人在生产应用中的关键技术，阐述了喷涂机器人动力学建模、精度与可靠性分析、主从示教、助力拖动示教、基于数字孪生的离线编程系统、面向定制迷彩的路径规划、多机协同喷涂及系统动态监控等技术，并介绍了柔性化喷涂生产线典型应用的研究进展。全书的主要内容和框架结构如图 1.23 所示。

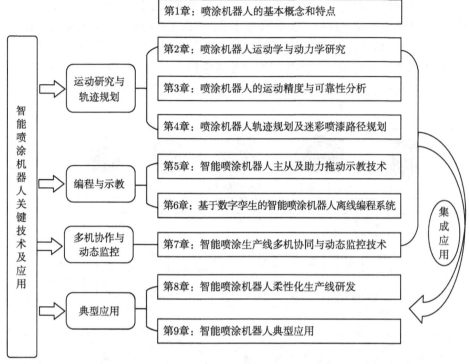

图 1.23 本书主要内容

  全书共 9 章。第 1 章概述了喷涂机器人的基本概念和主要特点，阐述了智能喷涂机器人关键技术及国内外的研究现状。

  第 2 章介绍了基于 D-H 方法和旋量方法的喷涂机器人运动学建模方法，并以基于拉格朗日的动力学建模方法为例介绍了喷涂机器人的动力学建模，阐述如何采用理论辨识法通过辨识实验获得机器人动力学参数，并进行了喷涂机器人动力学参数辨识的仿真验证。

  第 3 章分析了影响喷涂机器人运动精度的影响因素，推导了由链传动引起的机器人末端运动误差模型，建立了基于随机变量的机器人运动点位精度可靠性模型和末端轨迹精度的可靠性模型，进行了实验与仿真的联合分析。

  第 4 章介绍了喷涂机器人轨迹规划方法，针对数码迷彩的机器人喷涂作业，论述了基于神经网络的喷涂路径规划、基于图像处理的数码迷彩路径规划以及迷彩图案的三维映射方法。

  第 5 章针对喷涂机器人的主从和助力拖动示教问题，基于虚拟现实和遥操作的喷涂机器人主从示教喷涂方法，完成了喷涂机器人主从示教控制系统策略研究，设计并搭建了喷涂机器人主从示教系统，进行了主从系统喷涂实验验证。设计了拖动示教过程中主要关节的力矩补偿方法，基于 BP 神经网络模型确定力矩补偿数值，并对拖动示教助力控制结果进行仿真验证。

第 6 章基于数字孪生五维模型设计了离线编程系统框架，利用 Unity3D 搭建了虚拟仿真环境，基于 C 语言设计了离线编程系统执行功能算法，进行了离线编程系统测试和虚实机器人实时随动实验。

第 7 章构建了多机器人系统协同与协调机制和喷涂机器人监控系统框架，设计了监控系统软件，完成了协同喷涂实验和监控系统测试。

第 8 章介绍了机器人喷涂柔性化生产线的研发，从生产线的设计、柔性化解决方法、工艺验证等方面进行了详细的阐述，并介绍了已经投入生产应用的家具喷涂生产线案例。

第 9 章描述了智能喷涂技术在钢结构、家具喷涂等方面的应用及智能喷涂共享工厂的典型应用，以家具喷涂为例介绍了共享喷涂中心的规划、建设及典型应用，展示了喷涂机器人关键技术的应用成果。

# 参 考 文 献

[1] 翟明春. 五自由度喷涂机器人设计. 武汉: 华中科技大学, 2013.

[2] 张永贵. 喷漆机器人若干关键技术研究. 西安: 西安理工大学, 2008.

[3] Zhou Y Z, Ma S M, Li A P, et al. Path planning for spray painting robot of horns surfaces in ship manufacturing. International Conference on Manufacturing Technologies, 2019.

[4] 李发忠. 静电喷涂机器人变量喷涂轨迹优化关键技术研究. 镇江: 江苏大学, 2012.

[5] 赵景山, 罗宏图, 王立平, 等. 航空制造涂装机器人研究进展. 航空制造技术, 2018, 61(4): 47-54.

[6] 陈磊. 六自由度关节型喷涂机器人结构设计及分析. 重庆: 重庆大学, 2015.

[7] 郭洪红. 工业机器人技术. 2 版. 西安: 西安电子科技大学出版社, 2012.

[8] 刘亚军, 眷斌, 王正雨, 等. 智能喷涂机器人关键技术研究现状及进展. 机械工程学报, 2022, 58(7): 53-74.

[9] Vichare N M, Pecht M G. Prognostics and health management of electronics. IEEE Transactions on Components and Packaging Technologies, 2006, 29(1): 222-229.

[10] Zio E. Prognostics and health management of industrial equipment//Kadry S. Diagnostics and Prognostics of Engineering Systems: Methods and Techniques. Pennsylvania: IGI Global, 2012: 333-356.

[11] Zhou Q Q, Wang Y C, Xu J M. A summary of health prognostics methods for industrial robots. 2019 Prognostics and System Health Management Conference, 2019: 1-6.

[12] 王煜天, 张瑞杰, 吴军, 等. 移动式混联喷涂机器人的动力学性能波动评价. 清华大学学报 (自然科学版), 2022, 62(5): 971-977.

[13] Zi B, Wang N, Qian S, et al. Design,stiffness analysis and experimental study of a cable-driven parallel 3D printer. Mechanism and Machine Theory, 2019, 132: 207-222.

[14] 陈伟海, 陈竞圆, 崔翔, 等. 绳驱动拟人臂机器人的刚度分析和优化. 华中科技大学学报 (自然科学版), 2013, 41(2): 12-16.

[15] Boby R A, Klimchik A. Combination of geometric and parametric approaches for kinematic identification of an industrial robot. Robotics and Computer-Integrated Manufacturing, 2021, 71: 102142.

[16] Wu J, Wang J S, You Z. Review: An overview of dynamic parameter identification of robots. Robotics and Computer-Integrated Manufacturing, 2010, 26(5): 414-419.

[17] Meng T T, He W. Iterative learning control of a robotic arm experiment platform with input constraint. IEEE Transactions on Industrial Electronics, 2018, 65(1): 664-672.

[18] Yang C G, Jiang Y M, Na J, et al. Finite-time convergence adaptive fuzzy control for dual-arm robot with unknown kinematics and dynamics. IEEE Transactions on Fuzzy Systems, 2019, 27(3): 574-588.

[19] Lyu S K, Cheah C C. Data-driven learning for robot control with unknown Jacobian. Automatica, 2020, 120: 109120.

[20] Yin X X, Pan L. Enhancing trajectory tracking accuracy for industrial robot with robust adaptive control. Robotics and Computer-Integrated Manufacturing, 2018, 51: 97-102.

[21] 于乾坤, 王国磊, 任田雨, 等. 一种移动喷涂机器人的高效站位优化方法. 机器人, 2017, 39(2): 249-256.

[22] 周济. 智能制造——"中国制造 2025" 的主攻方向. 中国机械工程, 2015, 26(17): 2273-2284.

[23] Kim J, Song W J, Kang B S. Stochastic approach to kinematic reliability of open-loop mechanism with dimensional tolerance. Applied Mathematical Modelling, 2010, 34(5): 1225-1237.

[24] Rao S S, Bhatti P K.Probabilistic approach to manipulator kinematics and dynamics. Reliability Engineering and System Safety, 2001, 72(1): 47-58.

[25] Pandey M D, Zhang X F. System reliability analysis of the robotic manipulator with random joint clearances. Mechanism and Machine Theory, 2012, 58(1): 137-152.

[26] Sharma S P, Kumar D, Kumar A. Reliability analysis of complex multi-robotic system using GA and fuzzy methodology. Applied Soft Computing, 2012, 12(1): 405-415.

[27] 孙剑萍, Xi J, 汤兆平. 机器人定位精度及标定非概率可靠性方法研究. 仪器仪表学报, 2018, 39(12): 109-120.

[28] 陈钢, 贾庆轩, 李彤, 等. 基于误差模型的机器人运动学参数标定方法与实验. 机器人, 2012, 34(6): 680-688.

[29] 何锐波, 赵英俊, 韩奉林, 等. 基于指数积公式的串联机构运动学参数辨识实验. 机器人, 2011, 33(1): 35-39, 45.

[30] 李彤, 贾庆轩, 陈钢, 等. 面向轨迹跟踪任务的机器人运动可靠性评估. 系统工程与电子技术, 2014, 36(12): 2556-2561.

[31] 王伟, 王进, 陆国栋. 基于四阶矩估计的机器人运动可靠性分析. 浙江大学学报 (工学版), 2018, 52(1): 1-7, 49.

[32] 贺红林, 凌普, 吴少兴, 等. 喷涂机器人的激光跟踪测量法运动参数标定. 控制工程, 2016, 23(8): 1149-1155.

[33] 徐爽. 卫浴喷涂机器人离线编程技术研究及应用. 武汉: 华中科技大学, 2016.

[34] 邸文涛, 芮鹏. 通用型工业机器人拖动示教臂系统的研究. 机电信息, 2018, 36: 60-61, 63.

[35] 鲁鹏, 张有博, 谷明信, 等. 基于 Robotstudio 的工业机器人虚拟仿真实验室的构建. 机电技术, 2015, 38(4): 152-155.

[36] Connolly C, 张利梅. ABB RobotStudio 的技术与应用. 机器人技术与应用, 2011, (1): 29-32.

[37] 郑佳奕. 六自由度焊接机器人运动仿真平台研究. 杭州: 浙江大学, 2015.

[38] Choi S, Eakins W, Rossano G, et al. Lead-through robot teaching. 2013 IEEE Conference on Technologies for Practical Robot Applications, 2013.

[39] Ragaglia M, Zanchettin A M, Bascetta L, et al. Accurate sensorless lead-through programming for lightweight robots in structured environments. Robotics and Computer-Integrated Manufacturing, 2016, 39: 9-21.

[40] Lin H C, Tang T, Tomizuka M, et al. Remote lead through teaching by human demonstration device. Proceedings of ASME 2015 Dynamic Systems and Control Conference, 2015.

[41] 侯澈, 王争, 赵忆文, 等. 面向直接示教的机器人负载自适应零力控制. 机器人, 2017, 39(4): 439-448.

[42] 黄冠成, 陈新度. 工业机器人末端执行器的柔顺示教研究. 机械设计与制造, 2017, (12): 255-257, 261.

[43] 蔡蒂, 谢存禧, 张铁, 等. 基于蒙特卡洛法的喷涂机器人工作空间分析及仿真. 机械设计与制造, 2009, (3): 161-162.

[44] Zhuang C B, Miao T, Liu J H, et al. The connotation of digital twin, and the construction and application method of shop-floor digital twin. Robotics and Computer-Integrated Manufacturing, 2021, 68: 102075.

[45] Vasileiou C, Smyrli A, Drogosis A, et al. Development of a passive biped robot digital twin using analysis,experiments,and a multibody simulation environment. Mechanism and Machine Theory, 2021, 163: 104346.

[46] 孙惠斌, 颜建兴, 魏小红, 等. 数字孪生驱动的航空发动机装配技术. 中国机械工程, 2020, 31(7): 833-841.

[47] 陈勇, 陈燚, 裴植, 等. 基于文献计量的数字孪生研究进展分析. 中国机械工程, 2020, 31(7): 797-807.

[48] Ghosh A K, Ullah A S, Teti R, et al. Developing sensor signal-based digital twins for intelligent machine tools. Journal of Industrial Information Integration, 2021, 24: 100242.

[49] 孟小净, 张东生, 王玮, 等. 数字孪生技术及在武器装备工艺质量管理中的应用. 机械工程与自动化, 2021, 4: 4.

[50] 陶飞, 刘蔚然, 张萌, 等. 数字孪生五维模型及十大领域应用. 计算机集成制造系统, 2019,

25(1): 1-18.

[51] 刘大同, 郭凯, 王本宽, 等. 数字孪生技术综述与展望. 仪器仪表学报, 2018, 39(11): 1-10.

[52] 柳林燕, 杜宏祥, 汪惠芬, 等. 车间生产过程数字孪生系统构建及应用. 计算机集成制造系统, 2019, 25(6): 1536-1545.

[53] Klein A. CAD-Based off-line programming of painting robots. Robotica, 1987, 5(4): 267-271.

[54] 马捷, 赵德安, 季安邦. 基于 ROBCAD 的涂装生产线的仿真与研究. 信息技术, 2016, 40(11): 8-11.

[55] RobCAD simulation speeds bridge manufacturing. Industrial Robot: An International Journal, 1998, 25(4).

[56] 彭云春. RB 系列机器人离线编程软件的设计与开发. 广州: 华南理工大学, 2016.

[57] 吕明珠. 基于 Robotmaster 的工业机器人虚拟仿真实验平台设计. 电气开关, 2017, 55(6): 20-23.

[58] 杨怡婷, 梅灿华, 于世楠. 基于 RobotStudio 仿真软件的 ABB 工业机器人运动轨迹程序的设计. 数字技术与应用, 2021, 39(7): 123-125.

[59] 林君, 殷树言, 陈志翔, 等. 弧焊机器人图形仿真系统的研究. 制造业自动化, 2003, 25(3): 49-51.

[60] 夏生健. 工业机器人焊接生产线的设计及研究. 南京: 东南大学, 2016.

[61] 李想, 钱欢, 付庄, 等. 基于 QT 和 OpenGL 的机器人离线编程和仿真系统设计. 机电一体化, 2013, 19(4): 56-59, 88.

[62] 凌双明, 黄有全. RobotArt 在工业机器人编程仿真教学中的应用研究. 湖南工业职业技术学院学报, 2016, 16(4): 9-11.

[63] 李先亮, 何志新. 埃夫特机器人在打磨抛光领域的应用. 机器人技术与应用, 2016, (4): 23-26.

[64] 王杰高. 埃斯顿机器人核心技术研发及应用. 机器人技术与应用, 2012, (4): 2-5.

[65] 宋爱国. 力觉临场感遥操作机器人 (1): 技术发展与现状. 南京信息工程大学学报 (自然科学版), 2013, 5(1): 1-19.

[66] Sun D, Kiselev A, Liao Q F, et al. A new mixed-reality-based teleoperation system for telepresence and maneuverability enhancement. IEEE Transactions on Human-Machine System, 2020, 50(1): 55-67.

[67] Valenzuela-Urrutia D, Muñoz-Riffo R, Ruiz-del-Solar J. Virtual reality-based time-delayed haptic teleoperation using point cloud data. Journal of Intelligent & Robotic Systems, 2019, 96(3): 387-400.

[68] Hirzinger G, Brunner B, Dietrich J, et al. Sensor-based space robotics-ROTEX and its telerobotic features. IEEE Transactions on Robotics and Automation, 1993, 9(5): 649-663.

[69] Lipton J I, Fay A J, Rus D. Baxter's homunculus: Virtual reality spaces for teleoperation in manufacturing. IEEE Robotics and Automation Letters, 2018, 3(1): 179-186.

[70] Ito A, Tsujiuchi N, Horic K, et al. Estimation of hand position and posture using inertial sensors and its application to robot teaching system. 2018 IEEE International

Conference on Robotics and Biomimetics (ROBIO), 2018: 1975-1980.

[71] Lee H, Kim J, Kim T. A robot teaching framework for a redundant dual arm manipulator with teleoperation from exoskeleton motion data. 2014 IEEE-RAS International Conference on Humanoid Robots, 2014: 1057-1062.

[72] Xu Y, Yang C G, Zhong J P, et al. Robot teaching by teleoperation based on visual interaction and extreme learning machine. Neurocomputing, 2018, 275: 2093-2103.

[73] Yang C G, Wang X J, Li Z J, et al. Teleoperation control based on combination of wave variable and neural networks . IEEE Transactions on Systems, Man, and Cybernetics: Systems, 2017, 47(8): 2125-2136.

[74] Du G L, Chen M X, Liu C B, et al. Online robot teaching with natural human-robot interaction . IEEE Transactions on Industrial Electronics, 2018, 65(12): 9571-9581.

[75] 苏兴. 基于虚拟现实技术的托卡马克柔性内窥机械臂遥操作系统研究. 上海: 上海交通大学, 2014.

[76] 吴峥, 葛强林, 方绪怀. 军用运输车辆变形迷彩伪装存在问题及对策研究. 国防交通工程与技术, 2004, (1): 19-22.

[77] Seegmiller N A, Bailiff J A, Franks R K. Precision robotic coating application and thickness control optimization for F-35 final finishes. SAE International Joruial of Aerospace, 2009, 2(1): 284-290.

[78] 初苗, 田少辉, 周宪. 一种新型数码迷彩喷涂装置的设计和试验. 机械设计与研究, 2014, 30(1): 111-114.

[79] 初苗, 田少辉, 高扬. 一种数码迷彩喷涂机器人快速控制算法. 机械设计与制造, 2016, (7): 186-188, 192.

[80] Chu M, Tian S H, Pan X C. A fast control algorithm for digital camouflage spraying robot. 2013 19th International Conference on Automation and Computing, 2013: 1-5.

[81] 谢卫, 周志勇, 蔡云骧, 等. 数码迷彩自动涂装系统研究. 兵工学报, 2015, 36(12): 2396-2400.

[82] Zhang X T, Shi W, Wang B H, et al. Trajectory planning for digital camouflage spray painting robot based on projection method. International Conference on Intelligent Robotics and Applications, 2019: 221-230.

[83] 王博皓. 车辆表面定制化数码迷彩机器人喷涂规划技术研究. 哈尔滨: 哈尔滨工业大学, 2018.

[84] 石文. 面向车辆数码迷彩的机器人喷涂系统标定与轨迹优化. 哈尔滨: 哈尔滨工业大学, 2019.

[85] Suh I H, Yeo H J, Kim J H, et al. Design of a supervisory control system for multiple robotic systems. IEEE International Conference on Intelligent Robots and Systems, 1996: 332-339.

[86] Ben Amor R, Elloumi S. Decentralized control approach for multiple cooperative robots manipulating a common object. Proceedings of the 4th International Conference on Advanced Systems and Emergent Technologies, 2020: 27-32.

[87] Kada B, Khalid M, Shaikh M S. Distributed cooperative control of autonomous multi-

agent UAV systems using smooth control. 2020 Journal of Systems Engineering and Electronics, 2020, 31(6): 1297-1307.

[88] 黄闪, 蔡鹤皋, 谈大龙. 面向装配作业的多机器人合作协调系统. 机器人, 1999, 21(1): 50-56.

[89] 张华军, 张广军, 蔡春波, 等. 双面双弧焊机器人主从协调运动控制. 焊接学报, 2011, 32(1): 25-28, 114.

[90] 关英姿, 刘文旭, 焉宁, 等. 空间多机器人协同运动规划研究. 机械工程学报, 2019, 55(12): 37-43.

[91] 胡志刚, 陈伟卓. 基于多机器人的生产物流系统设计. 内燃机与配件, 2019, (4): 195-197.

[92] Sallinen M, Heikkila T, Koskinen J. Sensor based flexibility for robotics in manufacturing applications. 2009 IEEE International Symposium on Industrial Electronics, 2009: 1422-1427.

[93] Leutert F, Schilling K. Augmented reality for telemaintenance and inspection in force-sensitive industrial robot applications. IFAC-PapersOnLine, 2015, 48(10): 153-158.

[94] Doriya R, Chakraborty P, Nandi G C. Robotic services in cloud computing paradigm. 2012 International Symposium on Cloud and Services Computing, 2012: 80-83.

[95] Halder B, Sarkar N. Robust nonlinear analytic redundancy for fault detection and isolation in mobile robot. International Journal of Automation and Computing, 2007, 4(2): 177-182.

[96] 尹超, 张飞, 李孝斌, 等. 多品种小批量机加车间生产任务执行情况可视化动态监控系统. 计算机集成制造系统, 2013, 19(1): 46-54.

[97] 张涛, 唐敦兵, 张泽群, 等. 面向数字化车间的介入式三维实时监控系统. 中国机械工程, 2018, 29(8): 990-999.

[98] 柯榕. 车间制造状态三维虚拟监控与预警方法研究. 合肥: 合肥工业大学, 2015.

[99] 李智, 汪惠芬, 刘婷婷, 等. 面向制造过程的车间实时监控系统设计. 机械设计与制造, 2013, (3): 256-259.

[100] 梁东. 对柔性生产的认识. 商业研究, 2001, (9): 26-28.

[101] 尹志勇. 汽车涂装生产线的柔性化关键技术研究. 镇江: 江苏大学, 2018.

[102] 商智勇. 柔性化自动喷涂生产线的标准化控制与管理. 现代涂料与涂装, 2013, 16(3): 16-18, 35.

[103] 仝晓刚. 基于机载电子设备的喷涂机器人生产线方案. 电镀与精饰, 2016, 38(11): 29-32.

[104] 张亚星. 基于六自由度喷涂机器人的智能涂装生产线设计研究. 北京: 北京邮电大学, 2021.

[105] 马成. 家具柔性智能喷涂生产工艺研究与应用. 长沙: 中南林业科技大学, 2021.

[106] 王海平. 基于约束理论的机器人喷涂生产线工艺优化. 电镀与涂饰, 2022, 41(8): 546-552.

[107] Leng S P. Scheduling method of green flexible production line for enterprise products based on task priority. International Journal of Product Development, 2020, 24(2/3): 130.

[108] 李培根, 高亮. 智能制造概论. 北京: 清华大学出版社, 2021.

[109] 焦洪硕, 鲁建厦. 智能工厂及其关键技术研究现状综述. 机电工程, 2018, 35(12): 1249-1258.

[110] 杨春立. 我国智能工厂发展趋势分析. 中国工业评论, 2016, (1): 56-63.

[111] 丁凯, 陈东燊, 王岩, 等. 基于云-边协同的智能工厂工业物联网架构与自治生产管控技术. 计算机集成制造系统, 2019, 25(12): 3127-3138.

[112] 钟敬伟, 石宇强. 基于 DQN 的智能工厂作业车间调度. 现代制造工程, 2021, (9): 17-23, 93.

[113] 高柯柯, 于重重, 晏臻. 基于动态贝叶斯网络的智能工厂设备健康评估方法研究. 机电工程, 2021, 38(6): 768-773.

[114] 杨一昕, 袁兆才, 皮智波, 等. 智能透明汽车工厂的构建与实施. 中国机械工程, 2018, 29(23): 2867-2874.

[115] 李翌辉, 朱海平, 刘康俊. 中低压开关柜行业智能工厂体系架构标准研究. 计算机集成制造系统, 2017, 23(6): 1216-1223.

# 第 2 章
## 喷涂机器人运动学与动力学研究

机器人运动学主要研究机器人在运动过程中各连杆的运动特性，而不考虑各关节和连杆之间的作用力。机器人运动学涉及各连杆与运动有关的几何参数和时间参数，在机器人关节空间与工作空间建立映射关系，是对机器人进行运动控制的基础[1]。机器人运动学包括正向运动学和逆向运动学两部分，正向运动学主要解决机器人关节坐标系的坐标到机器人末端位置和姿态之间的映射问题，逆向运动学是解决机器人末端位置和姿态到机器人关节坐标系之间的映射[2]问题。机器人动力学是对机器人机构的力和运动之间的关系与平衡进行研究的学科，机器人动力学是复杂的动力学系统，处理物体的动态响应取决于机器人动力学模型和控制算法，主要研究动力学正问题和动力学逆问题两个方面，需要采用严密的系统方法来分析机器人动力学特性。本章主要介绍两种喷涂机器人的运动学建模方法，分别是 D-H 方法和旋量方法，并介绍一种基于拉格朗日的动力学建模方法。

## 2.1 喷涂机器人运动学建模与分析

### 2.1.1 基于 D-H 法的运动学建模

目前机械臂运动学方程求解使用最广泛的是 Denavit 和 Hartenberg 于 1955 年提出的一种用于推导机器人运动学方程的模型建立方法 [3]（简称 D-H 模型），通过 D-H 模型和已知的各关节运动转角可以比较容易地获得机械臂末端执行器的位置和姿态。D-H 建模方法是以一定的规则在机器人各连杆分别建立与连杆固定的坐标系，并通过相邻坐标系之间的位置关系确定不同连杆自身的长度、转角参数以及相邻连杆之间的偏距和关节角参数，最后根据相邻连杆间坐标系变换公式将上述参数代入即可求解出末端连杆相对于机器人基座的位置和姿态。

为了得到机器人末端连杆坐标系相对于基坐标系的变换关系，首先对于任意连杆 $i$ 与相邻连杆 $i-1$ 坐标系变换进行分析。机器人相邻连杆坐标系变换一般为含有四个连杆参数的函数，为了便于分析将相邻连杆变换分解为四个子变换，使得每个子变换成为仅包含一个连杆参数的函数，然后将每个子变换函数表达式相乘即可。这里在连杆 $i$ 和连杆 $i-1$ 坐标系之间添加三个中间坐标系：$\{P\}$、$\{Q\}$ 和 $\{R\}$。坐标系具体位置如图 2.1 所示，为了使表示更加简洁，图中每个坐标系仅给出了 $Z$ 轴和 $X$ 轴指向，$Y$ 轴指向可根据右手定则确定。

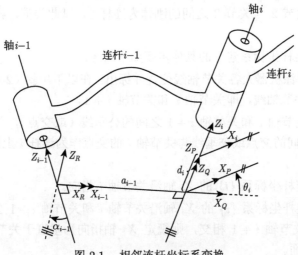

图 2.1　相邻连杆坐标系变换

　　本章以埃夫特智能装备有限公司的喷涂机器人为研究对象，型号为 630ST，其三维模型图如图 2.2 所示。该喷涂机器人共有 6 个旋转关节，各关节由独立电机驱动，在空间中拥有 6 个自由度，机器人腕关节末端法兰盘上安装喷涂作业所使用的喷枪。

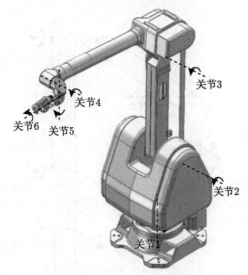

图 2.2　喷涂机器人三维模型

　　为了更好地描述机器人各连杆之间的位置和关系，将喷涂机器人各连杆进行编号。从机器人固定基座开始，称固定基座为连杆 0，关节 1 与关节 2 之间的刚体为连杆 1, 关节 2 与关节 3 之间的刚体为连杆 2, 以此类推, 机器人末端连杆为连杆 6。

机器人各连杆坐标系建立的具体步骤如下所述。

（1）找出喷涂机器人各关节轴线位置并标出。在以下步骤（2）～（5）中仅考虑两个相邻的关节轴线, 即关节轴 $i$ 和关节轴 $i+1$。

（2）找出关节轴 $i$ 和关节轴 $i+1$ 之间的公垂线（或交点）, 并将关节轴 $i$ 和关节轴 $i+1$ 之间的交点或公垂线与关节轴 $i$ 的交点作为连杆 $i$ 上固定坐标系 $\{i\}$ 的原点。

（3）规定连杆坐标系 $\{i\}$ 的 $Z_i$ 轴沿关节轴 $i$ 指向。

（4）规定连杆坐标系 $\{i\}$ 的 $X_i$ 轴沿关节轴 $i$ 和关节轴 $i+1$ 公垂线指向, 如果关节轴 $i$ 和关节轴 $i+1$ 相交, 则规定 $X_i$ 轴指向为垂直于关节轴 $i$ 和关节轴 $i+1$ 所在的平面。

（5）由步骤（3）和步骤（4）确定 $Z_i$ 和 $X_i$ 方向后, 根据右手定则确定 $Y_i$ 指向。

（6）对于坐标系 $\{0\}$ 各坐标轴选择与 $\{1\}$ 坐标轴同向, 末端坐标系 $\{6\}$ 的 $Z_6$ 与关节轴 6 指向相同, $X_6$ 与 $X_5$ 指向相同。

根据上述坐标系建立的规则, 建立喷涂机器人各连杆坐标系, 如图 2.3 所示。

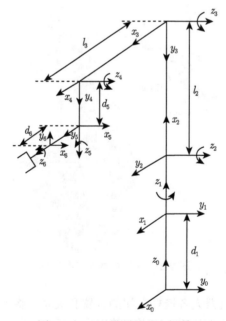

图 2.3   D-H 模型关节坐标系

在所建立的连杆坐标系中坐标系 {1} 与坐标系 {2} 原点重合位于关节 2 的轴线，为了便于表示各坐标系的坐标轴方向，在图中将坐标系 {1} 向下平移一段距离。

在完成各连杆坐标系的建立后，根据相邻连杆坐标系之间的位置关系找出各连杆的 D-H 参数。D-H 参数为连杆的长度 $a_i$、转角 $\alpha_i$、相邻连杆偏距 $d_i$ 和关节角 $\theta_i$。连杆参数定义如下：连杆的长度 $a_i$ 为沿 $X_i$ 轴，从 $Z_i$ 移动到 $Z_{i-1}$ 的距离；连杆转角 $\alpha_i$ 为绕 $X_i$ 轴，从 $Z_i$ 旋转到 $Z_{i+1}$ 的角度；相邻连杆偏距 $d_i$ 为沿 $Z_i$ 轴，从 $X_{i-1}$ 移动到 $X_i$ 的距离；关节角 $\theta_i$ 为沿 $Z_i$ 轴，从 $X_{i-1}$ 旋转到 $X_i$ 的角度。这里应当说明的是连杆的长度 $a_i$ 对应于距离，不能为负值，其他参数值均可能为正值或负值，上述喷涂机器人的 D-H 参数如表 2.1 所示。

**表 2.1　6R 喷涂机器人 D-H 模型各连杆参数**

| 连杆 $i$ | $\alpha_{i-1}/(°)$ | $a_{i-1}/\text{mm}$ | $d_i/\text{mm}$ | $\theta_i/(°)$ | 关节范围/(°) |
|---|---|---|---|---|---|
| 1 | 0 | 0 | $d_1$ | $\theta_1$ | $-120\sim120$ |
| 2 | $-90$ | 0 | 0 | $\theta_2 - 90$ | $-70\sim70$ |
| 3 | 0 | $l_2$ | 0 | $\theta_3 + 90$ | $-45\sim60$ |
| 4 | 0 | $l_3$ | 0 | $\theta_4$ | $-360\sim360$ |
| 5 | $-90$ | 0 | $d_5$ | $\theta_5 - 90$ | $-360\sim360$ |
| 6 | $-90$ | 0 | $d_6$ | $\theta_6$ | $-360\sim360$ |

在表 2.1 中，$l_2 = 900\text{mm}$，$l_3 = 1100\text{mm}$，$d_1 = 769\text{mm}$，$d_5 = 113\text{mm}$，$d_6 = 76.8\text{mm}$。

由于连杆转角 $\alpha_{i-1}$ 和 $a_{i-1}$ 的存在，坐标系 $\{i-1\}$ 与坐标系 $\{R\}$ 之间存在一个旋转子变换，坐标系 $\{R\}$ 与坐标系 $\{Q\}$ 之间存在一个平移子变换；由于连杆转角 $\theta_i$ 和 $d_i$ 的存在，坐标系 $\{Q\}$ 与坐标系 $\{P\}$ 之间存在一个旋转子变换，坐标系 $\{P\}$ 与坐标系 $\{i\}$ 之间存在一个平移子变换。因此，若想将坐标系 $\{i\}$ 中定义的矢量 $P$ 变换为在坐标系 $\{i-1\}$ 中描述，该变换矩阵表达式可以表示如下：

$$^{i-1}\boldsymbol{P} = {}^{i-1}_R\boldsymbol{T}_Q^R\boldsymbol{T}_P^Q\boldsymbol{T}_i^P\boldsymbol{T}^i\boldsymbol{P} \tag{2.1}$$

即

$$^{i-1}\boldsymbol{P} = {}^{i-1}_i\boldsymbol{T}^i\boldsymbol{P} \tag{2.2}$$

式中

$$^{i-1}_i\boldsymbol{T} = {}^{i-1}_R\boldsymbol{T}_Q^R\boldsymbol{T}_P^Q\boldsymbol{T}_i^P\boldsymbol{T} \tag{2.3}$$

根据坐标系变换的具体方式，式 (2.3) 可写成

$$^{i-1}_i\boldsymbol{T} = \boldsymbol{R}_X\left(\alpha_{i-1}\right)\boldsymbol{D}_X\left(a_{i-1}\right)\boldsymbol{R}_Z\left(\theta_i\right)\boldsymbol{D}_Z\left(d_i\right) \tag{2.4}$$

由坐标系变换的平移算子和旋转算子计算公式为

$$
R_X(\alpha_{i-1}) = \begin{bmatrix} 1 & 0 & 0 & 0 \\ 0 & c\alpha_{i-1} & -s\alpha_{i-1} & 0 \\ 0 & s\alpha_{i-1} & c\alpha_{i-1} & 0 \\ 0 & 0 & 0 & 1 \end{bmatrix}, \quad D_X(a_{i-1}) = \begin{bmatrix} 1 & 0 & 0 & a_{i-1} \\ 0 & 1 & 0 & 0 \\ 0 & 0 & 1 & 0 \\ 0 & 0 & 0 & 1 \end{bmatrix}
$$

$$
R_Z(\theta_i) = \begin{bmatrix} c\theta_i & -s\theta_i & 0 & 0 \\ s\theta_i & c\theta_i & 0 & 0 \\ 0 & 0 & 1 & 0 \\ 0 & 0 & 0 & 1 \end{bmatrix}, \quad D_Z(d_i) = \begin{bmatrix} 1 & 0 & 0 & 0 \\ 0 & 1 & 0 & 0 \\ 0 & 0 & 1 & d_i \\ 0 & 0 & 0 & 1 \end{bmatrix}
$$

将上述变换算子代入式 (2.4)，可得相邻连杆坐标系变换公式如下：

$$
{}^{i-1}_{i}T = \begin{bmatrix} c\theta_i & -s\theta_i & 0 & a_{i-1} \\ s\theta_i c\alpha_{i-1} & c\theta_i c\alpha_{i-1} & -s\alpha_{i-1} & -s\alpha_{i-1}d_i \\ s\theta_i s\alpha_{i-1} & c\theta_i s\alpha_{i-1} & c\alpha_{i-1} & c\alpha_{i-1}d_i \\ 0 & 0 & 0 & 1 \end{bmatrix} \tag{2.5}
$$

式中，$s\theta_i$ 是 $\sin\theta_i$ 的简写；$c\alpha_{i-1}$ 是 $\cos\alpha_{i-1}$ 的简写。

根据式 (2.5) 可以依次得到相邻两连杆坐标系变换公式，则机器人末端坐标系 $\{N\}$ 相对于坐标系 $\{0\}$ 的变换矩阵可以表示为

$$
{}^{0}_{N}T = {}^{0}_{1}T\,{}^{1}_{2}T\,{}^{2}_{3}T \cdots {}^{N-1}_{N}T \tag{2.6}
$$

将机器人各连杆的 D-H 参数代入式 (2.5) 即可得到该机器人相邻坐标系的变换矩阵：

$$
{}^{0}_{1}T = \begin{bmatrix} c\theta_1 & -s\theta_1 & 0 & 0 \\ 0 & 0 & 1 & d_1 \\ -s\theta_1 & -c\theta_1 & 0 & 0 \\ 0 & 0 & 0 & 1 \end{bmatrix}, \quad {}^{1}_{2}T = \begin{bmatrix} c\theta_2 & -s\theta_2 & 0 & 0 \\ 0 & 0 & 1 & 0 \\ -s\theta_2 & -c\theta_2 & 0 & 0 \\ 0 & 0 & 0 & 1 \end{bmatrix}
$$

$$
{}^{2}_{3}T = \begin{bmatrix} c\theta_3 & -s\theta_3 & 0 & l_2 \\ s\theta_3 & c\theta_3 & 0 & 0 \\ 0 & 0 & 1 & 0 \\ 0 & 0 & 0 & 1 \end{bmatrix}, \quad {}^{3}_{4}T = \begin{bmatrix} c\theta_4 & -s\theta_4 & 0 & l_3 \\ s\theta_4 & c\theta_4 & 0 & 0 \\ 0 & 0 & 1 & 0 \\ 0 & 0 & 0 & 1 \end{bmatrix}
$$

$$
{}^{4}_{5}T = \begin{bmatrix} c\theta_5 & -s\theta_5 & 0 & 0 \\ 0 & 0 & 1 & d_5 \\ -s\theta_5 & -c\theta_5 & 0 & 0 \\ 0 & 0 & 0 & 1 \end{bmatrix}, \quad {}^{5}_{6}T = \begin{bmatrix} c\theta_6 & -s\theta_6 & 0 & 0 \\ 0 & 0 & 1 & d_6 \\ -s\theta_6 & -c\theta_6 & 0 & 0 \\ 0 & 0 & 0 & 1 \end{bmatrix}
$$

则有

$$
{}_6^0T = {}_1^0T {}_2^1T {}_3^2T {}_4^3T {}_5^4T {}_6^5T = \begin{bmatrix} n_x & o_x & a_x & p_x \\ n_y & o_y & a_y & p_y \\ n_z & o_z & a_z & p_z \\ 0 & 0 & 0 & 1 \end{bmatrix} \tag{2.7}
$$

为了验证上述推导得到的机器人正向运动学方程的正确性，采用 MATLAB 软件进行仿真验证。在 MATLAB 的 Simulink 仿真环境中将机械臂的正向运动学计算表达式定义为函数块，并在 Simscape 模块中搭建机械臂仿真模型[4]。给两者关节输入相同的激励函数，对比根据正向运动学表达式计算出来的末端位置和姿态与在 Simscape 中的机械臂模型仿真得到末端位置和姿态之间的误差，从而对机械臂 D-H 模型建立的正确性进行验证[5]。

在仿真对比分析时，由于末端坐标系原点在基坐标系中的位置 $x$、$y$、$z$ 对应于式 (2.7) 变换矩阵的 $p_x$、$p_y$、$p_z$，可以直接将正向运动学计算出的结果与 Simscape 模型中位置传感器测得的数据进行对比。而正向运动学公式计算出的机器人末端姿态和 Simscape 模型仿真得出的末端姿态都是以相对于基坐标系的旋转矩阵表示的，为了使两者姿态能够直接进行对比，此处将末端姿态相对于基坐标系的旋转矩阵转换为欧拉角。根据旋转矩阵求欧拉角的具体计算如下所述。已知旋转矩阵为

$$
\boldsymbol{R} = \begin{bmatrix} r_{11} & r_{12} & r_{13} \\ r_{21} & r_{22} & r_{23} \\ r_{31} & r_{32} & r_{33} \end{bmatrix}
$$

则 $Z$-$Y$-$X$ 欧拉角 $\alpha$、$\beta$、$\gamma$ 求解方法为

$$
\beta = \arctan\left(-r_{31}, \sqrt{r_{11}^2 + r_{21}^2}\right) \tag{2.8}
$$

如果 $c\beta \neq 0$，即当 $\beta \neq \pm 90°$ 时，有

$$
\alpha = \arctan\left(\frac{r_{21}}{c\beta}, \frac{r_{11}}{c\beta}\right) \tag{2.9}
$$

$$
\gamma = \arctan\left(\frac{r_{32}}{c\beta}, \frac{r_{33}}{c\beta}\right) \tag{2.10}
$$

当 $c\beta = 0$ 时，只能求解出 $\alpha$ 和 $\gamma$ 的和或差，这种情况下一般取 $\alpha = 0$，得到的欧拉角计算公式如下。

若 $\beta = 90°$，则

$$
\begin{cases}
\beta = 90° \\
\alpha = 0 \\
\gamma = \arctan\left(r_{12}, r_{22}\right)
\end{cases}
\tag{2.11}
$$

若 $\beta = -90°$，则

$$
\begin{cases}
\beta = -90° \\
\alpha = 0 \\
\gamma = -\arctan\left(r_{12}, r_{22}\right)
\end{cases}
\tag{2.12}
$$

通过上述计算，能够将机器人末端坐标系相对于基坐标系的旋转矩阵转换为欧拉角进行表示，进而可以将正向运动学计算出的末端姿态与 Simscape 模型仿真得到的末端姿态进行直接对比，机械臂正向运动学对比分析在 MATLAB 中的仿真如图 2.4 所示。

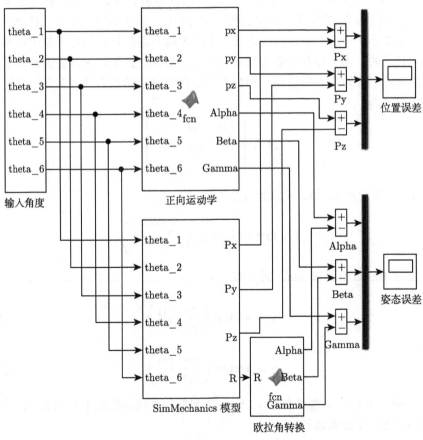

图 2.4　机械臂正向运动学仿真

通过上述仿真分析，得到正向运动学模型与 Simscape 模型末端位置误差如图 2.5 所示，姿态误差如图 2.6 所示。由图可知，通过正向运动学模型计算出来的机械臂末端位置和姿态与 Simscape 中搭建的机械模型的末端位置和姿态误差分别在 $10^{-12}$ 和 $10^{-14}$ 数量级，可以认为该误差为计算精度误差，上述所建立的机器人正向运动学模型是正确的。

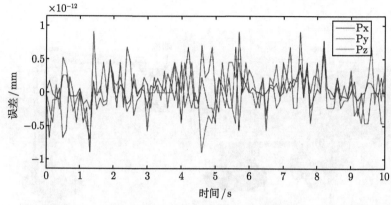

图 2.5　正向运动学与机械模型仿真末端位置误差（彩图见二维码）

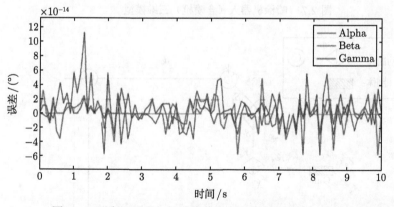

图 2.6　正向运动学与机械模型仿真末端姿态误差（彩图见二维码）

### 2.1.2　基于旋量法的运动学建模

本节将介绍另一种机器人的运动学建模方法，即基于旋量的建模方法。同时，为了更加全面地分析喷涂机器人的运动学，对于 2.1.1 节中的喷涂机器人，将机器人的喷枪融入三维模型中[6,7]，并作为一个刚体进行运动学的建模分析，如图 2.7 所示，喷涂机器人的喷枪连接于机器人末端的法兰盘上。

按图 2.7 中喷涂机器人三维模型的位形状态构造机械臂的初始位置，如图 2.8

所示，分别在转动副轴线 $R_1$ 上建立整体坐标系 $OX_0Y_0Z_0$，末端执行器的中心建立相对坐标系 $QX_eY_eZ_e$，机器人的喷枪末端建立喷枪坐标系 $QX_gY_gZ_g$[8]。机器人的末端执行器在整体坐标系中连续运动的位姿集合可以用群 SE (3) 表示为

$$SE(3) = \left\{ \begin{bmatrix} \boldsymbol{R} & \boldsymbol{q} \\ 0 & 1 \end{bmatrix} \middle| \boldsymbol{R} \in SO(3), \boldsymbol{q} \in \mathbf{R}^3 \right\} \subset GL(4, R) \quad (2.13)$$

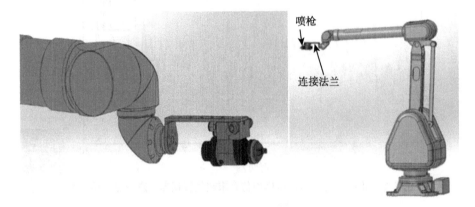

图 2.7　喷涂机器人（含喷枪）三维模型

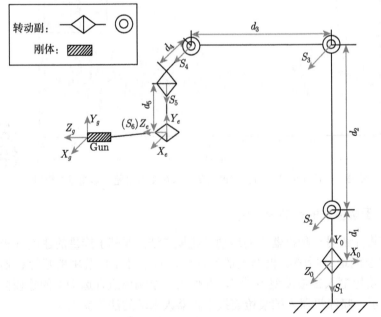

图 2.8　喷涂机器人连杆坐标系

式中，SE(3) 的元素 $\boldsymbol{A} = \begin{bmatrix} \boldsymbol{R} & \boldsymbol{q} \\ 0 & 1 \end{bmatrix}$ 表示某一时间末端执行器在整体坐标系中的位姿。令 $\boldsymbol{S}_i$ 为关节 $i$ 轴线方向的单位矢量，$\boldsymbol{S}_{oi}$ 为关节轴线上任一点的位置矢量，由旋量和李代数理论可得到基于旋量法的机器人操作臂各螺旋轴的方向和位置，如表 2.2 所示。

表 2.2　操作臂螺旋轴的位置和方向

| 关节 $J_i$ | 轴线方向 $\boldsymbol{S}_i$ | 轴线上的点 $\boldsymbol{S}_{oi}$ |
|---|---|---|
| 1 | $\begin{bmatrix} 0 & -1 & 0 \end{bmatrix}^{\mathrm{T}}$ | $\begin{bmatrix} 0 & 0 & 0 \end{bmatrix}^{\mathrm{T}}$ |
| 2 | $\begin{bmatrix} 0 & 0 & 1 \end{bmatrix}^{\mathrm{T}}$ | $\begin{bmatrix} 0 & d_1 & 0 \end{bmatrix}^{\mathrm{T}}$ |
| 3 | $\begin{bmatrix} 0 & 0 & 1 \end{bmatrix}^{\mathrm{T}}$ | $\begin{bmatrix} 0 & d_1+d_2 & 0 \end{bmatrix}^{\mathrm{T}}$ |
| 4 | $\begin{bmatrix} 0 & -1 & 0 \end{bmatrix}^{\mathrm{T}}$ | $\begin{bmatrix} -d_3 & d_1+d_2 & 0 \end{bmatrix}^{\mathrm{T}}$ |
| 5 | $\begin{bmatrix} 0 & -1 & 0 \end{bmatrix}^{\mathrm{T}}$ | $\begin{bmatrix} -d_3 & d_1+d_2 & d_4 \end{bmatrix}^{\mathrm{T}}$ |
| 6 | $\begin{bmatrix} -1 & 0 & 0 \end{bmatrix}^{\mathrm{T}}$ | $\begin{bmatrix} -d_3 & d_1+d_2-d_5 & d_4 \end{bmatrix}^{\mathrm{T}}$ |

末端执行器的姿态矩阵及工具坐标系中心点的位置矢量的初始值分别为

$$\boldsymbol{R}_0 = \begin{bmatrix} u_0 & v_0 & w_0 \end{bmatrix} = \begin{bmatrix} 0 & 0 & -1 \\ 0 & 1 & 0 \\ 1 & 0 & 0 \end{bmatrix} \tag{2.14}$$

$$\boldsymbol{q}_0 = \begin{bmatrix} -d_3 & d_1+d_2-d_5 & d_4 \end{bmatrix}^{\mathrm{T}} \tag{2.15}$$

机器人的瞬时位姿的变换矩阵为

$$\boldsymbol{A} = \begin{bmatrix} \boldsymbol{R} & \boldsymbol{q} \\ 0 & 1 \end{bmatrix} = \begin{bmatrix} u_x & v_x & w_x & q_x \\ u_y & v_y & w_y & q_y \\ u_z & v_z & w_z & q_z \\ 0 & 0 & 0 & 1 \end{bmatrix} \tag{2.16}$$

根据表 2.2 的数据和 POE 建模方法 [9]，可以得到各个关节的坐标变换矩阵。

机器人末端通过法兰连接机器人的喷枪，连接部分及机器人的喷枪都视为刚体，运动坐标系如图 2.8 所示。机器人的喷枪末端坐标系 $X_g Y_g Z_g$ 与机器人末端坐标系 $X_e Y_e Z_e$ 存在一个平移的变换。其坐标系之间的变换矩阵为

$$\boldsymbol{T}_g = \begin{bmatrix} 1 & 0 & 0 & 215 \\ 0 & 1 & 0 & 0 \\ 0 & 0 & 1 & -20 \\ 0 & 0 & 0 & 1 \end{bmatrix} \tag{2.17}$$

则机器人喷枪末端的坐标变换矩阵为

$$
A = A_1 A_2 A_3 A_4 A_5 A_6 A_0 T_g = \begin{bmatrix} u_x & v_x & w_x & q_x \\ u_y & v_y & w_y & q_y \\ u_z & v_z & w_z & q_z \\ 0 & 0 & 0 & 1 \end{bmatrix} \tag{2.18}
$$

### 2.1.3 喷涂机器人逆运动学求解与仿真

逆向运动学的求解对于机器人的位置控制具有重要意义，主要是将末端执行器在操作空间的运动变换为相应的关节空间的运动，使其能够得到期望的运动。逆向运动学相比于正向运动学的复杂之处在于操作空间到关节空间的映射是复射，而不是像正运动学的关节空间到操作空间的一一映射，因此逆向运动学的解有可能存在多解的情况。

机器人的逆向运动学解的形式主要分为两大类：解析解和数值解。数值解主要采用迭代计算方式获得，其计算速度要比相应的解析解的求解速度慢得多。其中解析解的求解又可分为代数法和几何法，几何法求解逆运动学对于关节较少的机械臂比较方便，但对于三个关节以上的机械臂求解方法就比较复杂。

机器人的逆向运动学的解析解并不总是存在的，但满足 Pieper 准则[10] 的机器人逆向运动学解析解一定存在。本章所研究的喷涂机器人 2、3、4 关节轴线相互平行，满足 Pieper 准则，因此该喷涂机器人存在逆向运动学解析解。

逆向运动学解析解的代数法求解，普遍使用的是 Paul 等提出的反变换法[11]来获得关节角表达式。这里使用的求解方法也是基于反变换的代数求解法，具体计算过程为先将未知的关节变量通过矩阵逆乘的方法从式 (2.19) 的等号右侧分离出来，然后在等号另一侧寻找可以解出未知变量的矩阵对应元素[12]。

$$
\begin{bmatrix} n_x & o_x & a_x & p_x \\ n_y & o_y & a_y & p_y \\ n_z & o_z & a_z & p_z \\ 0 & 0 & 0 & 1 \end{bmatrix} = {}_1^0\boldsymbol{T}\left(\theta_1\right){}_2^1\boldsymbol{T}\left(\theta_2\right){}_3^2\boldsymbol{T}\left(\theta_3\right){}_4^3\boldsymbol{T}\left(\theta_4\right){}_5^4\boldsymbol{T}\left(\theta_5\right){}_6^5\boldsymbol{T}\left(\theta_6\right) \tag{2.19}
$$

通过对末端变换矩阵进行分离变量，已知末端变换矩阵 ${}_6^0\boldsymbol{T}$，求解各关节变量 $\theta_1, \theta_2, \theta_3, \theta_4, \theta_5, \theta_6$。分离变量后，通过寻找矩阵等式中的对应元素可获得未知变量的解，在未知变量的求解过程中先选择变量较少的方程进行求解，已经求解出的变量可以作为后续未知变量求解的已知量。以 $\theta_1$ 的求解过程为例给出其具体计算方法。

由 2.1.2 节中的机器人变换矩阵，易得

$$
{}_2^1T{}_3^2T{}_4^3T{}_5^4T{}_6^5T = \left({}_1^0T\right)^{-1}{}_1^0T{}_2^1T{}_3^2T{}_4^3T{}_5^4T{}_6^5T \tag{2.20}
$$

将相邻连杆变换矩阵代入式 (2.19) 得

$$
\begin{bmatrix}
n_xc_1 + n_ys_1 & o_xc_1 + o_ys_1 & a_xc_1 + a_ys_1 & p_xc_1 + p_ys_1 \\
n_yc_1 - n_xs_1 & o_yc_1 - o_xs_1 & a_yc_1 - a_xs_1 & p_yc_1 - p_xs_1 \\
n_z & o_z & a_z & p_z - d_1 \\
0 & 0 & 0 & 1
\end{bmatrix} \tag{2.21}
$$

令矩阵的第 2 行第 3 列元素乘以 $d_6$ 与第 2 行第 4 列的值相等:

$$
\left(a_yc_1 - a_xs_1\right)d_6 = p_yc_1 - p_xs_1 \tag{2.22}
$$

即

$$
\left(p_x - d_6a_x\right)s_1 = \left(p_y - d_6a_y\right)c_1 \tag{2.23}
$$

所以有

$$
\theta_1 = \arctan\left(\frac{p_y - d_6a_y}{p_x - d_6a_x}\right) \tag{2.24}
$$

同理,可求得

$$
\theta_6 = \arctan\left(-\left(o_yc_1 - o_xs_1\right),\left(n_yc_1 - n_xs_1\right)\right) \tag{2.25}
$$

$$
\theta_5 = \arctan\left(\frac{-\left(a_yc_1 - a_xs_1\right)s_6}{-\left(o_yc_1 - o_xs_1\right)}\right) \tag{2.26}
$$

$$
\theta_3 = \arctan\left(a_{03}, \pm\sqrt{1 - (a_{03})^2}\right) \tag{2.27}
$$

式中

$$
\begin{aligned}
a_{03} &= (p_xc_1 + p_ys_1 - d_6a_xc_1 - d_6a_ys_1 + d_5o_xc_1c_6 + d_5n_xc_1s_6 \\
&\quad + d_5o_yc_6s_1 + d_5n_ys_1s_6)^2/(-2l_2l_3) \\
&\quad + (p_z - d_1 - d_6a_z + d_5o_zc_6 + d_5n_zs_6)^2/(-2l_2l_3) - (l_2^2 + l_3^2)/(-2l_2l_3)
\end{aligned}
$$

$$
\theta_2 = \arctan\left(b_{02}, a_{02}\right) + \arctan\left(\sqrt{a_{02}^2 + b_{02}^2 - c_{02}^2}, c_{02}\right) \tag{2.28}
$$

或

$$\theta_2 = \arctan\left(b_{02}, a_{02}\right) - \arctan\left(\sqrt{a_{02}^2 + b_{02}^2 - c_{02}^2}, c_{02}\right) \qquad (2.29)$$

其中

$$
\begin{aligned}
a_{02} =\ & d_1 s_3 - p_z s_3 + p_x c_1 c_3 + p_y c_3 s_1 + d_6 a_z s_3 - d_6 a_x c_1 c_3 \\
& - d_6 a_y c_3 s_1 - d_5 o_z c_6 s_3 - d_5 n_z s_3 s_6 \\
& + d_5 o_x c_1 c_3 c_6 + d_5 n_x c_1 c_3 s_6 + d_5 o_y c_3 c_6 s_1 + d_5 n_y c_3 s_1 s_6 \\
b_{02} =\ & d_1 c_3 - p_z c_3 - p_x c_1 s_3 - p_y s_1 s_3 + d_6 a_z c_3 - d_5 o_z c_3 c_6 \\
& + d_6 a_x c_1 s_3 - d_5 n_z c_3 s_6 + d_6 a_y s_1 s_3 \\
& - d_5 o_x c_1 c_6 s_3 - d_5 n_x c_1 s_3 s_6 - d_5 o_y c_6 s_1 s_3 - d_5 n_y s_1 s_3 s_6 \\
c_{02} =\ & l_3 - l_2 s_3
\end{aligned}
$$

$$\theta_4 = \arctan\left(\frac{a_{04}}{b_{04}}\right) \qquad (2.30)$$

其中

$$
\begin{aligned}
a_{04} =\ & a_z c_5 s_2 s_3 - a_z c_2 c_3 c_5 - a_x c_1 c_2 c_5 s_3 - a_x c_1 c_3 c_5 s_2 - n_z c_2 c_3 c_6 s_5 \\
& - a_y c_2 c_5 s_1 s_3 - a_y c_3 c_5 s_1 s_2 + o_z c_2 c_3 s_5 s_6 + n_z c_6 s_2 s_3 s_5 - o_z s_2 s_3 s_5 s_6 \\
& - n_x c_1 c_2 c_6 s_3 s_5 - n_x c_1 c_3 c_6 s_2 s_5 + o_x c_1 c_2 s_3 s_5 s_6 + o_x c_1 c_3 s_2 s_5 s_6 \\
& - n_y c_2 c_6 s_1 s_3 s_5 - n_y c_3 c_6 s_1 s_2 s_5 + o_y c_2 s_1 s_3 s_5 s_6 + o_y c_3 s_1 s_2 s_5 s_6 \\
b_{04} =\ & a_x c_1 c_2 c_3 c_5 - a_z c_3 c_5 s_2 - a_z c_2 c_5 s_3 + a_y c_2 c_3 c_5 s_1 - a_x c_1 c_5 s_2 s_3 \\
& - n_z c_2 c_6 s_3 s_5 - n_z c_3 c_6 s_2 s_5 - a_y c_5 s_1 s_2 s_3 + o_z c_2 s_3 s_5 s_6 + o_z c_3 s_2 s_5 s_6 \\
& - o_x c_1 c_2 c_3 s_5 s_6 + n_y c_2 c_3 c_6 s_1 s_5 - n_x c_1 c_6 s_2 s_3 s_5 - o_y c_2 c_3 s_1 s_5 s_6 \\
& + o_x c_1 s_2 s_3 s_5 s_6 - n_y c_6 s_1 s_2 s_3 s_5 + o_y s_1 s_2 s_3 s_5 s_6 + n_x c_1 c_2 c_3 c_6 s_5
\end{aligned}
$$

至此，已求出机器人所有关节的逆运动学解析解，根据各关节求出解的个数，该机器人逆运动学共有 4 组解。

在 MATLAB 的 Simulink 仿真环境中搭建逆运动学计算仿真框图，给予各关节特定的运动输入，经过机器人正向运动学公式计算后得到末端执行器的位置和姿态，然后将机器人末端位姿数据代入，通过逆运动学公式计算得到关节空间中各关节的角度。最终将给定的关节输入与通过逆运动学计算得到的关节角度进行对比，通过两者之间的误差大小来验证所推导的逆运动学解析解是否正确。机器人逆运动学仿真框图如图 2.9 所示，关节输入角度与通过逆运动学计算得到的关节角度误差如图 2.10 所示。由图 2.10 可知，关节输入角度与通过逆运动学计算得到的关节角度误差在 $10^{-13}$ 数量级，因此使用基于反变换方法所求解出来的逆运动学解析解是正确的。

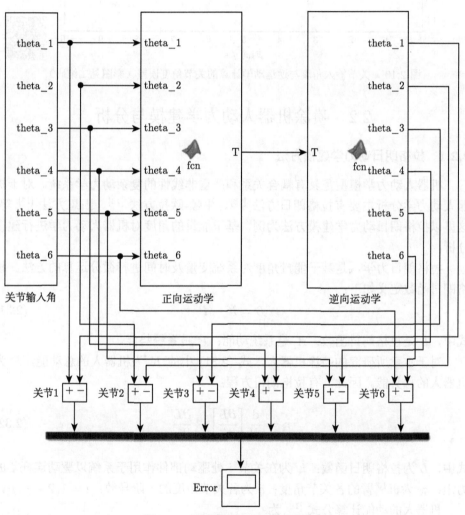

图 2.9  机械臂逆运动学仿真框图

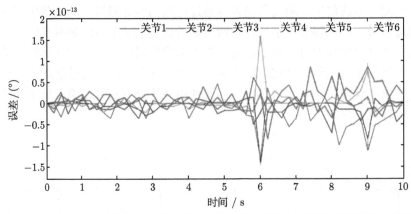

图 2.10　关节输入角度与逆运动学计算的关节角度误差（彩图见二维码）

## 2.2　喷涂机器人动力学建模与分析

### 2.2.1　拉格朗日动力学建模方法

机器人动力学模型是具有耦合关系和严重非线性的复杂动力学系统。对于机器人动力学分析主要有拉格朗日方法[13]、牛顿-欧拉方法[14]、凯恩方法[15] 等。这里以拉格朗日动力学建模方法为例，基于能量的角度对机器人动力学进行建模分析。

拉格朗日力学，是基于能量角度对系统变量及时间进行微分运算的方法。拉格朗日函数定义如下：

$$L = K - P \tag{2.31}$$

式中，$L$ 是拉格朗日函数；$K$ 是系统动能；$P$ 是系统势能。

对于本章所研究的喷涂机器人，式 (2.31) 中的 $K$ 为机器人的总动能，$P$ 为机器人的总势能。因此，有拉格朗日方程：

$$\tau_i = \frac{\mathrm{d}}{\mathrm{d}t}\left[\frac{\partial L}{\partial \dot{q}_i}\right] - \frac{\partial L}{\partial q_i} \tag{2.32}$$

式中，$L$ 为拉格朗日函数；$\tau_i$ 为在关节 $i$ 处驱动部件作用于系统以驱动连杆 $i$ 的力矩；$q_i$ 为机械臂的各关节角度；$\dot{q}$ 为各关节角度的一阶导数；$i = 1, 2, \cdots, n$。

机器人的动能计算公式[16] 为

$$K = \frac{1}{2}\sum_{i=1}^{n}\sum_{j=1}^{i}\sum_{k=1}^{i}\mathrm{tr}\left(\boldsymbol{U}_{ij}\boldsymbol{I}_i\boldsymbol{U}_{ik}^{\mathrm{T}}\right)\dot{q}_j\dot{q}_k \tag{2.33}$$

式中

$$
\boldsymbol{I}_i = \begin{bmatrix} \dfrac{-I_{ixx} + I_{iyy} + I_{izz}}{2} & I_{ixy} & I_{ixz} & m_i{}^i\bar{x}_i \\[2mm] I_{ixy} & \dfrac{I_{ixx} - I_{iyy} + I_{izz}}{2} & I_{iyz} & m_i{}^i\bar{y}_i \\[2mm] I_{ixz} & I_{iyz} & \dfrac{I_{ixx} + I_{iyy} - I_{izz}}{2} & m_i{}^i\bar{z}_i \\[2mm] m_i{}^i\bar{x}_i & m_i{}^i\bar{y}_i & m_i{}^i\bar{z}_i & m_i \end{bmatrix}
\tag{2.34}
$$

$$
\boldsymbol{U}_{ij} = \frac{\partial\,({}^0\boldsymbol{T}_i)}{\partial q_i} = \begin{cases} {}^0\boldsymbol{T}_{j-1}\boldsymbol{Q}_j{}^{j-1}\boldsymbol{T}_i, & j \leqslant i \\ 0, & j > i \end{cases}
\tag{2.35}
$$

$\boldsymbol{U}_{ij}$ 表达式中 $\boldsymbol{Q}_j$ 为

$$
\boldsymbol{Q}_j = \begin{bmatrix} 0 & -1 & 0 & 0 \\ 1 & 0 & 0 & 0 \\ 0 & 0 & 0 & 0 \\ 0 & 0 & 0 & 0 \end{bmatrix}
\tag{2.36}
$$

惯量矩阵 $\boldsymbol{I}_i$ 中 ${}^i\bar{x}_i$, ${}^i\bar{y}_i$, ${}^i\bar{z}_i$ 为在连杆 $i$ 坐标系下连杆 $i$ 的质心位置，$m_i$ 为连杆 $i$ 的质量。tr 表示矩阵的迹，对于 $n$ 阶矩阵来说，迹为其对角线上各元素之和。

机器人势能计算公式为

$$
\boldsymbol{P} = \sum_{i=1}^{n} -m_i\boldsymbol{g}\,({}^0\boldsymbol{T}_i{}^i\bar{\boldsymbol{r}}_i)
\tag{2.37}
$$

式中，$\boldsymbol{g} = [g_x \quad g_y \quad g_z \quad 0]$ 为基坐标系下重力的各个分量；${}^i\bar{\boldsymbol{r}}_i = \begin{bmatrix} {}^i\bar{x}_i & {}^i\bar{y}_i & {}^i\bar{z}_i & 1 \end{bmatrix}^{\mathrm{T}}$ 为连杆 $i$ 的质心在以连杆 $i$ 为基准的坐标系下的位置。

将式 (2.33) 和式 (2.37) 代入式 (2.32) 中，可获得机器人各关节转矩表达式，即

$$
\tau_i = \sum_{k=1}^{n} D_{ik}\,\ddot{q}_k + \sum_{k=1}^{n}\sum_{m=1}^{n} D_{ikm}\,\dot{q}_k\,\dot{q}_m + D_i
\tag{2.38}
$$

式中，$D_{ik} = \displaystyle\sum_{j=\max(i,k)}^{n} \mathrm{tr}(\boldsymbol{U}_{jk}\boldsymbol{I}_j\boldsymbol{U}_{ji}^{\mathrm{T}})$；$D_{ikm} = \displaystyle\sum_{j=\max(i,k,m)}^{n} \mathrm{tr}(\boldsymbol{U}_{jkm}\boldsymbol{I}_j\boldsymbol{U}_{ji}^{\mathrm{T}})$；$D_i = \displaystyle\sum_{j=i}^{n} -m_j\boldsymbol{g}\boldsymbol{U}_{ji}{}^j\bar{\boldsymbol{r}}_j$。

$D_{ikm}$ 中的 $U_{ijk}$ 可根据式 (2.39) 求解：

$$
U_{ijk} = \begin{cases}
{}^0T_{j-1}Q_j{}^{j-1}T_{k-1}Q_k{}^{k-1}T_i, & i \geqslant k \geqslant j \\
{}^0T_{k-1}Q_k{}^{k-1}T_{j-1}Q_j{}^{j-1}T_i, & i \geqslant j \geqslant k \\
0, & i < j; i < k
\end{cases}
\tag{2.39}
$$

式中，第一部分为角加速度惯量项；第二部分为科里奥利力和向心力项；第三部分为重力项。惯量项和重力项对于机器人系统的稳定性和定位精度具有重要作用，向心力和科里奥利力在机器人低速运动时可以忽略，但高速运动时其作用非常明显。

### 2.2.2　喷涂机器人动力学模型仿真验证

对于喷涂机器人动力模型的仿真分析，通过编写的 m 文件计算程序，求出喷涂机械臂关节 1 至关节 6 的力矩表达式 $\tau_1, \tau_2, \tau_3, \tau_4, \tau_5, \tau_6$，表达式与六个关节的角度、角速度及角加速度等运动参数和机械臂连杆 D-H 参数相关。

给定喷涂机器人连杆 D-H 参数，此处参数是经过运动学标定后的机械臂尺寸（单位：m）。

$$
\begin{aligned}
d_1 &= 0.769 \\
d_5 &= 0.113 \\
d_6 &= 0.0768 \\
l_2 &= 0.9 \\
l_3 &= 1.1
\end{aligned}
$$

通过假设给定机器人各连杆惯性参数（单位：$\mathrm{kg \cdot m^2}$）：

$$
\begin{array}{lllllll}
I_{1xx}=10, & I_{1yy}=10, & I_{1zz}=10, & I_{1xy}=0, & I_{1yz}=0, & I_{1xz}=0, & m_1=10 \\
I_{2xx}=10, & I_{2yy}=10, & I_{2zz}=10, & I_{2xy}=0, & I_{2yz}=0, & I_{2xz}=0, & m_2=10 \\
I_{3xx}=10, & I_{3yy}=10, & I_{3zz}=10, & I_{3xy}=0, & I_{3yz}=0, & I_{3xz}=0, & m_3=10 \\
I_{4xx}=10, & I_{4yy}=10, & I_{4zz}=10, & I_{4xy}=0, & I_{4yz}=0, & I_{4xz}=0, & m_4=3 \\
I_{5xx}=10, & I_{5yy}=10, & I_{5zz}=10, & I_{5xy}=0, & I_{5yz}=0, & I_{5xz}=0, & m_5=2 \\
I_{6xx}=10, & I_{6yy}=10, & I_{6zz}=10, & I_{6xy}=0, & I_{6yz}=0, & I_{6xz}=0, & m_6=1
\end{array}
$$

给定机器人各连杆质心在各连杆坐标系中的坐标值（单位：m）：

$$
\begin{array}{lll}
x_1=0, & y_1=0, & z_1=0 \\
x_2=0.45, & y_2=0, & z_2=0 \\
x_3=0.55, & y_3=0, & z_3=0 \\
x_4=0, & y_4=0, & z_4=0 \\
x_5=0, & y_5=0, & z_5=0 \\
x_6=0, & y_6=0, & z_6=0
\end{array}
$$

在 Simulink 仿真环境中，将以上参数代入关节力矩表达式中，并将其封装为函数，如图 2.11 所示。函数有 18 个输入变量及 6 个输出变量，分别为 $q_1$, $q_2$, $q_3$, $q_4$, $q_5$, $q_6$、$\dot{q}_1$, $\dot{q}_2$, $\dot{q}_3$, $\dot{q}_4$, $\dot{q}_5$, $\dot{q}_6$、$\ddot{q}_1$, $\ddot{q}_2$, $\ddot{q}_3$, $\ddot{q}_4$, $\ddot{q}_5$, $\ddot{q}_6$ 和 $\tau_1$, $\tau_2$, $\tau_3$, $\tau_4$, $\tau_5$, $\tau_6$。由于 MATLAB 中无法使用 $q_1$, $\dot{q}_1$, $\ddot{q}_1$ 等字符作为变量，因此在程序中使用 x1 代替 $q_1$、w1 代替 $\dot{q}_1$、ac1 代替 $\ddot{q}_1$，其他变量以此类推。

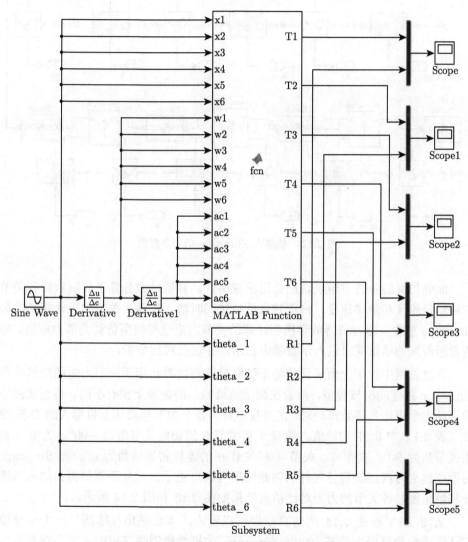

图 2.11 机器人动力学模型 MATLAB 仿真框图

同时，在 Simulink 环境中，使用 Simscape 模块搭建机器人的三维模型，并定义各连杆的惯性参数与上述机器人关节力矩计算中的连杆惯性参数相同，如

图 2.12 所示。对于机器人的六个转动关节，分别使用关节传感器获得其运动过程中各关节的转动力矩，并将转动力矩值输出到示波器中进行观察和分析。

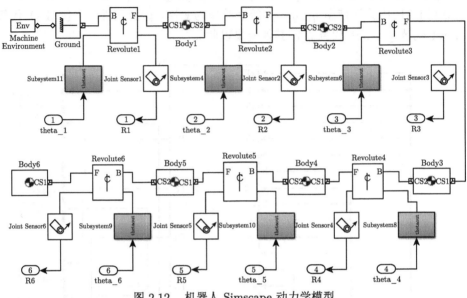

图 2.12 机器人 Simscape 动力学模型

此处仿真的各关节激励轨迹选用正弦函数，并通过微分算子分别获得各关节的转动角速度和角加速度。将正弦激励轨迹同时输入机器人关节力矩计算函数和 Simscape 模型，即可获得数学模型计算的关节力矩值与模型仿真关节力矩值。将两者所得到的结果同时输入示波器中显示，并进行对比分析。

仿真过程中对于上面所说的将正弦激励轨迹同时作用于关节力矩函数模块和 Simscape 搭建的机械模型，两者在激励轨迹输入的处理上稍有不同。将正弦激励输入动力学表达式函数模块时，在函数中对于各个关节角要加上机器人的 D-H 参数（表 2.1）中 $\theta_i$ 的初始值。关节 2 和关节 5 的初始关节角为 $-90°$，关节 3 初始关节角为 $90°$，关节 1、关节 4 和关节 6 的连杆初始转角为 $0°$。而 Simscape 模型在建立时就已经将各连杆的初始位置考虑进去了，此处不需要再另加入各连杆初始角度，各关节的力矩对比仿真结果如图 2.13 和图 2.14 所示。

从图 2.13 和图 2.14 的仿真结果可以看出，本章采用拉格朗日动力学建模方法所求解的机器人关节力矩与 Simscape 中机械模型仿真出的关节力矩基本一致，前三关节力矩误差值远小于关节当前力矩值，后三关节力矩误差均在 $10^{-5}$ 数量级，可忽略不计。通过仿真结果对比可以证明所求解的各关节力矩表达式是正确的。

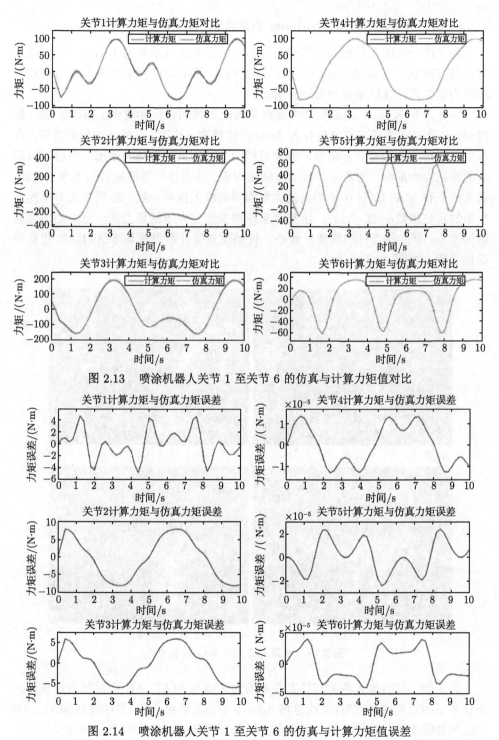

图 2.13 喷涂机器人关节 1 至关节 6 的仿真与计算力矩值对比

图 2.14 喷涂机器人关节 1 至关节 6 的仿真与计算力矩值误差

### 2.2.3　喷涂机器人动力模型 Adams 仿真验证

为了进一步证明前面动力学分析与关节力矩表达式求解的正确性，将机器人的实体三维模型导入 Adams 中进行运动仿真，将运动过程中的各关节力矩数据和动力学公式计算结果进行对比分析。

首先，在 SolidWorks 软件中根据机器人本体的设计参数画出各连杆的三维模型，依次将各连杆三维模型导入 Adams 软件中。其次，根据各连杆的特征，在各关节连接处分别建立标记点，方便后续的关节约束和驱动的添加。然后，以建立的标记点为基准，为各关节添加旋转副约束，并在各关节的旋转副上添加驱动。这里为了和 MATLAB 中机器人动力学模型的输入保持一致，给所有关节都施加简单的正弦函数驱动。另外，给整个系统添加竖直向下的重力场，重力加速度取值为 $9.8\mathrm{m/s^2}$，各连杆的质量、质心、转动惯量等参数设置与 MATLAB 仿真中保持一致，如图 2.15 所示。

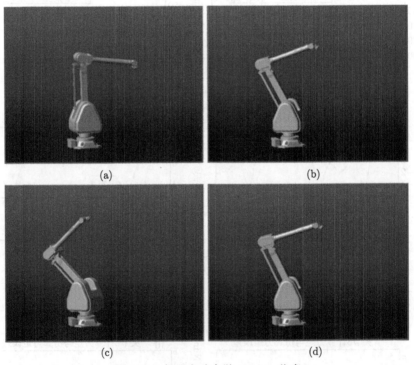

(a)　(b)　(c)　(d)

图 2.15　机器人动力学 Adams 仿真

为了便于将机器人各关节仿真获得的力矩值与 MATLAB 中关节力矩表达式所计算出的力矩值进行对比，这里将 Adams 中仿真数据导出，并加载到 MATLAB 中绘制曲线图进行对比分析。各关节力矩数据曲线图对比如图 2.16 所示。

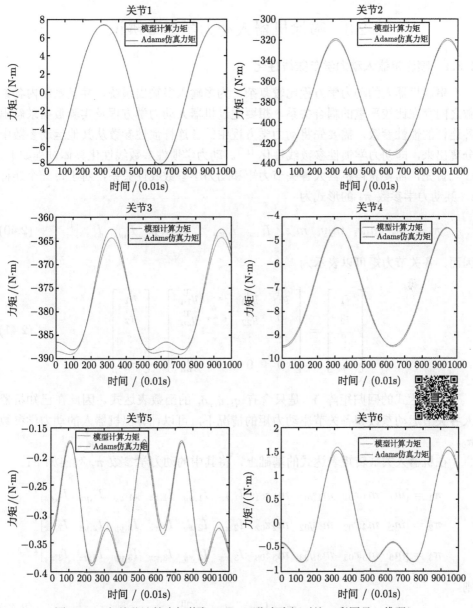

图 2.16　各关节计算力矩值与 Adams 仿真力矩对比（彩图见二维码）

由图 2.16 中的动力学模型计算出的各关节力矩值与 Adams 仿真得到的关节力矩值对比可以看出，计算出的力矩数值与仿真力矩数值之间的误差远小于当前关节力矩值，两者数值基本一致。证明采用拉格朗日动力学建模方法所建立的喷涂机器人动力学模型是正确的。

# 2.3 喷涂机器人动力学参数辨识

### 2.3.1 喷涂机器人动力学参数线性化

串联机器人的动力学方程比较复杂，为多输入多输出系统，并且系统内各参数之间存在比较严重的耦合关系。想要通过机器人动力学方程及实验数据求解出各连杆的惯性参数，需要先将动力学方程中的各连杆惯性参数从其他运动参数中分离出来，即动力学惯性参数线性化[17]。动力学惯性参数线性化具体过程如下。

首先，需要获得机器人各关节力矩和动力学参数线性关系，对于每一个连杆 $i$，其动力学参数 $\boldsymbol{\pi}_i$ 的形式为

$$\boldsymbol{\pi}_i = [m_i \quad m_i x_i \quad m_i y_i \quad m_i z_i \quad I_{i,xx} \quad I_{i,xy} \quad I_{i,xz} \quad I_{i,yy} \quad I_{i,yz} \quad I_{i,zz}]^{\mathrm{T}} \tag{2.40}$$

因而，各关节力矩可以表示为

$$
\begin{bmatrix} \tau_1 \\ \tau_2 \\ \vdots \\ \tau_n \end{bmatrix} =
\begin{bmatrix}
y_{11}^{\mathrm{T}} & y_{12}^{\mathrm{T}} & \cdots & y_{1n}^{\mathrm{T}} \\
0 & y_{22}^{\mathrm{T}} & \cdots & y_{2n}^{\mathrm{T}} \\
\vdots & \vdots & & \vdots \\
0 & 0 & \cdots & y_{nn}^{\mathrm{T}}
\end{bmatrix}
\begin{bmatrix} \pi_1 \\ \pi_2 \\ \vdots \\ \pi_n \end{bmatrix}
\tag{2.41}
$$

此表达式的回归矩阵 $\boldsymbol{Y}$ 是只含有 $q_i, \dot{q}_i, \ddot{q}_i$ 的函数表达式，因此在已知机器人各关节运动参数和各关节驱动力矩的情况下，可以计算出机器人的动力学参数 $\boldsymbol{\pi}_i$。

在机器人关节转矩表达式的基础上，将其中的动力学参数 $\boldsymbol{\pi}_i$ 列出如下：

$$\boldsymbol{\pi}_1 = [m_1 \quad m_1 x_{01} \quad m_1 y_{01} \quad m_1 z_{01} \quad I_{1,xx} \quad I_{1,xy} \quad I_{1,xz} \quad I_{1,yy} \quad I_{1,yz} \quad I_{1,zz}]^{\mathrm{T}}$$

$$\boldsymbol{\pi}_2 = [m_2 \quad m_2 x_{02} \quad m_2 y_{02} \quad m_2 z_{02} \quad I_{2,xx} \quad I_{2,xy} \quad I_{2,xz} \quad I_{2,yy} \quad I_{2,yz} \quad I_{2,zz}]^{\mathrm{T}}$$

$$\boldsymbol{\pi}_3 = [m_3 \quad m_3 x_{03} \quad m_3 y_{03} \quad m_3 z_{03} \quad I_{3,xx} \quad I_{3,xy} \quad I_{3,xz} \quad I_{3,yy} \quad I_{3,yz} \quad I_{3,zz}]^{\mathrm{T}}$$

则

$$\boldsymbol{\pi} = [\boldsymbol{\pi}_1 \quad \boldsymbol{\pi}_2 \quad \boldsymbol{\pi}_3]^{\mathrm{T}} \tag{2.42}$$

从关节扭矩表达式中提取各动力学参数的系数，进而可以整理出回归矩阵 $\boldsymbol{Y}$ 的表达式为

$$
\boldsymbol{Y} =
\begin{bmatrix}
y_{1,1} & y_{1,2} & y_{1,3} & \cdots & y_{1,30} \\
y_{2,1} & y_{2,2} & y_{2,3} & \cdots & y_{2,30} \\
y_{3,1} & y_{3,2} & y_{3,3} & \cdots & y_{3,30}
\end{bmatrix}
\tag{2.43}
$$

由于机器人关节转矩表达式比较复杂，在上述回归矩阵的获取中使用 MAT-LAB 多元多项式系数 coeffs (·) 函数，对于每个参数分别提取系数即可相对方便地获得所需表达式，具体求解过程这里不再赘述。

在系统辨识和参数估计应用中，最小二乘法属于一种最基本的估计方法[18]。它既可用于线性系统，也可用于非线性系统；可用于静态系统，也可用于动态系统；可用于在线估计，也可用于离线估计。使用最小二乘法处理实验结果是随机的数据，并不需要知道观测数据的概率统计信息，而使用该方法所获得的估计结果却具有比较好的统计性质。这里选用最小二乘法对机器人的动力学参数进行估计求解。

在定义了一个数据矩阵 $\boldsymbol{F} \in \mathbf{R}^{m \times n}$ 和一个观测向量 $\boldsymbol{y} \in \mathbf{R}^m$ 后，一组关于未知数 $\boldsymbol{x} \in \mathbf{R}^n$ 的方程组可表示为

$$\boldsymbol{F} \boldsymbol{x} = \boldsymbol{y} \tag{2.44}$$

式 (2.44) 是一个线性方程组的矩阵形式，即

$$\begin{cases} f_{11}x_1 + f_{12}x_2 + \cdots + f_{1n}x_n = y_1 \\ f_{21}x_1 + f_{22}x_2 + \cdots + f_{2n}x_n = y_2 \\ \vdots \qquad \vdots \qquad\qquad \vdots \qquad \vdots \\ f_{m1}x_1 + f_{m2}x_2 + \cdots + f_{mn}x_n = y_m \end{cases} \tag{2.45}$$

矩阵向量积 $\boldsymbol{F}\boldsymbol{x}$ 在几何意义上表示找到了关于矩阵 $\boldsymbol{F}$ 的列向量的线性组合，且与观测向量 $\boldsymbol{y}$ 相等。因此，关于 $\boldsymbol{x}$ 的解当且仅当向量 $\boldsymbol{y}$ 处于矩阵 $\boldsymbol{F}$ 的列空间中时才存在。若向量满足此条件，称该方程组是相合的，否则称为矛盾的。

在实际应用中会发现很多线性方程组的观测向量 $\boldsymbol{y}$ 不在矩阵 $\boldsymbol{F}$ 的列空间中，即方程组是矛盾的。为了求解这种问题，找到一组矛盾方程组的解，引出下面的二乘法。

$$\min_{\boldsymbol{x}} \boldsymbol{\varepsilon}^{\mathrm{T}} \boldsymbol{\varepsilon} \text{ 满足 } \boldsymbol{y} = \boldsymbol{F}\boldsymbol{x} + \boldsymbol{\varepsilon}$$

也就是说，寻找一个向量 $\boldsymbol{x}$ 满足残差向量 $\boldsymbol{\varepsilon}$ 的范数最小，进而使得 $\boldsymbol{y} \approx \boldsymbol{F}\boldsymbol{x}$。残差向量 $\boldsymbol{\varepsilon} \in \mathbf{R}^m$ 可以从公式中消去，所以将其简化写成更一般的形式为

$$\min_{\boldsymbol{x}} \|\boldsymbol{F}\boldsymbol{x} - \boldsymbol{y}\|_2^2$$

这里采用二乘代价函数来使 $\boldsymbol{y}$ 和 $\boldsymbol{F}\boldsymbol{x}$ 之间的距离最小化，因为二乘代价函数在科研和工程中应用最为广泛，最小二乘问题的代价函数可以展开为

$$
\begin{aligned}
f(x) &= \|\boldsymbol{F}\boldsymbol{x} - \boldsymbol{y}\|_2^2 \\
&= (\boldsymbol{F}\boldsymbol{x} - \boldsymbol{y})^{\mathrm{T}}(\boldsymbol{F}\boldsymbol{x} - \boldsymbol{y}) \\
&= \boldsymbol{x}^{\mathrm{T}}\boldsymbol{F}^{\mathrm{T}}\boldsymbol{F}\boldsymbol{x} - \boldsymbol{x}^{\mathrm{T}}\boldsymbol{F}^{\mathrm{T}}\boldsymbol{y} - \boldsymbol{y}^{\mathrm{T}}\boldsymbol{F}\boldsymbol{x} + \boldsymbol{y}^{\mathrm{T}}\boldsymbol{y}
\end{aligned}
\tag{2.46}
$$

由该表达式可以容易地计算出梯度，即

$$
\frac{\partial}{\partial x}f(x) = \begin{bmatrix} \dfrac{\partial f(x)}{\partial x_1} \\ \vdots \\ \dfrac{\partial f(x)}{\partial x_n} \end{bmatrix} = 2\boldsymbol{F}^{\mathrm{T}}\boldsymbol{F}\boldsymbol{x} - 2\boldsymbol{F}^{\mathrm{T}}\boldsymbol{y}
\tag{2.47}
$$

式 (2.47) 中的最小二乘问题的解 $\hat{\boldsymbol{x}}$，可以通过令梯度 $\dfrac{\partial f(x)}{\partial x} = 0$ 得到，则有

$$
\boldsymbol{F}^{\mathrm{T}}\boldsymbol{F}\boldsymbol{x} = \boldsymbol{F}^{\mathrm{T}}\boldsymbol{y}
\tag{2.48}
$$

即

$$
\hat{\boldsymbol{x}} = (\boldsymbol{F}^{\mathrm{T}}\boldsymbol{F})^{-1}\boldsymbol{F}^{\mathrm{T}}\boldsymbol{y}
\tag{2.49}
$$

这里的 $\boldsymbol{x}$ 对应于式 (2.40) 的机器人动力学参数 $\boldsymbol{\pi}$，矩阵 $\boldsymbol{F}$ 对应于机器人逆动力学公式的回归矩阵 $\boldsymbol{Y}$，观测向量 $\boldsymbol{y}$ 对应于机器人关节力矩矩阵 $\boldsymbol{\tau}$。由此可以得出机器人动力学参数 $\boldsymbol{\pi}$ 的最小二乘估计方法的计算表达式为

$$
\hat{\boldsymbol{\pi}} = (\boldsymbol{Y}^{\mathrm{T}}\boldsymbol{Y})^{-1}\boldsymbol{Y}^{\mathrm{T}}\boldsymbol{\tau}
\tag{2.50}
$$

### 2.3.2　动力学参数辨识的激励轨迹选取

激励轨迹的选取对于机器人动力学参数辨识实验非常重要，激励轨迹选择得是否合适，直接决定能否获得所需的辨识结果。选取激励轨迹时，尽可能选择函数表达式简单，生成的轨迹连续、平滑，能充分激励各连杆所有动力学参数的轨迹。工业机器人动力学参数辨识中常用的激励轨迹有多项式轨迹和周期性轨迹这两种，其中多项式轨迹形式简单多用于精度要求不高的情况 [19]。这里选用基于有限项傅里叶级数组成的周期轨迹作为机器人系统参数辨识的激励轨迹。

喷涂机器人各关节激励轨迹的傅里叶级数表达式如下：

$$
q_i(t) = \sum_{l=1}^{L}\left(\frac{a_{i,l}}{\omega_f l}\sin(\omega_f l t) + \frac{b_{i,l}}{\omega_f l}\cos(\omega_f l t)\right)
\tag{2.51}
$$

对于第 $i$ 个关节，$q_i$ 表示关节的角位移，$L$ 表示正弦和余弦项的数目，$\omega_f = 2\pi f_f$ 表示轨迹基础频率，$f_f$ 表示激励频率，$a_{i,l}$ 和 $b_{i,l}$ 为第 $i$ 个关节的正余弦函数的幅值。

各关节激励轨迹的速度和加速度可以通过对关节角位移表达式进行求导获得，关节速度、关节加速度表达式分别为

$$\dot{q}_i(t) = \sum_{l=1}^{L} \left(a_{i,l}\cos(\omega_f lt) - b_{i,l}\sin(\omega_f lt)\right) \tag{2.52}$$

$$\ddot{q}_i(t) = \sum_{l=1}^{L} -\omega_f l\left(a_{i,l}\sin(\omega_f lt) + b_{i,l}\cos(\omega_f lt)\right) \tag{2.53}$$

这里使用的傅里叶级数激励轨迹表达式 (2.51) 中，$L = 5$，$f_f = 0.1\text{Hz}$，则激励轨迹周期为

$$T = \frac{2\pi}{\omega_f} = 10\text{s}$$

傅里叶级数表达式中 $a_{i,l}$ 和 $b_{i,l}$ 是该激励轨迹需要进行优化的参数，由于周期函数由 5 项正余弦函数组成，且需要辨识的关节变量个数为 3，则最终需要优化求解出的正余弦函数幅值参数共有 30 个，即

$$\begin{cases} a_{1,1}\ a_{1,2}\ a_{1,3}\ a_{1,4}\ a_{1,5}\ a_{2,1}\ a_{2,2}\ a_{2,3}\ a_{2,4}\ a_{2,5}\ a_{3,1}\ a_{3,2}\ a_{3,3}\ a_{3,4}\ a_{3,5} \\ b_{1,1}\ b_{1,2}\ b_{1,3}\ b_{1,4}\ b_{1,5}\ b_{2,1}\ b_{2,2}\ b_{2,3}\ b_{2,4}\ b_{2,5}\ b_{3,1}\ b_{3,2}\ b_{3,3}\ b_{3,4}\ b_{3,5} \end{cases}$$

### 2.3.3 基于条件数的激励轨迹优化

对激励轨迹进行优化的目的是使所获得的轨迹能够充分激励需要辨识的机器人系统，进而可以更精确地获得机器人动力学模型中的未知参数[20]。在后续的辨识计算中采用的是最小二乘法对系统参数进行求解，由于最小二乘法对于模型和噪声比较敏感，通常使用动力学方程回归矩阵的条件数大小来评价激励轨迹选取的好坏[21]。矩阵的条件数是判断矩阵是否病态的一种度量，条件数越大表明该矩阵越病态，即矩阵运算过程中对于误差越敏感。这是由于在使用数值分析方法求解方程组 $\boldsymbol{AX} = \boldsymbol{B}$ 时，矩阵 $\boldsymbol{A}$ 的条件数越小，求解变量 $\boldsymbol{X}$ 时越不容易受到方程表达式自身误差所带来的影响。

矩阵的条件数等于该矩阵的范数与该矩阵的逆的范数的乘积，对于任意给定的矩阵 $\boldsymbol{A}$，其条件数求解公式如下：

$$\text{cond}(\boldsymbol{A}) = \|\boldsymbol{A}\| \cdot \|\boldsymbol{A}^{-1}\| \tag{2.54}$$

在计算矩阵条件数时，通常选用矩阵的 2 范数来计算，则其矩阵 $\boldsymbol{A}$ 的条件数为

$$\text{cond}(\boldsymbol{A}) = \frac{\sigma_{\max}(\boldsymbol{A})}{\sigma_{\min}(\boldsymbol{A})} \tag{2.55}$$

式中，$\sigma_{\max}(\boldsymbol{A})$ 和 $\sigma_{\min}(\boldsymbol{A})$ 分别表示矩阵 $\boldsymbol{A}$ 的奇异值中的最大值和最小值。

这里使用 MATLAB 软件来求解矩阵的条件数，调用 cond(·) 函数即可获得想要求解的矩阵的条件数值。

为了使得所设计的激励轨迹能够充分激励机器人各关节惯性参数以及在后续辨识计算过程中避免得到的回归矩阵是病态的，需要对傅里叶级数展开的表达式中正余弦幅值参数进行优化。在优化过程中首先需要确定函数的优化目标和约束条件，这里的优化目标为回归矩阵 $\boldsymbol{Y}$ 的条件数，约束条件为机器人运动过程中各关节的运动参数不得超过其设定值。

优化的约束条件具体表述为，用于辨识实验的激励轨迹应满足机器人各关节实际运动范围大小、转动最高速度以及转动最大加速度的限制，防止超出机器人关节限位而发生碰撞或者超出关节最大转速使得驱动电机出现过电流等故障。此外，对于激励轨迹还要求其满足机器人在起始和结束时刻的位移、速度和加速度都为零，使得机器人在启动和停止阶段能够平稳运行。

该激励轨迹优化实际上可归结为一个具有多约束的非线性多元函数的最小值求解问题，具体优化内容表述如下。

优化目标：

$$\min \operatorname{cond}(\boldsymbol{Y})$$

约束条件：

$$\begin{cases} |q_i(t)| \leqslant q_{i,\max} \\ |\dot{q}_i(t)| \leqslant \dot{q}_{i,\max} \\ |\ddot{q}_i(t)| \leqslant \ddot{q}_{i,\max} \\ q_i(t_0) = q_i(t_f) = 0 \\ \dot{q}_i(t_0) = \dot{q}_i(t_f) = 0 \\ \ddot{q}_i(t_0) = \ddot{q}_i(t_f) = 0 \end{cases}, \quad \forall i, t \tag{2.56}$$

优化目标即使得回归矩阵 $\boldsymbol{Y}$ 的条件数最小，式 (2.56) 中的 $q_{i,\max}$、$\dot{q}_{i,\max}$ 和 $\ddot{q}_{i,\max}$ 分别表示各关节角位移的最大值、角速度的最大值和角加速度的最大值；$t_0$ 和 $t_f$ 分别表示激励轨迹的初始时刻和终止时刻。

此处结合喷涂机器人各关节实际运动参数，给出各关节在优化程序中的角位移、角速度和角加速度的具体取值范围，如表 2.3 所示。

为了更加直观地表示激励轨迹的约束条件，将式 (2.51) 代入式 (2.56)，然后进行适当的放缩即可获得所需优化参数与约束条件之间的简洁表达式：

$$\begin{aligned} |q_i(t)| &= \left| \sum_{l=1}^{L} \left( \frac{a_{i,l}}{\omega_f l} \sin(\omega_f l t) + \frac{b_{i,l}}{\omega_f l} \cos(\omega_f l t) \right) \right| \\ &\leqslant \sum_{l=1}^{L} \frac{1}{\omega_f l} \sqrt{a_{i,l}^2 + b_{i,l}^2} \leqslant q_{i,\max} \end{aligned} \tag{2.57}$$

表 2.3    喷涂机器人前三关节运动参数

| 参数 | 关节 | 最小值 | 最大值 |
|---|---|---|---|
| $q_i/(°)$ | 1 | −120 | 120 |
| | 2 | −70 | 70 |
| | 3 | −45 | 60 |
| $\dot{q}_i/(°/s)$ | 1 | −60 | 60 |
| | 2 | −60 | 60 |
| | 3 | −60 | 60 |
| $\ddot{q}_i/(°/s^2)$ | 1 | −30 | 30 |
| | 2 | −30 | 30 |
| | 3 | −30 | 30 |

对于关节角速度和角加速度采用同样的方法简化其约束关系表达式如下：

$$|\dot{q}_i(t)| = \left| \sum_{l=1}^{L} \left( \frac{a_{i,l}}{\omega_f l} \sin(\omega_f l t) + \frac{b_{i,l}}{\omega_f l} \cos(\omega_f l t) \right) \right| \tag{2.58}$$
$$\leqslant \sum_{l=1}^{L} \frac{1}{\omega_f l} \sqrt{a_{i,l}^2 + b_{i,l}^2} \leqslant \dot{q}_{i,\max}$$

$$|\ddot{q}_i(t)| = \left| \sum_{l=1}^{L} (a_{i,l} \cos(\omega_f l t) - b_{i,l} \sin(\omega_f l t)) \right| \tag{2.59}$$
$$\leqslant \sum_{l=1}^{L} \sqrt{a_{i,l}^2 + b_{i,l}^2} \leqslant \ddot{q}_{i,\max}$$

同样，对于起始和结束时刻的关节角度、角速度和角加速度都为零的约束条件，可得

$$q_i(t_0) = q_i(t_f) = \sum_{l=1}^{L} \frac{b_{i,l}}{\omega_f l} = 0 \tag{2.60}$$

$$\dot{q}_i(t_0) = \dot{q}_i(t_f) = \sum_{l=1}^{L} a_{i,l} = 0 \tag{2.61}$$

$$\ddot{q}_i(t_0) = \ddot{q}_i(t_f) = \sum_{l=1}^{L} -\omega_f l b_{i,l} = 0 \tag{2.62}$$

以上给出了动力学参数辨识实验激励轨迹优化所需的全部约束表达式，接下来介绍在 MATLAB 软件中采用遗传算法工具箱来优化求解激励轨迹表达式参数的具体过程。

遗传算法是一种借鉴生物的进化规律演化而来的随机化搜索方法，可以处理多参数和多组合同时优化问题。它是由美国密歇根大学的 Holland 于 1975 年首

次提出 [22] 的, 具有以下特点: 能直接对优化对象进行操作, 不要求函数必须连续、可导; 具备全局搜索最优解的能力; 能够自适应地调整最优解的搜索方向等。遗传算法实现的主要步骤有个体编码、种群初始化、适应度函数计算、选择运算、交叉运算、变异运算等。

MATLAB 的优化工具箱中自带遗传算法优化函数, 使用过程中并不需要对算法的底层程序进行复杂的编程, 只需将目标函数和优化参数的约束条件在函数中表示出来, 调用 ga(·) 函数进行优化求解计算即可, 其中遗传算法内部的各项参数使用默认值。MATLAB 中给出的遗传算法优化函数的调用方式如下:

$$[\boldsymbol{x}, \text{fval}] = \text{ga(fitnessfcn, nvars, } \boldsymbol{A}, \boldsymbol{b}, \text{Aeq, beq, LB, UB, nonlcon)}$$

这里对于 ga(·) 函数调用过程中需要用到的参数进行说明, 输出参数如下所述。

$\boldsymbol{x}$: 激励轨迹中需要优化的参数 $\boldsymbol{a}_{i,l}$ 和 $\boldsymbol{b}_{i,l}$, 维数为 $30 \times 1$。

fval: 适应度函数在 $\boldsymbol{x}$ 取当前值时的函数值, 这里应为回归矩阵 $\boldsymbol{Y}$ 的条件数。输入参数如下。

fitnessfcn: 适应度函数即优化的目标函数, 由于选用的是回归矩阵 $\boldsymbol{Y}$ 的条件数, 因此这里的适应度函数表达式为 $\text{cond}(\boldsymbol{Y})$, 优化目的是寻找最优变量 $\boldsymbol{x}$ 使得矩阵 $\boldsymbol{Y}$ 的条件数最小。

nvars: 需要优化参数的个数, 由于 $\boldsymbol{a}_{i,l}$、$\boldsymbol{b}_{i,l}$ 的维数为 $30 \times 1$, 所以此处 nvars $= 30$。

$\boldsymbol{A}$、$\boldsymbol{b}$: 线性不等式约束 $\boldsymbol{Ax} \leqslant \boldsymbol{b}$ 的系数矩阵和常数项矩阵, 由于该激励轨迹参数优化过程中并未用到线性不等式约束, 因此这两项为空矩阵。

Aeq、beq: 线性等式约束 $\text{Aeq}\boldsymbol{x} = \text{Beq}$ 的系数矩阵和常数项矩阵, 即在机器人运动的开始和终止时刻各关节的角度、角速度和角加速度都为零。

LB、UB: 表达式 $\text{LB} \leqslant \boldsymbol{x} \leqslant \text{UB}$ 的参数, 分别表示待优化参数的下限值和上限值, 由于激励轨迹参数优化过程中并未对参数 $\boldsymbol{a}_{i,l}$ 和 $\boldsymbol{b}_{i,l}$ 的最值进行约束, 因此这两项也设为空矩阵。

nonlcon: 非线性约束, 表示机器人各关节的角度、角速度和角加速度值不得超过给定的最大值。由于约束表达式比较复杂, 在实际编程过程中将其单独放到一个函数中, 在 ga(·) 函数进行调用即可。

根据上述介绍, 将喷涂机器人的前三个关节力矩方程回归矩阵 $\boldsymbol{Y}$ 以及各项参数代入, 使用 MATLAB 遗传算法优化函数进行多次迭代计算, 最终获得的 $\boldsymbol{a}_{i,l}$ 和 $\boldsymbol{b}_{i,l}$ 优化后的值如表 2.4 所示。

在 $\boldsymbol{a}_{i,l}$ 和 $\boldsymbol{b}_{i,l}$ 取值为表 2.4 中的数据时, 得到的回归矩阵 $\boldsymbol{Y}$ 条件数为 7.5648。

表 2.4　傅里叶级数激励轨迹优化参数

| Axis1 | $a_{1,1}=-0.6104$ | $a_{1,2}=0.1824$ | $a_{1,3}=0.2208$ | $a_{1,4}=0.1771$ | $a_{1,5}=0.0311$ |
| | $b_{1,1}=0.0007$ | $b_{1,2}=-0.0022$ | $b_{1,3}=0.0015$ | $b_{1,4}=0.0007$ | $b_{1,5}=-0.0007$ |
| Axis2 | $a_{2,1}=-0.0590$ | $a_{2,2}=-0.1550$ | $a_{2,3}=-0.0137$ | $a_{2,4}=-0.0076$ | $a_{2,5}=0.2364$ |
| | $b_{2,1}=-0.0321$ | $b_{2,2}=0.0673$ | $b_{2,3}=0.0127$ | $b_{2,4}=-0.0069$ | $b_{2,5}=-0.0226$ |
| Axis3 | $a_{3,1}=-0.0996$ | $a_{3,2}=-0.0199$ | $a_{3,3}=-0.0026$ | $a_{3,4}=0.0834$ | $a_{3,5}=0.0396$ |
| | $b_{3,1}=-0.0411$ | $b_{3,2}=0.0586$ | $b_{3,3}=0.0812$ | $b_{3,4}=-0.0268$ | $b_{3,5}=-0.0425$ |

　　将上述优化后的参数代入傅里叶级数展开式中即可获得优化后的关节激励轨迹。在 MATLAB 中画出机器人前三关节经过优化后的激励轨迹——关节角度曲线、角速度曲线和角加速度曲线，如图 2.17 所示。

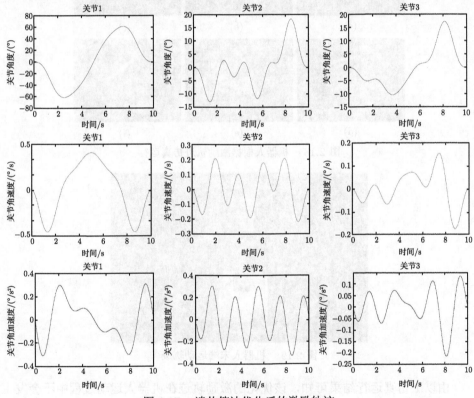

图 2.17　遗传算法优化后的激励轨迹

　　由图 2.17 可知，获得的优化后的激励轨迹角度、角速度和角加速度值分别小于表 2.4 中的机器人各关节的角度、角速度和角加速度最大值，不会出现关节运动超限位和驱动电机过电流等情况。

### 2.3.4 喷涂机器人动力学参数辨识仿真

1. 轨迹可行性仿真验证

为了进一步验证获得的优化后激励轨迹在输入机器人控制器后能够安全运行，避免出现因人为过失和其他未考虑到的因素造成实验过程中的安全隐患。在将激励轨迹数据输入机器人控制器前，将得到的轨迹数据输入 Adams 中对机器人进行仿真运动，观察机器人的运动情况。图 2.18 和图 2.19 所示为机器人在 Adams 软件中仿真运行时的运动状态图和机器人末端轨迹。

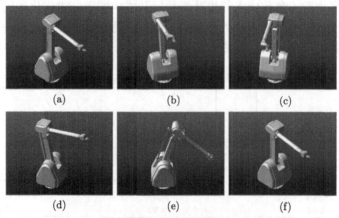

图 2.18　机器人根据激励轨迹仿真运行

图 2.19　机器人末端运动轨迹

由以上仿真运行结果可知，该优化的激励轨迹在机器人运动过程中不会发生干涉、碰撞等问题，辨识实验可以安全进行。

2. 动力学参数辨识仿真

为验证上述机器人动力学参数辨识分析与推导的正确性，这里先在 MATLAB 中进行一次仿真实验，具体步骤如下所述。

（1）在 MATLAB 物理仿真环境 Simscape 模块中搭建机器人机械模型。

（2）将经过遗传算法优化后的傅里叶级数激励轨迹作为系统的输入激励。

（3）在机器人模型仿真运动时，使用关节传感器模块记录各关节力矩数据。

（4）将上述仿真实验过程中采集的关节力矩数据和各关节角度、角速度、角加速度数据代入式 (2.50) 中，求解机器人惯性参数。

将以上仿真辨识出的机器人动力学参数，代入机器人动力学方程中，得到完整的关节力矩计算表达式。在 MATLAB 仿真环境中，给予机器人动力学模型和 Simscape 中搭建的机械模型同一激励轨迹，并将动力学公式计算出的各关节力矩与 Simscape 机械模型中各关节力矩传感器采集获得的数据进行对比分析，结果如图 2.20～图 2.22 所示。

由图 2.20～图 2.22 中关节力矩数据对比可知，根据辨识出的动力学参数计

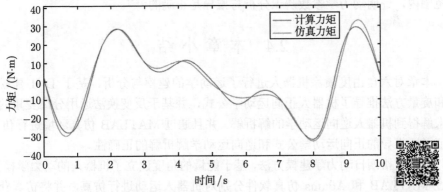

图 2.20　关节 1 辨识模型得到力矩与 Simscape 仿真力矩对比（彩图见二维码）

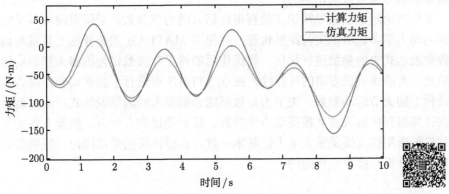

图 2.21　关节 2 辨识模型得到力矩与 Simscape 仿真力矩对比（彩图见二维码）

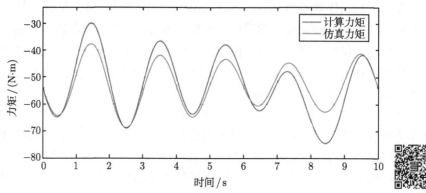

图 2.22 关节 3 辨识模型得到力矩与 Simscape 仿真力矩对比（彩图见二维码）

算出的机器人各关节力矩与机械模型仿真采集的关节力矩基本一致，误差在可接受范围内，证明动力学参数辨识分析与推导是正确的 [23]。

## 2.4 本 章 小 结

本章对六自由度喷涂机器人进行了运动学的建模与分析，基于 D-H 建模方法和旋量方法推导了机器人正向运动学公式，并基于反变换法运用分离变量的方法求解得到机器人逆向运动学的解析解。并且通过 MATLAB 仿真环境进行仿真，验证了所推导的正向运动学公式和逆向运动学解析解的正确性。

基于拉格朗日动力学建模方法，基于能量的角度建立了机器人的动力学模型。通过 MATLAB 和 Adams 仿真软件分别对机器人运动进行仿真，并将仿真获得的运动过程中各关节力矩值与基于拉格朗日方法建立的动力学模型计算出的结果进行对比，关节力矩数值基本一致，两者误差在一定范围内，证明了本章所建立的机器人动力学模型是正确的。

采用理论辨识法通过辨识实验获得机器人动力学参数。采用有限项傅里叶级数作为动力学参数辨识实验激励轨迹，并使用 MATLAB 遗传算法工具箱对傅里叶级数表达式中的参数进行优化，将优化后的傅里叶级数作为机器人辨识实验激励轨迹。为确保辨识方案的可行性，在 MATLAB 中进行了仿真实验，将仿真运行过程中的关节运动参数、关节力矩数据结合机器人动力学表达式，通过最小二乘法计算得到机器人仿真模型动力学参数。最后通过仿真分析，机器人各关节力矩与机械模型仿真采集的关节力矩基本一致，误差在可接受范围内，证明动力学参数辨识分析与推导是正确的。

# 参 考 文 献

[1] Siciliano B, Sciavicco L, Villani L, et al. Robotics Modelling, Planning and Contro. London: Springer-Verlag, 2009.

[2] Craig J J. 机器人学导论. 负超, 等译. 北京: 机械工业出版社, 2006.

[3] Denavit J, Hartenberg R S. A kinematic notation for lower-pair mechanisms based on matrices. Journal of Applied Mechanics, 1955, 22(2): 215-221.

[4] 张立勋, 赵凌燕. 机电系统仿真及设计. 哈尔滨: 哈尔滨工程大学出版社, 2017.

[5] 王正雨. 微创腹腔手术机器人从手系统机构设计与腹腔镜跟随/预测运动方法研究. 哈尔滨: 哈尔滨工程大学, 2014.

[6] 王小平, 曹立明. 遗传算法——理论、应用与软件实现. 西安: 西安交通大学出版社, 2002.

[7] 潘敬锋. 涂装机器人系统动态性能监控与喷涂轨迹精度可靠性研究. 合肥: 合肥工业大学, 2020.

[8] 刘亚军, 黄田. 6R 操作臂逆运动学分析与轨迹规划. 机械工程学报, 2012, 48(3): 9-15.

[9] Tsai L W. Robot Analysis and Design: The Mechanics of Serial and Parallel Manipulators. New York: John Wiley and Sons Inc., 1999.

[10] Pieper D L, Roth B. The kinematics of manipulators under computer control. Proceedings of the Second International Congress on Theory of Machines and Mechanisms, 1969: 159-169.

[11] Paul R P C, Shimano B, Mayer G. Kinematic control equations for simple manipulators. IEEE Transactions on Systems, Man, and Cybernetics, 1981, 11(6): 449-455.

[12] 王晓琪. 喷涂机器人运动学建模及仿真. 北京: 北方工业大学, 2016.

[13] 王殿君, 关似玉, 陈亚, 等. 六自由度搬运机器人动力学分析及仿真. 机械设计与制造, 2017, 1: 25-29.

[14] Luh J Y S, Walker M W, Paul R P C. On-line computational scheme for mechanical manipulation. Journal of Dynamic Systems, Measurement, and Control, 1980, 102(2): 69-76.

[15] 石炜, 郗安民, 张玉宝. 基于凯恩方法的机器人动力学建模与仿真. 微计算机信息, 2008, 24(10-2): 222-223, 196.

[16] 谭民, 徐德, 侯增广, 等. 先进机器人控制. 北京: 高等教育出版社, 2007.

[17] 程青松, 罗磊, 徐啸顺, 等. 基于傅里叶级数关节激励轨迹的 iiwa 动力学参数辨识. 机电一体化, 2018, 24(5):23-30.

[18] 米歇尔·沃哈根, 文森特·沃达特. 滤波与系统辨识. 廖桂生, 等译. 北京: 机械工业出版社, 2018.

[19] 黎柏春, 王振宇, Demin A, 等. 一种改进的机器人动力学参数辨识方法. 中国工程机械学报, 2015, 13(5): 381-387.

[20] Swevers J, Ganseman C, de Schutter J, et al. Experimental robot identification using optimized periodic trajectories. Mechanical Systems and Signal Processing, 1996, 10(5):

561-577.

[21] 徐超. 关节型机器人的动力学参数辨识及前馈控制研究. 南京: 东南大学, 2017.

[22] 苏二虎. 基于优化激励轨迹的工业机器人动力学参数辨识. 芜湖: 安徽工程大学, 2019.

[23] 万加瑞. 面向大工作空间涂装机器人的助力拖动示教关键技术研究. 合肥: 合肥工业大学, 2020.

# 第 3 章
## 喷涂机器人的运动精度与可靠性分析

在工业机器人的生产和应用中,其工作精度和运动质量是机器人性能的衡量指标,且机器人的运动可靠性与生产质量和效率息息相关。对机器人进行运动学标定能够大幅度提升机器人的定位精度,是研究机器人的重要一步,而针对机器人系统进行运动可靠性评估,能够实现系统特性的定量分析,为改善系统提供系统依据。喷涂机器人的运动学标定和运动可靠性分析在喷涂机器人的研发和应用中具有很重要的意义,是后续喷涂机器人结构设计[1,2]、工作空间设计、轨迹规划和优化[1]等相关研究的重要基础。本章主要阐述了喷涂机器人的运动学标定方法和运动精度测量方法,并介绍了一种基于实验和仿真联合分析的喷涂机器人轨迹精度可靠性分析方法。

## 3.1 喷涂机器人运动学标定

### 3.1.1 运动学标定流程

机器人的运动精度是指机器人到达指定位置点的精确程度,与机器人本体中的几何参数如连杆、关节间隙等参数及机器人的运动控制有关。大部分的工业机器人的特点都是绝对定位精度较低,但重复定位精度高。为了提高机器人的精度,大多数都采用运动学标定的方法来辨识出机器人的实际运动学参数,并建立相对应的误差模型,通过一些算法来进行误差补偿。通过标定补偿往往能够大幅度提高机器人的定位精度,从而满足精度要求。

机器人的运动学标定过程主要包括机器人建模、测量末端位姿、参数辨识和误差补偿四个步骤。其标定的具体过程如下[4]:

(1)针对需要标定的机器人,建立一个合适的运动学模型;

(2)通过精度较高的测量仪器对机器人的实际位姿进行测量;

(3)依据机器人的实际位姿和名义位姿,引入参数辨识算法进行参数辨识;

(4)对原来的机器人的运动学参数进行误差修正补偿。

机器人的标定流程如图 3.1 所示。

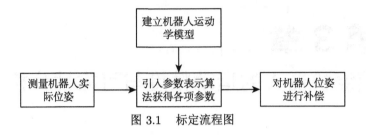

图 3.1　标定流程图

### 3.1.2　喷涂机器人定位误差模型的建立

1. 喷涂机器人运动学模型的建立

本章选取第 2 章进行运动学分析的喷涂机器人 GR630 来进行标定实验的说明，所描述的喷涂机器人为 6 自由度的工业机器人，可以视为由若干刚性连杆通过柔性关节交替连接而形成的开链型空间连杆结构，即为开链的串联机器人。机器人的运动学建模方法 [5,6] 和过程详见第 2 章，此处不再赘述，这里直接给出喷涂机器坐标系之间的变换矩阵：

$$
{}_6^0\boldsymbol{T} = \begin{bmatrix} n_x & o_x & a_x & p_x \\ n_y & o_y & a_y & p_y \\ n_z & o_z & a_z & p_z \\ 0 & 0 & 0 & 1 \end{bmatrix}
\tag{3.1}
$$

在运动过程中，机器人操作空间的速度 $\boldsymbol{V}$ 和各关节空间的速度 $\dot{\boldsymbol{q}}$ 之间的关系，可以通过雅可比矩阵 $\boldsymbol{J}(\boldsymbol{q})$ 表示，并且雅可比矩阵也可以视为机器人微分运动转换的一种线性关系，也就是末端总微分 $\boldsymbol{D}$ 和机器人各个关节微分 $\mathrm{d}\boldsymbol{q}$ 之间的关系，如式 (3.2) 和式 (3.3) 所示，机器人运动学标定所采用的就是雅可比矩阵的第二种含义 [7]。

$$
\boldsymbol{V} = \boldsymbol{J}(\boldsymbol{q}) \cdot \dot{\boldsymbol{q}}
\tag{3.2}
$$

$$
\boldsymbol{D} = \boldsymbol{J}(\boldsymbol{q}) \cdot \mathrm{d}\boldsymbol{q}
\tag{3.3}
$$

2. 机器人定位误差模型的建立

机器人定位精度的影响因素主要包括外部环境的变化和机器人本体结构的偏差。机器人运动的外部环境主要为机器人运动环境的湿度、温度的变化，人为操作误差，周围仪器设备的振动等。机器人本体结构的偏差主要是机器人几何参数的偏差，且机器人由于受力、受热导致的变形及运动时关节的摩擦力都会对精度造成一定的影响。

在机器人定位精度的影响因素中，其运动学参数的微小偏差所导致的误差占总误差的 80% 左右。这些运动学误差包括连杆偏置误差 $\Delta d_i$、关节转角误差 $\Delta \theta_i$、连杆转角误差 $\Delta \alpha_i$、连杆长度误差 $\Delta a_i$ 等。机器人运动学参数误差对其定位精度影响显著，提高机器人的定位精度的一个重要方法就是进行机器人的运动学参数标定 [8]。

在机器人微分运动的基础上，建立喷涂机器人的定位精度误差模型。在建立定位误差模型时，需要通过一定的外界测量系统获得 TCP (末端执行器的工具执行点) 所到的实际位置。这里只讨论喷涂机器人的位置误差，所以基于喷涂机器人末端位置误差建立其定位误差模型。

喷涂机器人的末端位置矢量为

$$P = \begin{bmatrix} p_x & p_y & p_z \end{bmatrix}^{\mathrm{T}} \tag{3.4}$$

考虑到机器人的运动学方程，除关节变量外，可以考虑强调操作空间变量对固定参数的依赖性，对上述方程式进行变换。其中，$a = [a_1\ a_2\ a_3\ a_4\ a_5\ a_6]$，$\alpha = [\alpha_1\ \alpha_2\ \alpha_3\ \alpha_4\ \alpha_5\ \alpha_6]$，$d = [d_1\ d_2\ d_3\ d_4\ d_5\ d_6]$，$\theta = [\theta_1\ \theta_2\ \theta_3\ \theta_4\ \theta_5\ \theta_6]$ 表示整个喷涂机器人结构的 D-H 参数向量，则机器人末端位置变量可表示为

$$P = F\begin{bmatrix} a & \alpha & d & \theta \end{bmatrix} \tag{3.5}$$

当机器人处于某一状态时，根据其名义的模型参数能够算出机器人末端法兰在机器人基坐标系下的理论位置坐标 $P$。然而，由于模型的各项参数存在一定的偏差，其实际所到的位置坐标为 $P'$，则有

$$P' = F\begin{bmatrix} a + \Delta a & \alpha + \Delta \alpha & d + \Delta d & \theta + \Delta \theta \end{bmatrix} \tag{3.6}$$

$$P' = P + \Delta P \tag{3.7}$$

式中，$\Delta P$ 为机器人末端所到的实际位置与名义位置的差值。目前工业机器人的加工装配精度较高，D-H 参数误差较小。因此，可以将机器人 D-H 参数的微小误差进行线性化处理，得出简化的喷涂机器人末端位置误差方程 [7] 为

$$\Delta P = J_\delta \Delta \delta \Delta P = P' - P = \frac{\partial F}{\partial a}\Delta a + \frac{\partial F}{\partial \alpha}\Delta \alpha + \frac{\partial F}{\partial d}\Delta d + \frac{\partial F}{\partial \theta}\Delta \theta \tag{3.8}$$

将式 (3.8) 表示为矩阵形式，则有

$$\Delta P = J_\delta \Delta \delta \tag{3.9}$$

式中，$\Delta\boldsymbol{\delta} = [\Delta\boldsymbol{a} \quad \Delta\boldsymbol{\alpha} \quad \Delta\boldsymbol{d} \quad \Delta\boldsymbol{\theta}]$ 为喷涂机器人的 D-H 参数误差矩阵；$\boldsymbol{J}_\delta$ 为误差系数矩阵，表示为

$$
\boldsymbol{J}_\delta = \begin{bmatrix}
\dfrac{\partial P_x}{\partial a_1} & \cdots & \dfrac{\partial P_x}{\partial a_6} & \dfrac{\partial P_x}{\partial \alpha_1} & \cdots & \dfrac{\partial P_x}{\partial \alpha_6} & \dfrac{\partial P_x}{\partial d_1} & \cdots & \dfrac{\partial P_x}{\partial d_6} & \dfrac{\partial P_x}{\partial \theta_1} & \cdots & \dfrac{\partial P_x}{\partial \theta_6} \\[2ex]
\dfrac{\partial P_y}{\partial a_1} & \cdots & \dfrac{\partial P_y}{\partial a_6} & \dfrac{\partial P_y}{\partial \alpha_1} & \cdots & \dfrac{\partial P_y}{\partial \alpha_6} & \dfrac{\partial P_y}{\partial d_1} & \cdots & \dfrac{\partial P_y}{\partial d_6} & \dfrac{\partial P_y}{\partial \theta_1} & \cdots & \dfrac{\partial P_y}{\partial \theta_6} \\[2ex]
\dfrac{\partial P_z}{\partial a_1} & \cdots & \dfrac{\partial P_z}{\partial a_6} & \dfrac{\partial P_z}{\partial \alpha_1} & \cdots & \dfrac{\partial P_z}{\partial \alpha_6} & \dfrac{\partial P_z}{\partial d_1} & \cdots & \dfrac{\partial P_z}{\partial d_6} & \dfrac{\partial P_z}{\partial \theta_1} & \cdots & \dfrac{\partial P_z}{\partial \theta_6}
\end{bmatrix}
$$

$$
\tag{3.10}
$$

### 3. 误差补偿方法

对于喷涂机器人的参数校准过程，为了节省时间和方便计算，使用高精度的位置测量仪器（激光跟踪仪）来测量机器人的末端执行器的实际位置，同时，将每个关节编码器获得的关节角度代入机器人运动学模型来计算末端执行器的理论位置，从而获得机器人末端的位置误差 $\Delta\boldsymbol{P}$[9]。

基于最小二乘法的原理可以计算 $\boldsymbol{\Delta}$，其基本公式如式 (3.11) 所示：

$$
\boldsymbol{\Delta} = (\boldsymbol{J}_\delta^{\mathrm{T}} \boldsymbol{J}_\delta)^{-1} \boldsymbol{J}_\delta^{\mathrm{T}} \Delta\boldsymbol{P} \tag{3.11}
$$

式中，$(\boldsymbol{J}_\delta^{\mathrm{T}} \boldsymbol{J}_\delta)^{-1} \boldsymbol{J}_\delta^{\mathrm{T}} \Delta\boldsymbol{P}$ 是 $\boldsymbol{J}_\delta$ 的左侧广义矩阵逆矩阵，而且测量姿态 $l$ 应满足 $lm \geqslant 4n$ 以避免矩阵的结构发生变化。

喷涂机器人的每个关节的 D-H 参数的误差值可以由式 (3.11) 得出，为了比较误差前后校准的变化，将 $\Delta\boldsymbol{P}$ 的模数定义为残差 $\boldsymbol{\delta}$，即 $\boldsymbol{\delta} = \|\Delta\boldsymbol{P}\|$。其运动学参数的校准流程如图 3.2 所示。

### 3.1.3　喷涂机器人运动学标定实验

喷涂机器人的运动学标定实验主要借助激光跟踪仪，首先测量机器人的基础坐标系相对于激光跟踪仪基础坐标系的相对位置，得到激光标定仪坐标系与机器人基础坐标系之间的转换关系，然后通过测量目标球的位置，可以确定机器人末端执行器的实际位置与理论位置之间的偏差。测量过程中使用的激光跟踪仪和目标球的安装位置如图 3.3 所示。

目标球底座支架通过螺栓被刚性连接到机器人的末端法兰，用来减少测量过程中由于运动惯性而产生的变形所导致的末端位置的测量误差。通过测量得到激光标定仪与喷涂机器人之间的坐标参数变换关系为

$$
[3946.683 \quad -4.0681 \quad -1214.09 \quad -176.305° \quad 0.2775° \quad 0.2972°]
$$

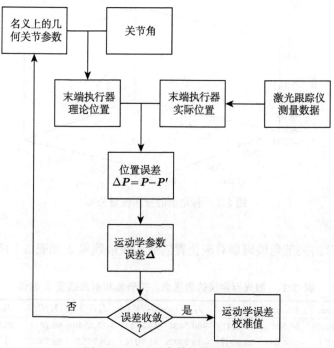

图 3.2 运动学参数的校准流程

图 3.3 激光跟踪仪和目标球安装位置

目标球安装位置与机器人末端法兰之间的位姿坐标变换关系为

$$[6.2774 \quad 5.399 \quad 168.9256 \quad 0° \quad 0° \quad 0°]$$

为了使标定后的机器人在各个位置的补偿结果达到较高的精度，激光跟踪仪测量过程中的测量点应尽可能均匀地分布在工作空间中，选取的 50 个测量点均匀地分布于工作空间中，如图 3.4 所示。

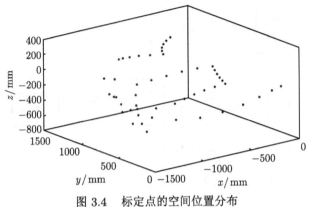

图 3.4　标定点的空间位置分布

每个关节的关节角编码器对应位置的值和剩余残差 $\delta$ 如表 3.1 所示。

表 3.1　激光标定仪的测量点、关节角和剩余残差 $\delta$ 的值

| $X$/mm | $Y$/mm | $Z$/mm | $J_1$/(°) | $J_2$/(°) | $J_3$/(°) | $J_4$/(°) | $J_5$/(°) | $J_6$/(°) | $\delta$ |
|---|---|---|---|---|---|---|---|---|---|
| 3228.04 | −1494.05 | 86.502 | 69.4115 | −40.7404 | 35.8744 | −15.6949 | 86.7811 | 20.5787 | 10.2693 |
| 3224.715 | −1513.66 | −314.045 | 69.3947 | −45.2532 | 21.7074 | 18.7661 | 82.7955 | −1.7046 | 7.0793 |
| 3156.22 | −561.549 | −318.844 | 44.9109 | 1.798 | −41.6535 | 38.715 | 58.3314 | −5.476 | 7.2231 |
| 3160.905 | −548.248 | 261.9276 | 44.9109 | 18.1711 | −22.5652 | 3.2536 | 58.3314 | −5.476 | 3.02 |
| 3111.978 | 56.3579 | 254.4892 | −11.4931 | 34.2355 | −32.6733 | −4.9 | −18.8229 | 1.5613 | 11.0662 |
| 2423.232 | 13.2558 | 250.8115 | −5.2881 | −11.5673 | 5.9531 | 2.3766 | −12.6281 | 1.9308 | 8.5788 |
| 2426.288 | 10.8787 | −269.656 | −5.2694 | −23.9296 | −13.9408 | 58.6692 | −12.2929 | 4.1158 | 3.1433 |
| 2394.984 | 552.9578 | −270.114 | −27.3903 | −31.7443 | −2.6084 | 58.7202 | −32.7645 | 13.2652 | 10.8816 |
| 2387.355 | 551.8176 | 206.7095 | −27.4601 | −20.933 | 13.4243 | 13.5779 | −34.708 | 5.0492 | 11.3523 |
| 3141.688 | 602.1101 | 209.8082 | −52.1951 | 17.8886 | −26.2859 | 18.1778 | −59.2264 | 10.0095 | 10.646 |
| 3167.969 | 219.3492 | 212.3442 | −28.5425 | 36.2378 | −37.7548 | 7.6675 | −35.7843 | 5.1903 | 3.401 |
| 3164.684 | 221.3444 | 176.7895 | −28.5296 | 36.0152 | −39.8393 | 11.6487 | −35.6512 | 5.9827 | 6.358 |
| 3192.256 | 223.6819 | 761.989 | −28.2128 | 20.9191 | 7.8133 | −59.1121 | −32.4464 | −11.7191 | 12.5424 |
| 3219.491 | −281.337 | 771.7392 | 24.2162 | 22.3193 | 7.1313 | −55.6033 | 14.4712 | 12.7356 | 3.0907 |
| 3201.631 | −288.289 | 350.7332 | 24.525 | 36.33 | −29.5873 | −6.6285 | 17.1236 | 2.1836 | 4.3659 |
| 3242.26 | −940.041 | 349.6592 | 60.0676 | 5.0496 | −7.2501 | 2.3804 | 52.6662 | 2.0741 | 10.1858 |
| 3822.945 | −782.178 | 330.6533 | 93.2402 | 14.138 | −15.1207 | 5.7399 | 116.605 | −2.5387 | 3.2709 |
| 3468.298 | −804.834 | 329.4232 | 71.0751 | 13.5237 | −15.2046 | 27.7292 | 94.8518 | −24.2506 | 1.6457 |
| 3513.495 | −1502.56 | 333.3624 | 79.1734 | −34.3168 | 40.0159 | 4.0752 | 102.637 | −7.8253 | 4.627 |
| 3526.954 | −1483.87 | −171.065 | 79.1734 | −38.6147 | 19.6519 | 23.81 | 107.903 | −7.81 | 1.1223 |
| 3312.49 | −1027.66 | −177.111 | 66.3982 | −13.3112 | −15.8612 | 48.8542 | 94.4234 | −22.8394 | 2.8173 |
| 3309.091 | −1014.17 | 587.2768 | 66.4053 | −4.6527 | 15.1038 | 14.9646 | 92.5949 | −30.6817 | 3.5915 |
| 2679.399 | −302.33 | 23.8889 | 14.2981 | −1.3496 | −18.6441 | 21.6791 | 19.1334 | −2.0918 | 7.4721 |
| 2689.11 | −294.762 | 652.104 | 14.282 | −1.1759 | 16.8003 | −25.1602 | 18.8813 | −1.3895 | 9.4102 |
| 2641.08 | 418.3616 | 644.7627 | −27.0652 | −7.639 | 23.6454 | −27.6094 | −38.7542 | −11.8252 | 10.4359 |

根据剩余残差 $\delta$ 和相应的关节角所获得的测量数据，计算喷涂机器人的 D-H 参数的补偿值，各关节的补偿值如表 3.2 所示。

表 3.2 机器人 D-H 参数

| 序号 | $\Delta a_{i-1}/\text{mm}$ | $\Delta \alpha_{i-1}/(°)$ | $\Delta d_i/\text{mm}$ | $\Delta \theta_i/(°)$ |
|---|---|---|---|---|
| 1 | −0.6681 | 0 | 0 | 0 |
| 2 | −0.2853 | 0.0217 | 0.1197 | 0 |
| 3 | −1.836 | −1.1413 | 0 | 0 |
| 4 | 0 | −1.3477 | 0 | 0 |
| 5 | 0 | −3.5782 | −0.0807 | 0 |
| 6 | 0 | 0 | 0 | 0 |

将 D-H 参数的补偿值输入喷涂机器人的运动学模型，并选择另一种用于验证的测量点，这里还是选择均匀分布的遍布工作空间的点，机器人的位置点、关节角和残余误差的校准值如表 3.3 所示。

表 3.3 校准后的位置点、关节角和残余误差

| $X/\text{mm}$ | $Y/\text{mm}$ | $Z/\text{mm}$ | $J_1/(°)$ | $J_2/(°)$ | $J_3/(°)$ | $J_4/(°)$ | $J_5/(°)$ | $J_6/(°)$ | $\delta$ |
|---|---|---|---|---|---|---|---|---|---|
| 3309.091 | 1014.17 | 587.2768 | 66.4053 | −4.6527 | 15.1038 | 14.9646 | 92.5949 | 30.6817 | 0.5915 |
| 2679.399 | −302.33 | 23.8889 | 14.2981 | −1.3496 | 18.6441 | 21.6791 | 19.1334 | −2.0918 | 1.4721 |
| 2689.11 | 294.762 | 652.104 | 14.282 | −1.1759 | 16.8003 | 25.1602 | 18.8813 | −1.3895 | 1.4102 |
| 2641.08 | 418.3616 | 644.7627 | 27.0652 | −7.639 | 23.6454 | 27.6094 | 38.7542 | 11.8252 | 1.4359 |
| 2631.044 | 418.1649 | 60.4688 | −27.0877 | −6.5179 | −10.4939 | 16.6886 | −39.2124 | −6.605 | 0.7998 |
| 2604.417 | 1115.112 | 50.5718 | −51.4214 | −39.4584 | 33.0566 | 4.5534 | −82.2127 | −8.232 | 0.8015 |
| 2601.109 | 1117.322 | −563.028 | −51.4375 | −55.3671 | 25.4439 | 20.9001 | −85.4921 | −17.396 | 1.9293 |
| 2630.091 | 1081.751 | 452.1454 | −51.4375 | −42.6789 | 59.4953 | −28.9123 | −85.4921 | −17.396 | 1.6039 |
| 2659.239 | 367.0751 | 455.0966 | −22.0374 | −0.2496 | 4.8471 | −10.5806 | −18.7998 | −4.0658 | 0.9905 |
| 2741.119 | −648.67 | 459.6746 | 33.8361 | −8.9688 | 14.0462 | −13.0188 | 54.0292 | 4.3659 | 0.8152 |
| 2736.094 | −659.063 | −141.682 | 33.8297 | −15.069 | −13.6476 | 39.9146 | 53.8501 | −6.9656 | 0.7055 |
| 2672.285 | −16.7863 | −162.364 | −2.2374 | −3.598 | −26.1057 | 28.4124 | −1.3917 | 7.8776 | 1.0066 |
| 2689.139 | −3.4512 | 544.8721 | −2.0321 | 2.4354 | 8.8003 | −25.9972 | 1.52 | 7.4688 | 1.0447 |
| 3418.354 | 43.0537 | 547.1964 | −7.1271 | 47.2405 | −20.0662 | −41.9571 | −3.4068 | 6.17 | 1.5012 |
| 3389.872 | 472.9504 | 535.71 | −58.532 | 30.216 | −12.8021 | −42.0401 | −52.3201 | −12.8717 | 1.9526 |
| 2573.479 | 391.2225 | 538.8893 | −23.6731 | −10.2357 | 22.1227 | −28.9924 | −29.9266 | −1.6601 | 1.443 |
| 2555.992 | 385.637 | −281.611 | −23.6122 | −19.0137 | −16.1047 | 38.7373 | −31.7382 | 6.3682 | 0.9049 |
| 2598.153 | −234.927 | −282.041 | 9.9609 | −14.5296 | −21.7762 | 38.2314 | 16.1798 | −4.4276 | 1.4774 |
| 2690.195 | −1083.11 | −288.144 | 45.6195 | −40.4724 | 15.5892 | 26.4284 | 75.0024 | −5.5416 | 1.2137 |
| 2691.883 | −1074.76 | 237.5518 | 45.6195 | −32.3885 | 31.731 | 2.2028 | 75.0024 | −5.5416 | 1.4975 |
| 2611.49 | −281.451 | 243.6636 | 13.3849 | −2.5154 | −5.4366 | 8.7893 | 23.5156 | −4.1761 | 1.004 |
| 2541.565 | 841.5387 | 233.6183 | −42.2462 | −25.771 | 22.4556 | 5.2251 | −66.2272 | −2.0942 | 0.3055 |
| 2583.682 | 831.5934 | 577.033 | 42.2394 | 30.2439 | 49.8593 | 43.6104 | 58.4826 | −2.0753 | 1.2688 |
| 2618.598 | 163.9856 | 585.1894 | 11.9809 | −3.1781 | 16.5576 | −27.5557 | −12.5661 | 11.5616 | 1.3044 |
| 3415.251 | 213.1052 | 583.1668 | 39.4052 | 41.6834 | 15.8756 | 43.7145 | 38.9731 | 3.2186 | 1.8623 |

为了验证标定校准的效果，我们进行了校准前后的残差变化的比较，根据上

述测量结果，我们可以得到喷涂机器人的残差曲线如图 3.5 所示。

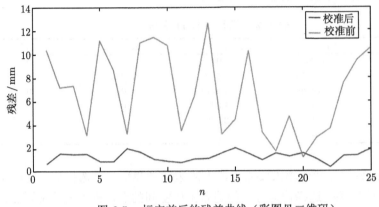

图 3.5　标定前后的残差曲线（彩图见二维码）

从图中可以看出，校准前各个测量点的平均残差在 9mm 左右，各个位置的误差差异较大，导致结果较差且不稳定，经过标定对机器人参数进行了校准补偿，所有测量点的平均残差为 1.5mm 左右，且误差波动较小，由此可见，喷涂机器人的绝对误差精度有了很大的改进。

## 3.2　喷涂机器人运动精度测量

针对选用的喷涂机器人，进行其末端喷枪的定位精度测量实验，根据《工业机器人 性能规范及其试验方法》（GB/T 12642—2013），选取机器人空间立方体中的 5 点测量法，循环 30 次，对机器人的定位精度进行测量。如图 3.6 所示为机器人精度监测点原理图。

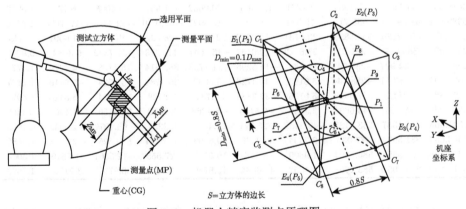

图 3.6　机器人精度监测点原理图

为了更加精确地测量机器人末端位置的定位精度，将喷枪安装在机器人的末端法兰上，再通过激光标定仪系统测量机器人的末端喷枪的定位精度。这里选取机器人的 POS 起始点和空间 5 点共 6 个点对机器人进行精度实验测量。其实验数据如表 3.4 所示。

表 3.4　喷涂机器人的位置测量点数据

| 组数 | 点位 | $X$/mm | $Y$/mm | $Z$/mm |
|---|---|---|---|---|
| | 1 | 1177.4 | −3.0 | 1555.3 |
| | 2 | 1501.7 | 461.7 | 1798.7 |
| 第 1 组 | 3 | 855.1 | 480.6 | 969.7 |
| | 4 | 855.3 | −732.6 | 969.8 |
| | 5 | 1342.6 | −732.3 | 1658.1 |
| | 6 | 882.4 | 95.9 | 1496.4 |
| | 1 | 1177.4 | −3.2 | 1555.7 |
| | 2 | 1501.7 | 461.4 | 1798.7 |
| 第 2 组 | 3 | 855.3 | 480.2 | 969.8 |
| | 4 | 855.3 | −732.3 | 969.8 |
| | 5 | 1342.3 | −732.6 | 1658.3 |
| | 6 | 882.8 | 95.1 | 1496.4 |
| | 1 | 1177.6 | −3.1 | 1555.3 |
| | 2 | 1501.7 | 461.3 | 1798.7 |
| 第 3 组 | 3 | 855.1 | 480.6 | 969.9 |
| | 4 | 855.6 | −732.2 | 969.3 |
| | 5 | 1342.7 | −732.6 | 1658.4 |
| | 6 | 882.5 | 95.6 | 1496.7 |
| | 1 | 1177.4 | −3.2 | 1555.3 |
| | 2 | 1501.3 | 461.9 | 1798.7 |
| 第 4 组 | 3 | 855.1 | 480.8 | 969.8 |
| | 4 | 855.2 | −732.3 | 969.4 |
| | 5 | 1342.7 | −732.3 | 1658.3 |
| | 6 | 882.2 | 95.6 | 1496.4 |
| | ⋮ | ⋮ | ⋮ | ⋮ |
| | 1 | 1177.3 | −3.1 | 1555.3 |
| | 2 | 1501.7 | 461.4 | 1798.4 |
| 第 30 组 | 3 | 855.2 | 480.7 | 969.8 |
| | 4 | 855.1 | −732.9 | 969.9 |
| | 5 | 1342.3 | −732.6 | 1658.3 |
| | 6 | 882.2 | 95.6 | 1496.4 |

根据表 3.4 中的测试结果得到如图 3.7 所示的数据，去除最大最小误差数据，可以得到机器人喷枪末端各轴的绝对定位误差精度及其重复定位误差精度均值，分别如表 3.5 所示。其中绝对位置误差 $R = \sqrt{x^2 + y^2 + z^2}$。

喷涂机器人的喷枪需要经常拆装，且磨损消耗严重，并且与机器人的末端法兰的安装存在一定的安装误差，导致其绝对定位精度相对较低，所以进行末端轨迹精度可靠性的研究对于机器人的喷涂质量和生产可靠性有着重要的应用价值。

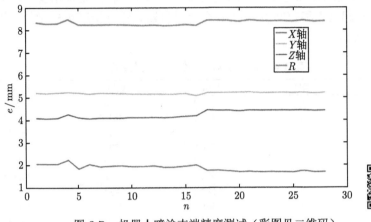

图 3.7　机器人喷涂末端精度测试（彩图见二维码）

**表 3.5　喷涂机器人定位精度**

| 误差 | $X$ 轴 | $Y$ 轴 | $Z$ 轴 | 绝对位置 $R$ |
|---|---|---|---|---|
| 绝对定位误差精度/mm | 1.88 | 5.20 | 4.26 | 8.32 |
| 重复定位误差精度/mm | 0.40 | 0.14 | 0.34 | 0.59 |

## 3.3　喷涂机器人运动精度误差分析

### 3.3.1　运动精度误差影响因素

　　针对多自由度的串联机器人，机器人的末端精度是由众多因素的综合影响造成的，如机器人的本体结构造成的误差影响，包括机器人连杆的尺寸偏差、关节间隙误差、运动轴线的歪斜及构件装配误差。由机器人受力导致的连杆弹性变形及温度变化导致的热变形等一些因素都会造成机器人末端精度的误差，机器人运动的外部环境变化也会影响机器人的末端运动精度，如机器人运动环境的湿度、温度的变化，人为操作误差，周围仪器设备的振动等。这些因素的综合作用给机器人造成了一定的运动偏差及结构几何偏差，都在一定程度上降低了机器人的末端定位精度。

　　基于统计评估技术能够将串联机器人的运动误差定义为系统误差和随机误差[10]。机器人在制造和装配的过程中会产生一定的结构偏差和位置偏差，表现形式大多为周期误差、反向偏差或者累积误差，并且符合一定的数学规律，能够使用数学模型和一些算法来修正补偿，这些误差称为系统误差[11]。随机误差往往是由一些不确定的因素所造成的，且一般无法预测，因为并不遵循一定的数学规律，无法求取数学模型，只有采用数理统计的方法进行测量估算。

机器人喷枪是通过法兰盘直接连接于机器人末端的，具有经常拆装、磨损大、受力冲击大等特点，所以对喷涂机器人最终的喷枪头的末端运动精度具有不可忽略的影响，如图 3.8 所示。

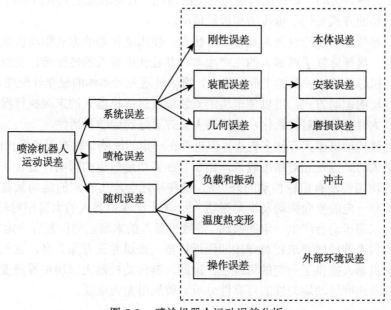

图 3.8 喷涂机器人运动误差分析

因为机器人的末端运动误差的影响因素很多，如果分别考虑单个因素，会使机器人运动误差的分析相当烦琐。一种解决方法是对于所有导致机器人末端精度的误差影响因素，可以将其全部归结于机器人的运动变量导致的误差和机器人连杆参数造成的误差，显著简化了机器人运动精度的分析复杂程度。

### 3.3.2 链传动误差分析

#### 1. 链传动特点

链传动作为一种重要的驱动方式而广泛应用于各种机械产品上。链条传动在运动过程中存在"正多边形效应"，其中心线位置会发生周期性的变化，导致传动链条的线速度和角速度不断地发生变化，这些变化导致的运动误差会传递到机械产品的末端执行机构，对于链传动的喷涂机器人而言，自然会对机器人的末端运动精度或多或少地造成一定影响。链传动是一种具有中间挠性件的非共轭啮合传动，兼具齿轮传动和带传动的特点，但是链传动和齿轮传动相比，更适用于远距离的传动，和带传动相比，又具有结构简单，传力大、寿命长和适应性强等特点。轻量化的特征和远距离传输的特点可以使喷涂机器人拥有一定长度的机械大臂，并且保证动力传送具有一定的稳定性以满足机器人喷涂的要求，大长度的机器人也使得喷涂机器人具有更大的工作空间，能够适应各种条件的喷涂环境和多种喷涂对象。由于喷涂机器人的工作环境相对其他种类的工业机器人比较恶劣，尤其是大中心距、多轴传动、定速比和恶劣环境的情况，且要求低速大载荷的运动工况，采用链传动的方式要优于带传动和齿轮传动。

对于链传动的喷涂机器人具备以下优点：使用链传动的方式驱动机器人进行喷涂作业，显著降低了机器人的生产成本，并且使机器人的转配运行变得相对简单方便。相对于其他种类的工业机器人，喷涂机器人对本体的轻便性能要求更高，使用链传动的驱动方式，可以使电机的安装位置远离机器人的末端执行器，这样机器人的大臂变得相对轻量化，使机器人具有更好的运动灵活性。

虽然链传动机器人有许多优点，但也存在一定的缺陷。相对于齿轮传动来说，链传动最大的缺点是相对精度较低，由于存在多边形效应的影响，链传动的精度及速度的均匀性没有齿轮传动的好[12]。链传动还会产生一定的运动载荷导致传动过程中有一定的横向振动及纵向振动[13]，加上喷涂机器人的大臂相对较长，对机器人的末端运动会产生一定的振动，导致机器人的末端运动位置有一定的误差，但喷涂机器人的精度要求相对焊接即码垛机器人来说并没有那么高，这也为链传动的喷涂机器人提供了一定的可能性。因此，链传动机器人末端位置精度的可靠性分析（及速度运动均匀性的可靠性分析）就显得尤为重要。

2. 链传动误差模型

对于本章选取的喷涂机器人 GR630 来说，机器人的轴 2 到轴 6 均使用滚子链传动，这里以机器人的轴 2 为例来分析链传动对运动精度的影响。如图 3.9 所示为链传动主从动轮的速度传递模型，图 3.10 为机器人轴 2 单关节的速度传递模型。

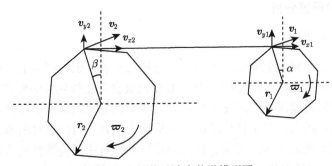

图 3.9 链传动速度传递模型图

$$\boxed{轴2电机} \rightarrow \boxed{减速器} \rightarrow \boxed{链轮} \rightarrow \boxed{关节2} \rightarrow \boxed{连杆2} \rightarrow \boxed{连杆2末端}$$

$$r \xrightarrow{i_1} \varpi_1 \xrightarrow{i_s} \varpi_2 \xrightarrow{i_2} \varpi \xrightarrow{d} v \longrightarrow x$$

图 3.10 单关节链传动速度传递模型

由于电机、减速器及齿轮关节的速度传动误差比较小,可以忽略不计,传动误差来源主要为链传动,这里考虑为链传动的多边形效应带来的传动误差。链传动的多边形效应带来的周期性误差是不可避免的,其误差传递到机器人的末端,体现出的是喷枪末端的微小的位移累积的一个周期性变化,这里定义 $i$ 轴链传动造成的周期性最大累积误差为 $\varepsilon_{mi}$。则有

$$
\varepsilon_{mi} = \frac{\pi d}{z_2} \cdot \left( \arccos\left( \frac{z_2 - z_1 k_2}{z_1 k_1} \right) \cdot \frac{2}{\pi} - 1 \right) \\
- \frac{\pi d \cdot k}{z_1 k_1} \int_0^{t_s} \frac{1}{\cos\left( \frac{\pi k}{2 z_2}(t + k) \right) + k_2} \mathrm{d}t
\tag{3.12}
$$

式中,$k = \dfrac{n_0 z_1}{30 i_j}$;$k_1 = \dfrac{\tan(\pi/z_1)}{\sin(\pi/z_2)} - \dfrac{\sin(\pi/z_1)}{\tan(\pi/z_2)}$;$k_2 = \dfrac{\tan(\pi/z_1)}{\sin(\pi/z_2)}$;$z_1$,$z_2$,$n_0$,$i_j$ 为 $i$ 轴传动参数。

表 3.6 为喷涂机器人轴 2 的电机传动比和链传动的设计参数,将参数代入式 (3.12) 的误差方程中,模拟出轴 2 链传动一个周期内的运动状况,如图 3.11 所示。可以看出由于多边形效应的影响,运动过程中存在规律性的累积误差,最终会增加喷涂机器人喷涂过程中末端轨迹的运动误差。

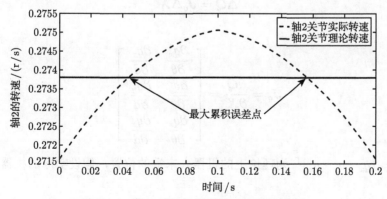

图 3.11 轴 2 链传动一个周期内的速度模拟

**表 3.6　机器人轴 2 链传动参数**

| 电机型号 | 电机减速比 | 总减速比 | 链轮中心距 | 齿数 | 链条型号 |
| --- | --- | --- | --- | --- | --- |
| TSM3304S7036E700 | 59 | 182.6190476 | 276.5mm | 主动轮：21；从动轮：65 | 08B-2-90 |

# 3.4　基于链传动的喷涂机器人轨迹精度可靠性分析

### 3.4.1　喷涂机器人运动误差模型

喷涂机器人喷枪末端的运动误差主要是喷涂机器人 (包含喷枪) 本体造成的误差及外部环境造成的误差，这里将造成机器人末端运动误差的因素归结于机器人的运动学参数，即旋量法建模的运动学参数 $\Delta d$，$\Delta\theta$。第 2 章已经详细给出了基于旋量法的运动学建模方法，此处不再赘述，直接给出喷涂机器人喷枪末端的位姿矩阵：

$$A = \begin{bmatrix} u_x & v_x & w_x & q_x \\ u_y & v_y & w_y & q_y \\ u_z & v_z & w_z & q_z \\ 0 & 0 & 0 & 1 \end{bmatrix} \tag{3.13}$$

这里只考虑机器人的位置误差，机器人末端位置表示为

$$\boldsymbol{Q} = \begin{bmatrix} q_x & q_y & q_z \end{bmatrix}^{\mathrm{T}} \tag{3.14}$$

对位置矩阵进行微分运算得到末端位置误差：

$$\Delta\boldsymbol{Q} = \sum_{i=1}^{n}\left(\frac{\partial\boldsymbol{Q}}{\partial\boldsymbol{\theta}_i}\right)\Delta\boldsymbol{\theta}_i + \sum_{i=1}^{n}\left(\frac{\partial\boldsymbol{Q}}{\partial\boldsymbol{d}_i}\right)\Delta\boldsymbol{d}_i \tag{3.15}$$

令 $\boldsymbol{X}_i = (\boldsymbol{\theta}_i, \boldsymbol{d}_i)$ 为末端位置误差影响参数，则

$$\Delta\boldsymbol{Q} = \boldsymbol{J}_q\Delta\boldsymbol{X} \tag{3.16}$$

式中

$$\boldsymbol{J}_q = \frac{\partial\boldsymbol{Q}}{\partial\boldsymbol{X}} = \begin{bmatrix} \dfrac{\partial q_x}{\partial\theta} & \dfrac{\partial q_x}{\partial d} \\ \dfrac{\partial q_y}{\partial\theta} & \dfrac{\partial q_y}{\partial d} \\ \dfrac{\partial q_z}{\partial\theta} & \dfrac{\partial q_z}{\partial d} \end{bmatrix} \tag{3.17}$$

$\boldsymbol{P} = \begin{bmatrix} q_x & q_y & q_z \end{bmatrix}^{\mathrm{T}}$ 为理论上的机器人末端的位置，假设实际的机器人末端位置为

$$\boldsymbol{P}_s = \begin{bmatrix} q_{xs} & q_{ys} & q_{zs} \end{bmatrix}^{\mathrm{T}} \tag{3.18}$$

定义机器人末端位置的绝对误差为

$$r = \sqrt{(q_{xs} - q_x)^2 + (q_{ys} - q_y)^2 + (q_{zs} - q_z)^2} \tag{3.19}$$

令

$$r = g(X) = \sqrt{(q_{xs} - q_x)^2 + (q_{ys} - q_y)^2 + (q_{zs} - q_z)^2} \tag{3.20}$$

为机器人的误差函数。

### 1. 末端点位误差模型

机器人喷枪末端的位置误差主要有运动学参数误差链传动累积误差。链传动引起的关节累积误差的变化近似正弦变化,其周期随着关节转速的变化不断变化,其幅值保持不变,有

$$\varepsilon_i = \varepsilon_{mi} \cdot \sin(\varpi_i t) \tag{3.21}$$

式中,$\varpi_i$ 为链传动的周期系数。

由于链传动的误差映射到机器人上为连杆的累积误差,也可作为机器人连杆参数的一个变化规律。

假设机器人各关节的旋量参数 $\boldsymbol{X}_1 = [\boldsymbol{\theta} \quad \boldsymbol{d}]^{\mathrm{T}}$ 服从正态分布,即为 $\boldsymbol{X}_1 \sim [\mu_x, \sigma_x^2]$。

$$X_2 = \varepsilon_m \sin(\varpi t) \tag{3.22}$$

综合累积误差表示为

$$\Delta X = \varepsilon_m \sin(\varpi t) + \sigma_x U, \quad U \in (0, 1^2) \tag{3.23}$$

则有

$$g(X, t) = \boldsymbol{J}_P \cdot (\varepsilon_m \sin(\varpi t) + \sigma_x U) \tag{3.24}$$

是一个随着时间变化的随机误差。设机器人末端位置的允许误差为 $\delta$,机器人末端执行器在 $t$ 时刻的点位精度可靠性模型为

$$\begin{cases} g(X, t) = \boldsymbol{J}_P \cdot (\varepsilon_m \sin(\varpi t) + \sigma_x U) \\ R(t) = \mathrm{Pr}\{|g(X, t)| \leqslant \delta\} \end{cases} \tag{3.25}$$

式中,$R(t) = (R_x(t), R_y(t), R_z(t))$ 为某一时刻,机器人末端位置上一点的轨迹精度在 $x, y, z$ 三个坐标上的精度可靠;$\mathrm{Pr}\{\cdot\}$ 表示概率。

由于位置误差的大小没有方向的限定,为方便计算,将 $X_2$ 视为区间为 $[0, \varepsilon_m]$ 的均匀分布。则机器人的运动输出误差的均值为

$$\mu_g = E(g(X, t)) = \boldsymbol{J}_P E(\Delta X) = g_\mu(X, t) \tag{3.26}$$

机器人运动输出误差的标准差为

$$\sigma_g = \sqrt{D(g(X,t))} = \sqrt{J_P\left(\frac{1}{12}\varepsilon_m^2 + \sigma_x^2\right)} \tag{3.27}$$

则定义机器人运动轨迹精度的点的可靠度为

$$R = \Phi\left(\frac{\delta - \mu_g(\Delta X)}{\sigma_g(X)}\right) - \Phi\left(\frac{-\delta - \mu_g(\Delta X)}{\sigma_g(X)}\right) \tag{3.28}$$

简化为

$$R = 2\Phi\left(\frac{\delta - \mu_g(\Delta X)}{\sigma_g(X)}\right) - 1 \tag{3.29}$$

式中，$\Phi(\cdot)$ 为标准正态分布函数。

2. 末端轨迹精度可靠性模型

对于机器人喷枪末端的轨迹位置精度，如图 3.12 所示为末端轨迹位置运动示意图。上述机器人的末端位置误差方程为

$$\Delta Q = J_Q \Delta X = \begin{bmatrix} \dfrac{\partial p_x}{\partial X} \\[2mm] \dfrac{\partial p_y}{\partial X} \\[2mm] \dfrac{\partial p_z}{\partial X} \end{bmatrix} \cdot \Delta X = \begin{bmatrix} M_1 \\ M_2 \\ M_3 \end{bmatrix} \cdot \Delta X \tag{3.30}$$

则机器人末端的绝对位置轨迹精度的可靠度方程可以表述为

$$\begin{aligned}
R &= \Pr\left\{\bigcap_{i=1}^{m\to\infty} \left(\|M_1\Delta X + M_2\Delta X + M_3\Delta X\|_i \leqslant \delta\right)\right\} \\
&= \int_0^\delta \left(\cdots\left(\int_0^\delta \left(\int_0^\delta p(x_1,x_2,\cdots,x_m)\mathrm{d}x_1\right)\mathrm{d}x_2\cdots\right)\right)\mathrm{d}x_m
\end{aligned} \tag{3.31}$$

由于上述可靠性模型公式 [14] 难以求解，其中概率密度函数与各轨迹点的位置偏差相关，同时根据轨迹点的选取数目，需要对概率密度函数进行多维积分，特别是选取轨迹点的数量巨大时非常复杂。在此引入等效极值原则 [15]，假设 $X_1, X_2, \cdots, X_m$ 是 $m$ 个随机变量，令 $W_{\max} = \max\limits_{1\leqslant i\leqslant m}(X_i)$，则有

$$\Pr\left\{\bigcap_{i=1}^{m\to\infty}(X_i < a)\right\} = \Pr\left\{W_{\max} < a\right\} \tag{3.32}$$

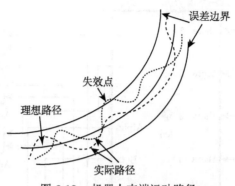

图 3.12　机器人末端运动路径

定义变量 $\gamma$ 表示所有机器人末端轨迹点中位置误差最大值，有

$$\gamma = \max(\varepsilon_1, \varepsilon_2, \varepsilon_3, \cdots, \varepsilon_m) \tag{3.33}$$

则对应的 $X_{\max}(\Theta) = \max\limits_{1 \leqslant i \leqslant m}(X_i(\Theta)) = X_\gamma$ 表示机器人末端所有轨迹上的位置偏差的最大值，机器人末端轨迹的运动精度可靠度模型能够简化为

$$R = \Pr\left\{\bigcap_{i=1}^{m \to \infty}(X_i(\Theta) \leqslant \delta)\right\} = \Pr\{X_{\max}(\Theta) < \delta)\} = \int_0^\infty p(x_\gamma)\mathrm{d}x_\gamma \tag{3.34}$$

式中，$p(x_\gamma)$ 表示轨迹上机器人末端位置偏差最大值的概率密度函数。

### 3.4.2　喷涂机器人末端轨迹精度可靠性仿真

　　传统的机器人运动精度可靠性仿真方法忽略了实验验证的重要性，对于随机变量的分布特征往往依据经验设计及大数据的统计来确定，这样使得仿真的结果与实际的机器人运行结果有一定的差距，在机器人的实际应用及可靠性分析上具有一定的局限性。本章提出了一种基于实验与仿真联合分析的喷涂机器人末端轨迹精度的可靠性分析方法，首先通过实验测量其喷枪末端的定位精度，再将实验结果代入 3.4.1 节中机器人点位精度的误差模型中，得到适用于喷涂机器人的特定的随机变量的分布特征，最后进行机器人喷涂末端的轨迹精度可靠性仿真，得到更精确的仿真结果[16]。

　　通过 MATLAB 的 Simulink 模块建立机器人的运动学模型进行仿真，如图 3.13 所示。将喷涂机器人 GR630 的连杆参数和链传动参数代入仿真模型中，给定机器人特定的运动轨迹，模拟出机器人喷枪末端轨迹各轴向的位置误差，然后对仿真得到的轨迹点的数据进行曲线拟合，得到喷涂机器人末端喷枪轨迹的精度误差和可靠度曲线，如图 3.14～ 图 3.17 所示。

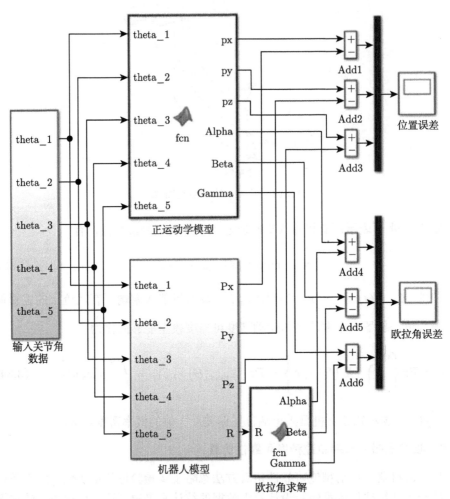

图 3.13　机器人操作臂正运动学仿真模型

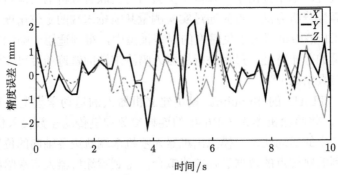

图 3.14　机器人末端轨迹精度误差仿真结果（一）

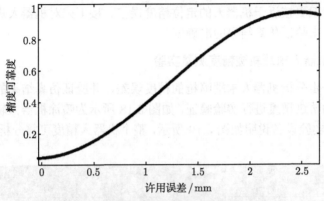

图 3.15 机器人末端轨迹精度可靠度（一）

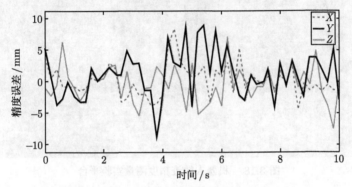

图 3.16 机器人末端轨迹精度误差仿真结果（二）

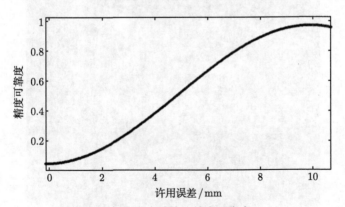

图 3.17 机器人末端轨迹精度可靠度（二）

图 3.14 和图 3.15 使用传统的方法设定随机变量的分布特征，得到的机器人末端轨迹精度的拟合误差的理论数值相对较小，而图 3.16 和图 3.17 通过机器人的定位精度来求解随机变量的分布特征，进行轨迹精度的仿真拟合得到的理论数

值相对较大，但更接近于机器人的定位精度误差。接下来对机器人进行轨迹精度的实验测量，来验证仿真结果的准确度。

### 3.4.3 喷涂机器人末端轨迹精度测量实验

为了进一步分析机器人末端喷枪的精度误差，并验证仿真结果的准确性，对喷涂机器人的轨迹精度进行实验验证，如图 3.18 所示为喷涂机器人轨迹精度测量平台，其中的实验设备说明如图 3.19 所示，整个机器人精度可靠分析实验的流程

图 3.18 机器人轨迹精度测量实验平台

图 3.19 机器人轨迹精度测量实验设备

图如图 3.20 所示。

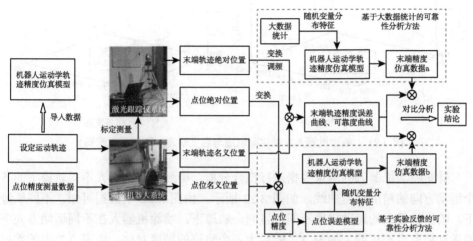

图 3.20 喷涂机器人运动可靠性分析实验流程图

将靶标固定在机器人空气喷枪的末端，SMR 球安置于靶标上，使得喷涂机器人的标定末端为喷枪的末端，为了实验效果能更加准确，将激光跟踪仪和喷涂机器人保持特定的距离，并安置在机器人的正前方。实验开始时，首先测量头捕捉 SMR 球的位置，定义开始测量的绝对位置，然后在计算机系统的辅助下，给定喷涂机器人不同的轨迹，连续追踪标定机器人末端喷枪的轨迹点，获得机器人末端轨迹的连续的绝对位置。

这里分别以直线、曲线、弧线和样条 4 种轨迹进行喷涂机器人末端喷枪运动轨迹的精度测量实验，由于喷涂机器人的数据采样频率为 250Hz，而激光跟踪仪的采样频率为 500Hz，通过对采集的多组数据进行调频、变换等处理，得到每组运动轨迹的均值，拟合出末端三维轨迹，如图 3.21 所示。

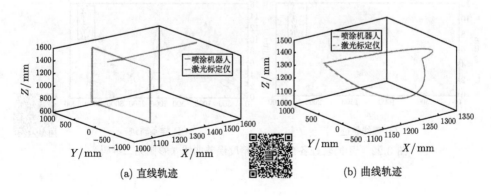

(a) 直线轨迹 （b) 曲线轨迹

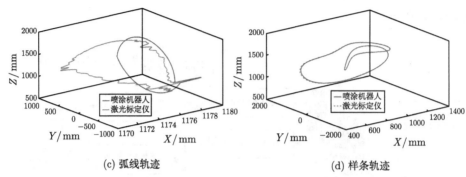

(c) 弧线轨迹        (d) 样条轨迹

图 3.21    喷涂机器人末端实际轨迹与名义轨迹（彩图见二维码）

      针对喷涂机器人的测量数据进行拟合分析，得到喷涂机器人不同轨迹下的各个运动方向的精度误差曲线，如图 3.22 所示，由图 3.22 中数据可知，不同轨迹下，喷涂机器人的运动精度不同，且同一轨迹下，喷涂机器人在不同运动方向下的运动精度也不相同，如表 3.7 所示为各个轨迹的精度对比。由表 3.7 中的数据可知，喷涂轨迹越复杂，其末端轨迹的精度就越低，同一轨迹下，不同方向的运动精度也具有一定的差距，由此可见，对于喷涂轨迹的规划，结合实验结果，选用合适的运动轨迹和不同的运动方向，可以显著地提高机器人的末端轨迹运动精度，从而提高喷涂质量。

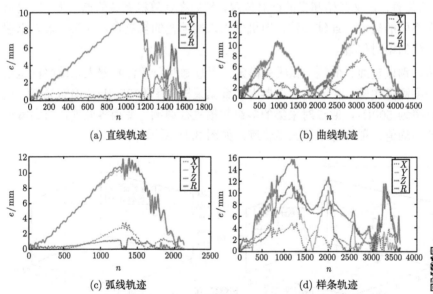

(a) 直线轨迹        (b) 曲线轨迹

(c) 弧线轨迹        (d) 样条轨迹

图 3.22    不同轨迹各个轴线的精度误差曲线（彩图见二维码）

表 3.7 不同轨迹下各个方向的最大精度误差

| 轨迹类型 | $X/\text{mm}$ | $Y/\text{mm}$ | $Z/\text{mm}$ | $R/\text{mm}$ |
|---|---|---|---|---|
| 直线 | 2.3 | 9.0 | 5.8 | 9.2 |
| 曲线 | 8.2 | 13.0 | 3.0 | 15.8 |
| 弧线 | 3.6 | 11.5 | 1.7 | 11.9 |
| 样条 | 4.6 | 10.2 | 11.8 | 15.9 |

将不同轨迹的绝对精度误差结果置于图 3.22 中,再通过概率统计的方法,拟合出机器人末端轨迹的可靠度曲线,如图 3.23 和图 3.24 所示。由于影响机器人末端运动精度的因素众多,对于不同的轨迹,链传动和外部环境等原因造成的振动和偏差具有一定的随机性,所得到的可靠度曲线也存在一定的差异。对比分析图 3.14、图 3.16 和图 3.23 的误差曲线,使用传统的可靠性分析方法,忽略机器人的点位精度的实验结果,依据经验及大数据统计方法确定变量的分布类型,所仿真的运动误

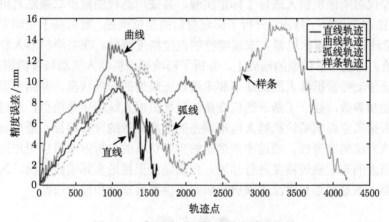

图 3.23 机器人末端轨迹精度绝对误差

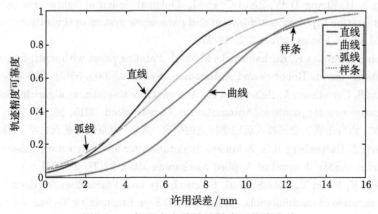

图 3.24 机器人末端轨迹精度可靠度曲线

差虽然精度高于基于实验与仿真联合分析方法的仿真结果，但与实际的轨迹精度实验结果相差较大，难以准确地对机器人的实际运动可靠性进行分析预测。对比分析上述仿真与实验结果可知，图 3.24 中，可靠度为 0.85 时，不同轨迹的许用误差精度为 8~12mm，取本章中的实验结果的均值为 10.5mm。根据图 3.15 和图 3.17 的仿真结果，当可靠度为 0.85 时，其许用误差精度分别为 2mm 和 8mm，相对误差百分比为 80.1% 和 23.8%，且后者的仿真结果对直线轨迹来说，相对误差百分比低于 5%。由此可见，本章采用的基于实验与仿真联合分析的可靠性研究方法更加准确，对机器人运动可靠性的分析有着重要的意义。

## 3.5　本 章 小 结

　　本章基于喷涂机器人的运动学方程建立了喷涂机器人的定位误差模型，通过激光跟踪仪对喷涂机器人进行了标定实验，并使用迭代的最小二乘法对机器人的基本 D-H 参数进行了修正，分析了标定前后的定位误差，最后基于空间立方体的 5 点测量法进行了喷涂机器人末端喷枪的定位精度测量。在喷涂机器人和执行机构（喷枪）的运动学模型的基础上，分析了影响喷涂机器人运动精度的影响因素。分析了链传动喷涂机器人的优缺点和末端轨迹精度的影响状况，并结合机器人本体的运动学参数，建立了基于随机变量的喷涂机器人运动误差模型，通过实验结果的分析来确定影响喷涂机器人运动误差的随机变量的分布特征，最后通过实验验证了该方法的准确性。通过本章提出的实验仿真的分析方法可以更加准确地对喷涂机器人的末端轨迹精度进行预测，仿真结果更接近实际喷涂状况，为后续的喷涂机器人轨迹规划和喷涂漆膜质量研究提供实验基础和理论依据。

### 参 考 文 献

[1] Wang X H, Zhang D W, Zhao C, et al. Optimal design of lightweight serial robots by integrating topology optimization and parametric system optimization. Mechanism and Machine Theory, 2019, 132: 48-65.

[2] Kudoh S, Ogawara K, Ruchanurucks M, et al. Painting robot with multi-fingered hands and stereo vision. Robotics and Autonomous Systems, 2009, 57(3): 279-288.

[3] Seriani S, Cortellessa A, Belfio S, et al. Automatic path-planning algorithm for realistic decorative robotic painting. Automation in Construction, 2015, 56: 67-75.

[4] 龚星如. 六自由度工业机器人运动学标定的研究. 南京: 南京航空航天大学, 2012.

[5] Denavit J, Hartenberg R S. A kinematic notation for lower-pair mechanisms based on maatrics. ASME Journal of Applied Mechanics, 1955, 22(2): 215-221.

[6] Moon S K, Moon Y, Kota S, et al. Screw theory based metrology for design and error compensation of machine tools. ASME 2001 Design Engineering Technical Conferences, 2001: 697-707.

[7] 熊有伦. 机器人技术基础. 武汉: 华中科技大学出版社, 1996.

[8] 张晓平. 六自由度关节型机器人参数标定方法与实验研究. 武汉: 华中科技大学, 2013.

[9] 吕克·若兰. 机器人自动化: 建模、仿真与控制. 黄心汉, 彭刚, 译. 北京: 机械工业出版社,2017.

[10] 王琨. 提高串联机械臂运动精度的关键技术研究. 合肥: 中国科学技术大学, 2013.

[11] 王睿. 工业机械臂精度分析及综合. 合肥: 中国科学技术大学, 2014.

[12] 张玲玲. 链传动速度波动测试装置开发与链传动多边形效应的实验研究. 成都: 西南交通大学，2010.

[13] 杨仁民, 张学昌, 韩俊翔, 等. 链传动多边形效应实时传动数学模型构建与仿真. 机械科学与技术, 2017, 36(6): 821-826.

[14] 李彤, 贾庆轩, 陈钢, 等. 面向轨迹跟踪任务的机器人运动可靠性评估. 系统工程与电子技术, 2014, 36(12): 2556-2561.

[15] Li J, Chen J B, Fan W L. The equivalent extreme-value event and evaluation of the structural system reliability. Structural Safety, 2007, 29(2): 112-131.

[16] 潘敬锋. 涂装机器人系统动态性能监控与喷涂轨迹精度可靠性研究. 合肥: 合肥工业大学, 2020.

# 第4章
## 喷涂机器人轨迹规划及迷彩喷涂路径规划

对于工业机器人来说，轨迹规划的目的是生成运动控制系统的参考输入，以确保机器人完成规划的轨迹。规划是由生成一组由期望轨迹的内插函数（典型为多项式）所得到的时间序列值构成的[1]。喷涂机器人的轨迹规划是机器人喷涂作业的核心问题之一，与机器人编程和喷涂质量息息相关。对于特殊工艺要求的喷涂任务，如面向迷彩图案的机器人喷涂[2]，其迷彩路径规划方法和控制算法将直接影响到最终的图案效果。本章在喷涂机器人的轨迹规划方面，介绍了几种常见的轨迹规划方法，并仿真验证了方法的有效性，还针对数码迷彩的喷涂作业[3]，详细介绍了其路径规划、迷彩色块的处理以及迷彩图案的三维映射等方法。

## 4.1 喷涂机器人轨迹规划分析及验证

喷涂机器人在喷涂作业时，机器人末端的运动存在两种情形：一是要求机器人末端从初始点位姿运动到终点位姿，而对运动的具体路径没有要求，常见于喷涂机器人不进行喷涂操作而从一点运动到另一点以准备下一次喷涂等情形；二是要求机器人末端从初始点沿着规定的路径运动到终点位姿，常见于喷涂机器人从一点沿喷涂路径运动到另一点进行喷涂等情形。对于第一种情形，由于不要求机器人末端在起止点之间的运动沿特定的轨迹，所以要保证机器人关节的运动平稳顺畅，属于关节空间轨迹规划的问题。对于第二种情形，由于要求机器人末端在起止点之间的运动沿着特定的轨迹，所以机器人末端在基准坐标系下的运动具有特定的轨迹，属于笛卡儿空间轨迹规划的问题。这里我们将对这两种情形下的轨迹规划问题进行分析。

### 4.1.1 关节空间轨迹规划

喷涂机器人关节空间轨迹规划是指利用特定的算法描述关节角度随时间的变化，同时要求速度和加速度随时间的变化曲线连续且无突变，从而保证关节运动时平稳顺畅[4]。已知起始点和终止点的位姿，根据逆运动学解析解可以求出对应的关节角度向量，假设 $t_0 = 0$ 时喷涂机器人处于起始点位姿且关节向量为 $\boldsymbol{\theta}_0$，$t_f$ 时刻喷涂机器人处于终点位姿且关节向量为 $\boldsymbol{\theta}_f$。为了保证喷涂机器人关节运动平稳顺畅，需要约束起始点和终止点的速度与加速度为 0 且速度和加速度随时间的变化曲线连续。若将机器人的关节角度向量对时间的变化关系用函数 $\boldsymbol{\theta}(t)$ 表示，则已知的边界约束条件共有 6 个，如式 (4.1) 所示：

$$
\begin{cases}
\boldsymbol{\theta}(0) = \boldsymbol{\theta}_0 \\
\boldsymbol{\theta}(t_f) = \boldsymbol{\theta}_f \\
\dot{\boldsymbol{\theta}}(0) = 0 \\
\dot{\boldsymbol{\theta}}(t_f) = 0 \\
\ddot{\boldsymbol{\theta}}(0) = 0 \\
\ddot{\boldsymbol{\theta}}(t_f) = 0
\end{cases}
\tag{4.1}
$$

使关节的角度、速度和加速度随时间变化的曲线连续的算法有很多，如多项式、修正梯形和 B 样条等，本章采用五次多项式算法进行插补规划，即函数 $\boldsymbol{\theta}(t)$ 满足

$$
\boldsymbol{\theta}(t) = a_0 + a_1 t + a_2 t^2 + a_3 t^3 + a_4 t^4 + a_5 t^5
\tag{4.2}
$$

式中，$a_i\,(i = 0 \sim 5)$ 为待定系数，由于已知的边界约束条件和待定系数个数相同，将边界约束条件代入式 (4.2) 则可以求出所有待定系数的值。根据边界约束条件可得下列方程组：

$$
\begin{cases}
a_0 = \boldsymbol{\theta}_0 \\
a_0 + a_1 t_f + a_2 t_f^2 + a_3 t_f^3 + a_4 t_f^4 + a_5 t_f^5 = \boldsymbol{\theta}_f \\
a_1 = 0 \\
a_1 + 2a_2 t_f + 3a_3 t_f^2 + 4a_4 t_f^3 + 5a_5 t_f^4 = 0 \\
2a_2 = 0 \\
2a_2 + 6a_3 t_f + 12a_4 t_f^2 + 20a_5 t_f^3 = 0
\end{cases}
\tag{4.3}
$$

利用高斯消元法解上述方程组可得所有待定系数的结果如下：

$$
\begin{cases}
a_0 = \boldsymbol{\theta}_0 \\
a_1 = 0 \\
a_2 = 0 \\
a_3 = \dfrac{10\boldsymbol{\theta}_f - 10\boldsymbol{\theta}_0}{t_f^3} \\
a_4 = \dfrac{15\boldsymbol{\theta}_0 - 15\boldsymbol{\theta}_f}{t_f^4} \\
a_5 = \dfrac{6\boldsymbol{\theta}_f - 6\boldsymbol{\theta}_0}{t_f^5}
\end{cases}
\tag{4.4}
$$

将式 (4.4) 的结果代入式 (4.2) 得到关节角度向量随时间变化的表达式。对每一个关节来说，确定插补多项式系数可以唯一确定五次多项式形式。在关节空间

规划轨迹之前提供起始终止点关节角度值、时间 $t_f$ 和时间间隔 $\Delta t$，就可以得到一系列的关节空间离散点，$\Delta t$ 取得越小则离散点个数越多，结果越精确，由正运动学方程就可以求出从起始点到终止点运动过程中的一系列路径插补点。

这里对关节空间下轨迹规划结果进行仿真验证，在 MATLAB 中编写函数，将各个关节在插补点处关节角度、速度和加速度随时间的变化以图形输出，如图 4.1~ 图 4.3 所示。从图中可以看出，每个关节的角度、速度和加速度随时间变化符合预期规划。

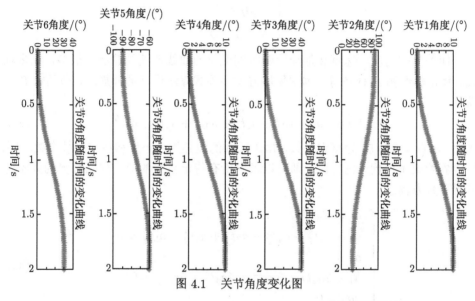

图 4.1　关节角度变化图

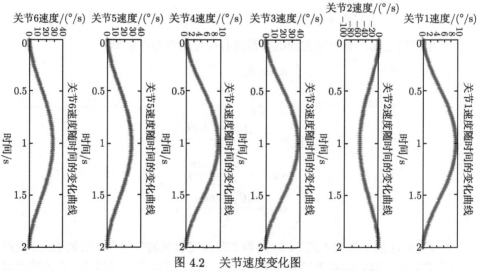

图 4.2　关节速度变化图

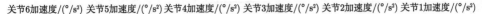

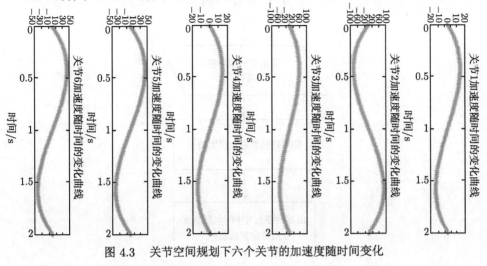

图 4.3 关节空间规划下六个关节的加速度随时间变化

## 4.1.2 笛卡儿空间轨迹规划

喷涂机器人笛卡儿空间轨迹规划是指在基准坐标系下按照特定的算法使机器人末端运动随时间变化平稳顺畅，同时要满足机器人末端在起始点和终止点之间的路径要求[5]。机器人末端运动包括位置的移动和姿态的改变，其随时间变化平稳顺畅是指机器人末端位移、速度和加速度在临界点处，满足临界约束条件且随时间的变化曲线连续。路径要求指末端的位置移动需要沿着特定的路径。笛卡儿空间下轨迹规划的大致流程如图 4.4 所示。

机器人末端运动的路径都可划分为直线和圆弧的组合，故机器人的路径规划主要为这两种路径的插补规划过程[6]。

### 1. "点到点直线运动" 规划

假设机器人末端在起始点的位姿为 $T_a = \begin{bmatrix} R_a & P_a \\ 0 & 1 \end{bmatrix}$，终点的位姿为 $T_b = \begin{bmatrix} R_b & P_b \\ 0 & 1 \end{bmatrix}$，起止点之间的路径为直线，由于位置变换和姿态变换不同，在规划时需要分别对位置和姿态进行插补。

对于位置插补来说。假设起始点的位置向量 $P_a$ 为 $\begin{bmatrix} x_a & y_a & z_a \end{bmatrix}$，$t$ 时刻的插补点的位置向量 $P_t$ 为 $\begin{bmatrix} x_t & y_t & z_t \end{bmatrix}$，终点的位置向量 $P_b$ 为 $\begin{bmatrix} x_b & y_b & z_b \end{bmatrix}$，则起止点之间的直线路径可以用向量 $P_b - P_a$ 表示，即 $\begin{bmatrix} x_b - x_a & y_b - y_a & z_b - z_a \end{bmatrix}$。

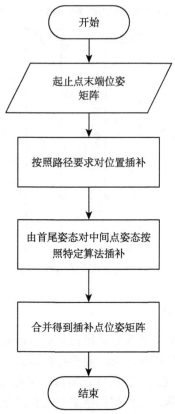

图 4.4　笛卡儿空间轨迹规划的大致流程

要使机器人末端移动的路径为直线,机器人末端从起始点开始的位移向量 $\boldsymbol{P}_t - \boldsymbol{P}_a$ 必须和向量 $\boldsymbol{P}_b - \boldsymbol{P}_a$ 共线, 由向量共线基本定理可得

$$(\boldsymbol{P}_t - \boldsymbol{P}_a) = k(\boldsymbol{P}_b - \boldsymbol{P}_a) \tag{4.5}$$

式中, $k$ 为比例因子。将向量坐标代入式 (4.5) 可以得到下列方程组:

$$\begin{cases} x_t - x_a = k(x_b - x_a) \\ y_t - y_a = k(y_b - y_a) \\ z_t - z_a = k(z_b - z_a) \end{cases} \tag{4.6}$$

从式 (4.6) 中可解出 $t$ 时刻位置坐标, 得

$$\begin{cases} x_t = kx_b + (1-k)x_a \\ y_t = ky_b + (1-k)y_a \\ z_t = kz_b + (1-k)z_a \end{cases} \tag{4.7}$$

从式 (4.7) 中可以看出，只要已知 $t$ 时刻比例因子 $k$ 的值就可以求出 $t$ 时刻的位置坐标，接下来计算比例因子 $k$ 的值。由向量表达式 (4.5) 可知

$$k = \frac{\boldsymbol{P}_t - \boldsymbol{P}_a}{\boldsymbol{P}_b - \boldsymbol{P}_a} \tag{4.8}$$

式中，$\boldsymbol{P}_t - \boldsymbol{P}_a$ 为机器人末端从起始点开始 $t$ 时刻的位移，其值随时间 $t$ 变换，可以用函数 $S(t)$ 表示；$\boldsymbol{P}_b - \boldsymbol{P}_a$ 为起止点之间的直线距离，由起止点坐标可得其值为

$$\boldsymbol{P}_b - \boldsymbol{P}_a = \sqrt{(x_b - x_a)^2 + (y_b - y_a)^2 + (z_b - z_a)^2} \tag{4.9}$$

因为末端位置的移动要求平稳顺畅，所以末端位移 $S(t)$ 可以采用五次多项式算法进行插补，在起止点的边界约束条件为

$$\begin{cases} S(0) = 0 \\ S(t_f) = P_b - P_a \\ \dot{S}(0) = 0 \\ \dot{S}(t_f) = 0 \\ \ddot{S}(0) = 0 \\ \ddot{S}(t_f) = 0 \end{cases} \tag{4.10}$$

根据边界约束条件确定五次多项式待定系数的过程在关节空间轨迹规划分析中已有详细介绍，在此不再赘述。最终我们可以求出 $S(t)$ 的表达式为

$$S(t) = \frac{10P_b - P_a}{t_f^3}t^3 - \frac{15P_b - P_a}{t_f^4}t^4 + \frac{6P_b - P_a}{t_f^5}t^5 \tag{4.11}$$

将式 (4.9) 和式 (4.11) 代入式 (4.8) 得到比例因子 $k$ 的结果表达式为

$$k = \frac{10}{t_f^3}t^3 - \frac{15}{t_f^4}t^4 + \frac{6}{t_f^5}t^5 \tag{4.12}$$

联立式 (4.7) 和式 (4.12) 即可求出在起止点之间任意 $t$ 时刻末端的位置 $\boldsymbol{P}_t$。

对于姿态插补来说。已知了起始点姿态 $\boldsymbol{R}_a$ 和终止点姿态 $\boldsymbol{R}_b$，则从起始点姿态变换到终止点姿态的旋转矩阵为 $\boldsymbol{R} = \boldsymbol{R}_a^{-1}\boldsymbol{R}_b$，假设经过矩阵运算后旋转矩阵 $\boldsymbol{R}$ 的各个元素如下：

$$\boldsymbol{R} = \begin{bmatrix} n_x & o_x & a_x \\ n_y & o_y & a_y \\ n_z & o_z & a_z \end{bmatrix} \tag{4.13}$$

旋转矩阵包含 9 个元素，因此按照式 (4.13) 确定在 $t$ 时刻的插补点的姿态则比较困难，因为任意旋转矩阵还可以表示为绕经过基准坐标系原点的单位向量 $\boldsymbol{k}$ 旋转 $\theta$ 角得到的旋转矩阵 $\boldsymbol{R}_k(\theta)$，且

$$\boldsymbol{R}_k(\theta) = \begin{bmatrix} k_x k_x v\theta + c\theta & k_x k_y v\theta - k_z s\theta & k_x k_z v\theta + k_y s\theta \\ k_x k_y v\theta + k_z s\theta & k_y k_y v\theta + c\theta & k_y k_z v\theta - k_x s\theta \\ k_x k_z v\theta - k_y s\theta & k_y k_z v\theta + k_x s\theta & k_z k_z v\theta + c\theta \end{bmatrix} \tag{4.14}$$

式中，$v\theta = 1 - \cos\theta; s\theta = \sin\theta; c\theta = \cos\theta; \boldsymbol{k} = \begin{bmatrix} k_x & k_y & k_z \end{bmatrix}$。如式 (4.14) 所示旋转矩阵未知变量只有四个，插补求解更加简单，显然式 (4.13) 和式 (4.14) 结果相同，所以有以下表达式成立，

$$\begin{bmatrix} n_x & o_x & a_x \\ n_y & o_y & a_y \\ n_z & o_z & a_z \end{bmatrix} = \begin{bmatrix} k_x k_x v\theta + c\theta & k_x k_y v\theta - k_z s\theta & k_x k_z v\theta + k_y s\theta \\ k_x k_y v\theta + k_z s\theta & k_y k_y v\theta + c\theta & k_y k_z v\theta - k_x s\theta \\ k_x k_z v\theta - k_y s\theta & k_y k_z v\theta + k_x s\theta & k_z k_z v\theta + c\theta \end{bmatrix} \tag{4.15}$$

将式 (4.15) 等号两边矩阵的所有对角元素相加可得

$$n_x + o_y + a_z = 2c\theta + 1 \tag{4.16}$$

由式 (4.16) 可以得到

$$c\theta = \frac{n_x + o_y + a_z - 1}{2} \tag{4.17}$$

由式 (4.15) 还可以得到下列方程组：

$$\begin{cases} o_z - a_y = 2k_x s\theta \\ n_z - a_x = -2k_y s\theta \\ n_y - o_x = 2k_z s\theta \end{cases} \tag{4.18}$$

将方程组 (4.18) 所有等式平方后相加得

$$s\theta = \frac{\sqrt{(o_z - a_y)^2 + (n_z - a_x)^2 + (n_y - o_x)^2}}{2} \tag{4.19}$$

机器人末端姿态从起始点到终止点绕 $\boldsymbol{k}$ 旋转的 $\theta$ 角有

$$\theta = \arctan2(s\theta, c\theta) \tag{4.20}$$

联立式 (4.17)、式 (4.19) 和式 (4.20) 即可求出机器人末端姿态从起始点到终止点绕 $\boldsymbol{k}$ 旋转的 $\theta$ 角。将式 (4.19) 的结果代入方程组 (4.18) 可以分别求出向量 $\boldsymbol{k}$ 的坐标。

$$
\begin{cases}
k_x = \dfrac{o_z - a_y}{\sqrt{(o_z - a_y)^2 + (n_z - a_x)^2 + (n_y - o_x)^2}} \\[3mm]
k_y = \dfrac{a_x - n_z}{\sqrt{(o_z - a_y)^2 + (n_z - a_x)^2 + (n_y - o_x)^2}} \\[3mm]
k_z = \dfrac{n_y - o_x}{\sqrt{(o_z - a_y)^2 + (n_z - a_x)^2 + (n_y - o_x)^2}}
\end{cases}
\tag{4.21}
$$

也就是说，在 $0 \sim t_f$ 的时间段内机器人末端姿态绕单位向量 $\boldsymbol{k}$ 旋转的角度在 $0 \sim \theta$ 范围内变化，因此 $t$ 时刻的姿态对应的角度 $\theta(t)$ 随时间变化，为了使姿态的变换平稳顺畅，$\theta(t)$ 不仅需要满足起止点处的临界约束条件，还要满其随时间变化的曲线连续，依然将 $\theta(t)$ 随时间的变化关系用五次多项式算法表示，其临界约束条件为

$$
\begin{cases}
\theta(0) = 0 \\
\theta(t_f) = \theta \\
\dot{\theta}(0) = 0 \\
\dot{\theta}(t_f) = 0 \\
\ddot{\theta}(0) = 0 \\
\ddot{\theta}(t_f) = 0
\end{cases}
\tag{4.22}
$$

前面已对多项式插补方法进行了分析，在此不再赘述。最后可得

$$
\theta(t) = \frac{10\theta}{t_f^3}t^3 - \frac{15\theta}{t_f^4}t^4 + \frac{6\theta}{t_f^5}t^5
\tag{4.23}
$$

联立式 (4.14)、式 (4.21) 和式 (4.23) 即可得到在起止点间任意 $t$ 时刻的姿态 $\boldsymbol{R}_k(\theta_t)$。

完成在 $t$ 时刻的插补点位置和姿态插补后，就可以得到机器人末端在此时的位姿 $\boldsymbol{T}_t = \begin{bmatrix} \boldsymbol{R}_k(\theta_t) & \boldsymbol{P}_t \\ 0 & 1 \end{bmatrix}$，再由逆运动学解求出各个关节的关节角度。

### 2. "点到点圆弧运动" 规划

点到点圆弧运动要求机器人末端在起止点之间的路径为圆弧。按照三点确定一个圆弧的原则，假设起止点之间的一个中间点位姿为 $\boldsymbol{T}_c = \begin{bmatrix} \boldsymbol{R}_c & \boldsymbol{P}_c \\ 0 & 1 \end{bmatrix}$。和直线规划相同，依然将位置插补和姿态插补分开分析，因为直线规划中对于两点之间的姿态插补已做了详细的介绍，所以在圆弧规划中只需要按照相同的方法在起始点和中间点、中间点和终止点之间分别进行一次姿态插补即可，所以在此对姿态插补不再赘述。接下来介绍圆弧规划中位置插补的具体方法。

已知起始点位置 $\boldsymbol{P}_a$ 为 $\begin{bmatrix} x_a & y_a & z_a \end{bmatrix}$、终止点位置 $\boldsymbol{P}_b$ 为 $\begin{bmatrix} x_b & y_b & z_b \end{bmatrix}$ 和中间点位置 $\boldsymbol{P}_c$ 为 $\begin{bmatrix} x_c & y_c & z_c \end{bmatrix}$。由于圆弧在基准坐标系中为空间圆弧，空间圆弧的表达式相对复杂，在空间圆弧所在平面建立自身坐标系，在自身坐标系下则可以用平面圆弧表达式进行插补，随后将插补点坐标经过坐标转换得到其在基准坐标系下的坐标，完成插补过程。由已知三点可以确定其共同所在的平面方程：

$$A_1 (x - x_a) + B_1 (y - y_a) + C_1 (z - z_a) = 0 \tag{4.24}$$

式中

$$\begin{cases} A_1 = (y_c - y_a)(z_b - z_a) - (z_c - z_a)(y_b - y_a) \\ B_1 = (x_b - x_a)(z_c - z_a) - (z_b - z_a)(x_c - x_a) \\ C_1 = (x_c - x_a)(y_b - y_a) - (x_b - x_a)(y_c - y_a) \end{cases} \tag{4.25}$$

再求过线段 $P_a P_c$ 中点与向量 $\overrightarrow{P_a P_c}$ 垂直的平面方程。同理，由起始点 $P_a$ 和终止点 $P_b$ 直线中点可求出经过该中点与向量 $\overrightarrow{P_a P_b}$ 垂直的平面方程，分别如下所示：

$$(x_c - x_a)\left(x - \frac{1}{2}(x_c + x_a)\right) + (y_c - y_a)\left(y - \frac{1}{2}(y_c + y_a)\right)$$
$$+ (z_c - z_a)\left(z - \frac{1}{2}(z_c + z_a)\right) = 0 \tag{4.26}$$

$$(x_b - x_a)\left(x - \frac{1}{2}(x_b + x_a)\right) + (y_b - y_a)\left(y - \frac{1}{2}(y_b + y_a)\right)$$
$$+ (z_b - z_a)\left(z - \frac{1}{2}(z_b + z_a)\right) = 0 \tag{4.27}$$

由几何知识可知式 (4.24) 平面、式 (4.26) 平面和式 (4.27) 平面的交点即为已知三点确定圆弧的圆心。联立三式利用高斯消元法即可求出圆心坐标，不妨假设计算出的圆心坐标 $P_o$ 为 $\begin{bmatrix} x_o & y_o & z_o \end{bmatrix}$。于是已知三点的圆弧半径为

$$r = \sqrt{(x_a - x_o)^2 + (y_a - y_o)^2 + (z_a - z_o)^2} \tag{4.28}$$

接下来建立圆弧在所在平面下的自身坐标系 $uvw$，以圆心 $P_o$ 为坐标系 $uvw$ 的圆点，经过圆心 $P_o$ 且垂直圆在平面的单位向量为坐标轴 $w$，以圆心 $P_o$ 和起始点 $P_a$ 之间的单位向量为坐标轴再由右手定则即可确定坐标轴 $v$。坐标系 $uvw$ 各坐标轴单位向量结果如下所示：

$$\begin{cases} \boldsymbol{u} = \dfrac{\overrightarrow{P_oP_a}}{r} = \begin{bmatrix} \dfrac{x_a - x_o}{r} & \dfrac{y_a - y_o}{r} & \dfrac{z_a - z_o}{r} \end{bmatrix} \\[4mm] \boldsymbol{v} = \boldsymbol{u} \times \boldsymbol{w} = \begin{bmatrix} \dfrac{w_y(z_a - z_o) - w_z(y_a - y_o)}{r \cdot r_w} \\[3mm] \dfrac{w_z(x_a - x_o) - w_x(z_a - z_o)}{r \cdot r_w} \\[3mm] \dfrac{w_x(y_a - y_o) - w_y(x_a - x_o)}{r \cdot r_w} \end{bmatrix}^{\mathrm{T}} \\[6mm] \boldsymbol{w} = \begin{bmatrix} \dfrac{w_x}{r_w} & \dfrac{w_y}{r_w} & \dfrac{w_z}{r_w} \end{bmatrix} \end{cases} \tag{4.29}$$

式中

$$\begin{cases} w_x = (y_a - y_b)(z_c - z_b) - (y_c - y_b)(z_a - z_b) \\ w_y = (x_c - x_b)(z_a - z_b) - (x_a - x_b)(z_c - z_b) \\ w_z = (x_a - x_b)(y_c - y_b) - (x_c - x_b)(y_a - y_b) \\ r_w = \sqrt{w_x^2 + w_y^2 + w_z^2} \end{cases}$$

坐标系 $uvw$ 与基准坐标系之间的齐次变换矩阵 ${}^{\text{base}}_{uvw}\boldsymbol{T}$ 即为

$${}^{\text{base}}_{uvw}\boldsymbol{T} = \begin{bmatrix} \boldsymbol{u} & \boldsymbol{v} & \boldsymbol{w} & \boldsymbol{P}_o \\ 0 & 0 & 0 & 1 \end{bmatrix} \tag{4.30}$$

因此，将已知三点在基准坐标系下的坐标转换成坐标系 $uvw$ 下的坐标为

$$\begin{bmatrix} \boldsymbol{u}_i & \boldsymbol{v}_i & 0 \end{bmatrix}^{\mathrm{T}} = {}^{\text{base}}_{uvw}\boldsymbol{T}^{-1} \begin{bmatrix} x_i & y_i & z_i \end{bmatrix}^{\mathrm{T}} \tag{4.31}$$

式中，$i = \{a, b, c\}$。

在坐标系 $uvw$ 中，采用极坐标形式表达已知三点确定的圆弧，根据计算出的三点在坐标系 $uvw$ 下的坐标，可以算出整段圆弧的圆心角 $\alpha$，结果如下：

$$\alpha = \arctan2\left(\boldsymbol{v}_b, \boldsymbol{u}_b\right) \tag{4.32}$$

机器人末端沿着圆弧轨迹移动时，走过的圆弧所对应的圆心角即末端的角位移随时间变化，假设 $t$ 时刻的角位移为 $\alpha(t)$，要使机器人末端移动平稳顺畅，将 $\alpha(t)$ 用五次多项式表达且满足临界约束条件即可，具体过程不再赘述，以下直接列出 $\alpha(t)$ 随时间的表达式：

$$\alpha(t) = \frac{10\alpha}{t_f^3}t^3 - \frac{15\alpha}{t_f^4}t^4 + \frac{6\alpha}{t_f^5}t^5 \tag{4.33}$$

式中，$t_f$ 为机器人末端从起始点沿圆弧路径移动到终止点的时间；$\alpha$ 为式 (4.32) 中圆弧路径圆心角。根据极坐标式就可以求出 $t$ 时刻插补点在坐标系 $uvw$ 下的坐标为

$$\begin{cases} u_t = r\cos\alpha(t) \\ v_t = r\sin\alpha(t) \\ w_t = 0 \end{cases} \tag{4.34}$$

再将式 (4.34) 计算出的插补点在坐标系 $uvw$ 下的坐标转换为基准坐标系下的坐标，就完成了圆弧的位置插补，即

$$\begin{bmatrix} x_t & y_t & z_t \end{bmatrix}^{\mathrm{T}} = {}_{uvw}^{\text{base}}\boldsymbol{T}\begin{bmatrix} u_t & v_t & 0 \end{bmatrix}^{\mathrm{T}} \tag{4.35}$$

最后，由位置插补和姿态插补的结果得到插补点的位姿矩阵 $\boldsymbol{T}_t = \begin{bmatrix} \boldsymbol{R}_t & \boldsymbol{P}_t \\ 0 & 1 \end{bmatrix}$，再利用逆运动学解得到插补点各个关节的关节角。

3. 笛卡儿空间轨迹规划仿真验证

这里对笛卡儿空间轨迹规划进行仿真验证，在 MATLAB 中输入笛卡儿空间轨迹规划分析的结果，图 4.5 为笛卡儿空间下轨迹规划分析结果验证流程图，由图 4.6 和图 4.7 证明了仿真结果的正确性。

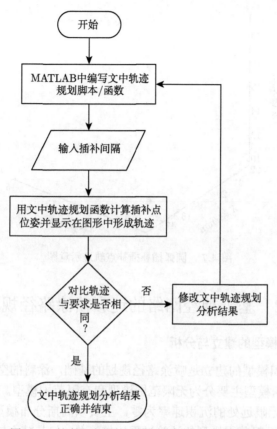

图 4.5 笛卡儿空间轨迹规划分析结果验证流程图

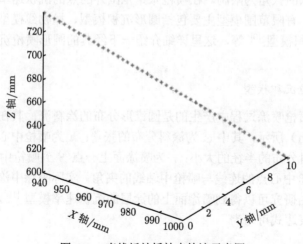

图 4.6 直线插补插补点轨迹示意图

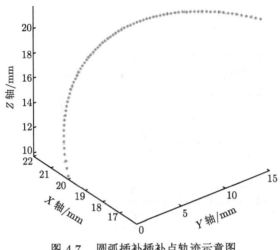

图 4.7　圆弧插补插补点轨迹示意图

# 4.2　基于神经网络的迷彩喷涂路径规划

## 4.2.1　喷涂沉积模型的建立与分析

喷枪喷涂沉积模型的建立是喷涂路径规划的基础,涂料的空间分布直接影响喷涂的质量,沉积模型主要分为无限范围模型和有限范围模型。无限范围模型中,假设距喷枪中心无限远处的沉积速率为零,主要以高斯分布模型[7]和柯西分布模型[8]为代表,无限范围模型的计算过程比较简单,但其精度较低。而有限范围模型以喷枪喷涂的张角为限制,在喷枪张角范围外的点的沉积速率为零,模型更符合实际情况。有限范围模型主要包括圆形沉积模型、抛物线模型、$\beta$ 沉积模型和椭圆双 $\beta$ 沉积模型[9]等,这里详细介绍一下经典的圆形喷枪沉积模型和椭圆双 $\beta$ 沉积模型。

### 1. 圆形喷枪沉积模型

假设已知喷枪喷涂过程中产生的是圆锥形分布的涂料流,其在空间中的分布情况如图 4.8(a)所示,其中 $\varphi$ 为涂料分布的张角;$h$ 为喷枪中心点到喷涂面的距离;$R$ 为涂料分布的半径的大小;$r$ 为喷涂面上一点 $S$ 到喷枪中心之间的距离;$\theta$ 为点 $S$ 和喷枪中心点的连线与喷枪中轴线的夹角。实际喷涂中涂层的累积速率为 $G = f(r)$,由研究可以得到喷涂面上的涂层的沉积速率模型[10],如图 4.8(b)所示,其数学表达式可写为

$$f(r) = \begin{cases} A\left(R^2 - r^2\right), & |r| \leqslant R \\ 0, & |r| > R \end{cases} \tag{4.36}$$

式中，$R$ 为喷涂半径；$A$ 为常数。

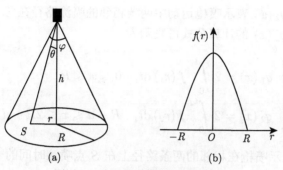

图 4.8　涂层分布模型和累积速率

在实际喷涂过程中，假设喷枪涂料流量为 $Q$，则

$$Q = \int_0^R 2\pi f(r)\, r \mathrm{d}r \tag{4.37}$$

由此可得 $A = 2Q/(\pi R^4)$，则考虑流量的平面垂直喷涂喷枪数学模型表达式为

$$f(r) = \begin{cases} \dfrac{2Q}{\pi R^4}\left(R^2 - r^2\right), & |r| \leqslant R \\ 0, & |r| > R \end{cases} \tag{4.38}$$

图 4.9 为平面上的喷涂过程，其中 $x$ 表示某一点 $S$ 到喷枪中心点的距离；$v$ 表示喷枪移动的速度；$d$ 表示喷涂重叠的长度，则点 $S$ 的涂层累积厚度为[11]

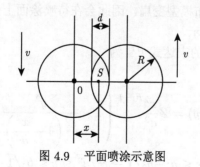

图 4.9　平面喷涂示意图

$$
q_s(x) = \begin{cases} q_1(x), & 0 \leqslant x \leqslant R - d \\ q_1(x) + q_2(x), & R - d < x \leqslant R \\ q_2(x), & R < x \leqslant 2R - d \end{cases} \tag{4.39}
$$

式中，$q_1(x)$ 和 $q_2(x)$ 表示喷枪运动中两条相邻的喷涂路径在 $S$ 点上的涂料累积厚度，$q_1(x)$ 和 $q_2(x)$ 的计算公式可表示为

$$
\begin{cases} q_1(x) = 2 \displaystyle\int_0^{t_1} f(r_1)\,\mathrm{d}t, & 0 \leqslant x \leqslant R \\ q_2(x) = 2 \displaystyle\int_0^{t_2} f(r_2)\,\mathrm{d}t, & R - d \leqslant x \leqslant 2R - d \end{cases} \tag{4.40}
$$

式中，$t_1$ 和 $t_2$ 表示喷枪在相邻的两条路径上在 $S$ 点喷涂时间的一半；$r_1$ 和 $r_2$ 表示喷涂点到喷枪中心点的距离，则

$$
\begin{cases} t_1 = \sqrt{R^2 - x^2}/v, & t_2 = \sqrt{R^2 - (2R - d - x)^2}/v \\ r_1 = \sqrt{(vt)^2 + x^2}, & r_2 = \sqrt{(vt)^2 + (2R - d - x)^2} \end{cases} \tag{4.41}
$$

为使喷涂面上累积的涂料的厚度均匀一致，$S$ 点上涂料的厚度应与理想的厚度之间的方差达到最小，即

$$
\min_{d \in [0, r], v} E_1(d, v) = \int_0^{2R - d} (q_d - q(x, d, v))^2\,\mathrm{d}x \tag{4.42}
$$

式中，$q_d$ 为理想涂层厚度，可采用黄金分割法求出 $d$ 和 $v$ 的优化值。

**2. 椭圆双 $\beta$ 沉积模型**

喷枪喷涂过程中涂料理想的有限范围模型是锥形体，即圆形喷枪沉积模型，为了保证喷涂的质量，实际喷涂所使用的喷枪在设计时常在出料口的两侧加入压缩气流，使涂料的空间分布模型变扁，因此会在待喷涂面上生成一个椭圆形的涂料分布区域，如图 4.10 所示。

椭圆双 $\beta$ 沉积模型的表达式 [11] 为

$$
\begin{cases} Z(x, y) = Z \dfrac{x^2}{a^2}^{\beta_1 - 1} \left( 1 - \dfrac{y^2}{b^2\left(1 - \dfrac{x^2}{a^2}\right)} \right)_{\max}^{\beta_2 - 1} \\ -a \leqslant x \leqslant a;\; -b\sqrt{1 - x^2/a^2} \leqslant y \leqslant b\sqrt{1 - x^2/a^2} \end{cases} \tag{4.43}
$$

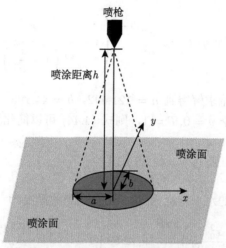

图 4.10  椭圆喷枪平面静态喷涂

式中，$Z(x,y)$ 为喷涂面上涂料分布区域中任意一点的涂料厚度的累积函数；$x$ 和 $y$ 为涂料分布区域的坐标变量；$Z_{\max}$ 为喷枪喷涂中心点涂层累积的厚度；$a$ 为椭圆的长轴；$b$ 为椭圆的短轴；$\beta_1$ 和 $\beta_2$ 分别为 $x$ 和 $y$ 方向截面中的 $\beta$ 分布的指数。

图 4.11 是平面喷涂及涂层重叠区域的示意图，其中 $x$ 表示某一点 $S$ 到喷枪中心点的距离；$v$ 表示喷枪移动的速度；$d$ 表示喷涂重叠的长度，则 $S$ 点处的累积厚度为

$$Z_s(x,y) = \int_0^T Z(x,y)\,\mathrm{d}t \tag{4.44}$$

式中，$T$ 为该点受到喷涂的总时间。则有

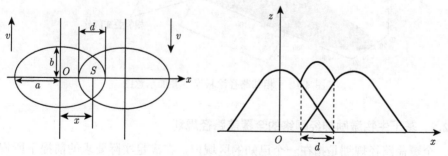

图 4.11  平面喷涂及涂层重叠区域示意图

$$Z(x,y) = Z(x,y)T = Z\frac{x^2}{a^2}^{\beta_1-1}\left(1 - \frac{y^2}{b^2\left(1 - \frac{x^2}{a^2}\right)}\right)^{\beta_2-1}_{\max} \tag{4.45}$$

对于所用实际喷枪求解得到 $a = 121.442$，$b = 44.193$，$Z_{\max} = 42.59$，$\beta_1 = 2.255$，$\beta_2 = 4.194$，令 $y = 0, T = 1$，则式 (4.44) 可以简化为

$$Z_s(x) = 42.59\left(1 - \frac{x^2}{121.442^2}\right)^{1.225} \tag{4.46}$$

设叠加处某一点的水平坐标为 $x_0$，则叠加点的厚度为

$$Z = 42.59\left(1 - \frac{x_0^2}{121.442^2}\right)^{1.225} + 42.59\left(1 - \frac{(2\times121.442 - d)^2}{a^2}\right)^{1.225} \tag{4.47}$$

叠加厚度 $Z = Z_{\max}$ 时才能最大均匀化厚度，则有

$$\begin{cases} \dfrac{Z_{\max}}{2} = 42.59\left(1 - \dfrac{x_0^2}{121.442^2}\right)^{1.225} \\ 2a - x_0 - d = x_0 \end{cases} \tag{4.48}$$

求解得到 $x_0 = 79.1128\text{mm}$，$d = 84.6584\text{mm}$。椭圆双 $\beta$ 沉积模型相邻两条路径涂料厚度叠加的 MATLAB 仿真示意图如图 4.12 所示。

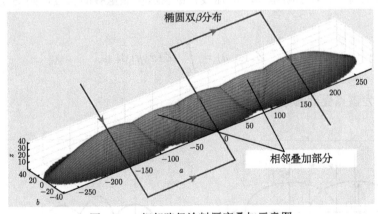

图 4.12　相邻路径涂料厚度叠加示意图

### 4.2.2　基于生物激励神经网络的全覆盖路径规划

全覆盖路径规划是指在一个已知的区域内，在满足实际要求的前提下所规划出的一条能够经过区域内所有可达点且连续不间断的路径[12]。建立环境模型是

规划路径的前提，建模方法主要有栅格法、可视图法和拓扑法等，路径规划算法主要包括随机路径规划算法、内螺旋覆盖算法、最大面积优先算法、模糊逻辑控制算法、遗传算法、蚁群算法等。本节主要使用基于栅格的生物激励神经网络全覆盖路径规划算法[13]。

生物激励神经网络是 Yang 等[14] 所提出的一种用于区域全覆盖的路径规划算法，该算法可适用于静态、动态等各种不同的环境，且不受所在环境所存在的障碍物的影响。在生物激励神经网络算法中，分流方程是该方法的核心，分流模型被用来表示个体在复杂动态环境中对突发事件的实时自适应行为，基本的思想是建立一个神经网络拓扑状态结构，用其动态神经活性值表示其动态环境的变化。通过定义变化环境和内部神经活性值来影响外部输入，可保证可移动区域和障碍物的神经活性值分别保持在峰值和谷值。可移动区域通过神经活动传播，在整个状态空间中吸引移动体，障碍物具有局部作用从而避免碰撞，其中所有神经元的活性值均初始化为 0。

算法的实现主要是选定栅格的大小，通过使用栅格法将已知的工作区域进行栅格化处理，每个栅格点的神经元活性值均不相同，且只能与相邻的栅格点产生连接关系，从而构成一个用局部栅格点连接的网络状的神经网络。每一个栅格点的神经元活性值的变化可表示为

$$\frac{\mathrm{d}x_i}{\mathrm{d}t} = -Ax_i + (B - x_i)\left([I_i]^+ \sum_{i=1}^{k} W_{ij}[x_j]^+\right) - (D + x_i)[I_i]^- \qquad (4.49)$$

式 (4.49) 被称为分流方程。其中，$x_i$ 是第 $i$ 个神经元的活性值；$A$、$B$、$D$ 是非负常数，$A$ 是衰减率，$B$ 是栅格点神经元活性上限的绝对值，$D$ 是神经元活性状态下限的绝对值；$k$ 是与第 $i$ 个神经元相邻的神经元个数，$k$ 的值与半径 $r_0$ 有关。$I_i$ 为第 $i$ 个栅格点神经元活性值的外部输入，$I_i$ 的值为

$$I_i = \begin{cases} E, & \text{删格点为目标点} \\ -E, & \text{栅格点为障碍物} \\ 0, & \text{其他} \end{cases} \qquad (4.50)$$

式中，$E \gg B$，是一个足够大的正常数。在式 (4.49) 中，$[I_i]^+ \sum_{i=1}^{k} W_{ij}[x_j]^+$ 代表兴奋输入，$[I_i]^-$ 代表抑制输入，$[a]^+ = \max\{a, 0\}$，$[a]^- = \max\{-a, 0\}$，抑制输入仅来源于障碍物。$W_{ij} = f(d_{ij})$，其中 $d_{ij}$ 是第 $i$ 与第 $j$ 个神经元所在的位置在状态空间中的欧几里得距离。神经元之间仅在较小区域（0，$r_0$）内有局部的侧连接，如果 $a \geqslant r_0$，则 $f(a) = 0$，如果 $0 < a < r_0$，则 $f(a) = u/a$，即

$$f(a) = \begin{cases} \dfrac{\mu}{a}, & 0 < a < r_0 \\ 0, & a \geqslant r_0 \end{cases} \tag{4.51}$$

式中，$\mu$ 是一个正常数，代表在接受域中的神经元之间的传递强度。神经网络中的任意一个神经元均有横向连接其相邻的神经元，这种连接关系在神经网络状态空间中组成一个子空间，被称为神经生理学的第 $i$ 个神经元的接受域。当上述的接受域受到一定的刺激后，才会使神经元做出相应的动作。规划出来的具体路径可表示为

$$P_n \Leftarrow x_{p_n} = \max\{x_j + cy_j, j = 1, 2, \cdots, k\} \tag{4.52}$$

式中，$c$ 表示一个值为正的常数，$c$ 的值主要决定路径规划中机器人的转动方向；$k$ 表示与自身相邻的栅格点的数量；$P_n$ 表示下一个移动的位置；$y_j$ 表示转向角度的函数，$y_j$ 的数学表达式为

$$y_j = 1 - \frac{\Delta\theta_j}{\pi} \tag{4.53}$$

其中，$\Delta\theta_j \in [0, \pi]$ 表示从上一位置到当前位置的移动方向与当前位置到下一可能位置的移动方向之间的夹角，$\Delta\theta_j$ 表示为

$$\Delta\theta_j = |\theta_j - \theta_c| = \left|\arctan\left(\frac{y_{p_j} - y_{p_c}}{x_{p_j} - x_{p_c}}\right) - \arctan\left(\frac{y_{p_c} - y_{p_v}}{x_{p_c} - x_{p_v}}\right)\right| \tag{4.54}$$

生成全覆盖路径的具体步骤如下所述。

从选择的点出发，判断与当前位置相邻近的各个神经元的活性值，移动到相邻活性值最大的神经元位置处，移动到该位置后，该位置便作为当前的位置，再通过相同方式判断移动方向，根据此方法循环直到遍历区域内全部的位置。

神经网络原理图如图 4.13 所示。

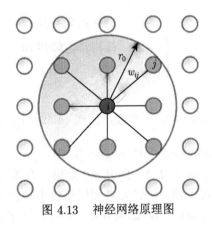

图 4.13　神经网络原理图

### 4.2.3 路径规划算法的仿真验证

目前我国使用的数码迷彩图案斑点之间的位置关系总共分为交错、并置、外围和内包四种，如图 4.14 所示。通过对相关标准中数码迷彩色块的位置关系进行分析研究，可发现迷彩色块一般分为单一颜色的数码迷彩色块和包含其他颜色的数码迷彩色块两种情况。本节使用 MATLAB 软件，并运用 4.2.2 节所提的基于栅格的生物激励神经网络全覆盖路径规划算法对两种数码迷彩色块分别进行全覆盖喷涂路径的规划，以验证算法在生成喷枪喷涂路径的有效性。

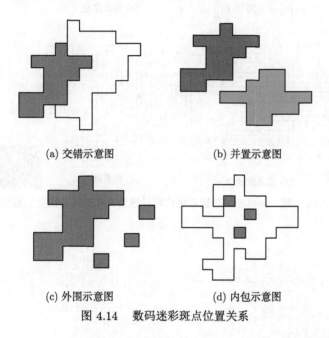

(a) 交错示意图　　　　　　　(b) 并置示意图

(c) 外围示意图　　　　　　　(d) 内包示意图

图 4.14　数码迷彩斑点位置关系

由于路径规划是面向机器人喷涂过程中的喷枪路径，重复的喷涂路径会造成重复喷涂，不能满足漆膜厚度一致性的要求，较多的转折也不利于机器人在喷涂过程的运动，因此要求规划出的路径全覆盖、无重复且转折点最少。本节设计两种单一颜色数码迷彩色块用于算法仿真验证，其路径规划仿真验证结果如图 4.15和图 4.16 所示。

在图 4.15 和图 4.16 中，星号位置为仿真路径的起始点，绿色点代表路径的转折点，红线为仿真得到的喷枪运动路径。对比分析图 4.15 和图 4.16 的仿真路径可知，起始点不同或起始点运动方向不同均能得到不同的运动路径，图中的仿真路径 1 均能满足全覆盖、无重复的要求，证明在选取合适的起始点及起始方向的前提下，所提方法能够实现单一颜色迷彩色块的喷涂路径规划。

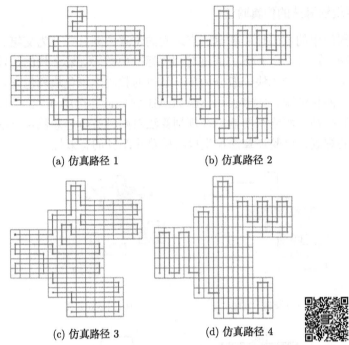

(a) 仿真路径 1　　　　　　　　(b) 仿真路径 2

(c) 仿真路径 3　　　　　　　　(d) 仿真路径 4

图 4.15　第一种单一颜色迷彩色块路径规划仿真图（彩图见二维码）

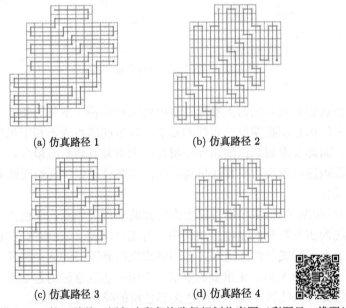

(a) 仿真路径 1　　　　　　　　(b) 仿真路径 2

(c) 仿真路径 3　　　　　　　　(d) 仿真路径 4

图 4.16　第二种单一颜色迷彩色块路径规划仿真图（彩图见二维码）

包含其他颜色的数码迷彩色块即为一个迷彩色块中包含着其他颜色的小色块，此类数码迷彩色块的喷涂路径规划可以理解为对含有障碍物的空间进行全覆盖、无重复的路径规划。本节设计了两种包含其他颜色的数码迷彩色块用于算法的仿真验证，其路径规划仿真验证结果如图 4.17 和图 4.18 所示。

分析图 4.17 和图 4.18 可知，包含其他颜色的迷彩色块与单一颜色的迷彩色块相似，在选择合适的起始点及移动方向的前提下均可实现全覆盖、无重复的喷涂路径，从而证明本章所提的方法能够实现数码迷彩色块的喷涂路径规划。

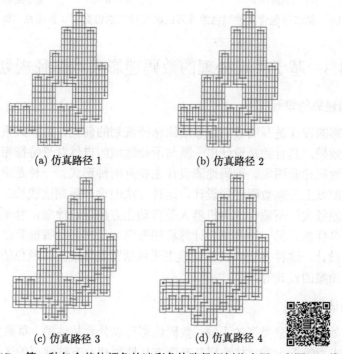

(a) 仿真路径 1　　　　　　(b) 仿真路径 2

(c) 仿真路径 3　　　　　　(d) 仿真路径 4

图 4.17　第一种包含其他颜色的迷彩色块路径规划仿真图（彩图见二维码）

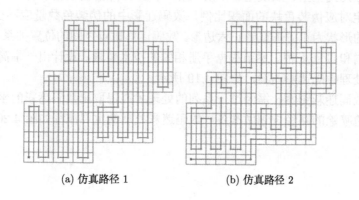

(a) 仿真路径 1　　　　　　(b) 仿真路径 2

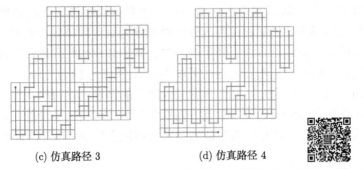

(c) 仿真路径 3　　　　　　(d) 仿真路径 4

图 4.18　第二种包含其他颜色的迷彩色块路径规划仿真图（彩图见二维码）

# 4.3　基于图像处理的数码迷彩喷涂路径规划

## 4.3.1　数码迷彩的设计

数码迷彩的设计是开展数码迷彩喷涂路径规划的前提，直接关系到数码迷彩的最终伪装效果，其目的是设计出一款与所处地域的自然背景特征相匹配并符合实际需求的数码迷彩图案。数码迷彩设计主要有两种形式。一种是由经验丰富的技术人员在图纸上开展数码迷彩设计，这种方法的设计周期比较长，与实际背景环境相比误差较大，不适合运用机器人等自动化方法进行涂装，且难以实现数码迷彩图案的多样性。另一种是结合计算机图形学，运用各种智能算法来进行数码迷彩图案的设计，这种方法的设计过程主要包括背景环境主体颜色的提取以及数码迷彩色块图案的设计等。

### 1. 数码迷彩

根据所处地域背景类型的不同，数码迷彩可以分为林地型、草原型、荒漠型、雪地型、城市型等五大类。林地型又有南方林地型和北方林地型的区别，同样地，荒漠型又分为戈壁型、土漠型、沙漠型等三种。另外需要根据装备所处的地域背景特征确定对应伪装色块的面积比例，数码迷彩中的伪装色数量应不少于 3 种，基本单元的形状为正方形或者正六边形。数码迷彩斑点之间的位置关系分为交错、并置、外围和内包 4 种。本节根据手册相关的技术要求，设计出一幅简单且符合需要的待处理数码迷彩图案，如图 4.19 所示。

对于数码迷彩图案，需经过一系列的处理才能提取出数码迷彩的坐标位置信息，为喷枪喷涂的路径规划做准备。数码迷彩处理的主要流程如图 4.20 所示。

图 4.19 待处理数码迷彩图案

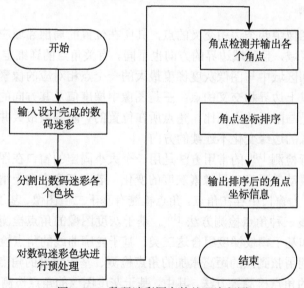

图 4.20 数码迷彩图案的处理流程图

**2. 数码迷彩图案色块的分割**

如图 4.20 所示，设计完成的待处理数码迷彩图案由三块迷彩色块组成，对数码迷彩进行路径规划时需在各个数码迷彩色块中进行，因此需要把数码迷彩图案分割成单个的迷彩色块。使用 Photoshop 软件分割提取各个数码迷彩色块，该软件主要用于处理由像素组成的数字图像，而数码迷彩又称为像素点阵迷彩或马赛克迷彩, 其图像由不同的像素点阵构成, 分割后的数码迷彩色块如图 4.21 所示。

图 4.21　分割后的数码迷彩色块

### 4.3.2　数码迷彩色块的处理

对于分割完成的数码迷彩色块, 后期需进行迷彩色块的角点坐标检测, 提取出迷彩色块角点的像素点坐标, 根据角点的像素点坐标绘制数码迷彩色块的轮廓, 之后在数码迷彩色块的轮廓中进行喷涂路径规划, 得到喷枪的喷涂路径。

1. 角点检测

角点即为图像中两个边相交叉的点, 其所在位置的局部邻域应该是有两个或以上不相同的区域, 且区域边界的方向也不同。有关角点的详细定义分下面几种: 一是在一个局部区域中与图像灰度梯度最大的一个点相对应的像素点; 二是图像中两条及两条以上边界相交叉的点; 三是图像中梯度值及其方向的改变速度都非常高的点; 四是与附近的点相比, 角点所在位置的一阶导数最大并且其二阶导数为零; 五是图像的边缘变化不连续的方向。

对角点进行检测 [15] 的常用方法是用一个大小固定的窗口在图像上沿任意方向滑动, 比较滑动前后窗口里像素灰度的变化, 若在任意方向上滑动灰度都有较大的改变, 则认为窗口中存在角点。角点检测有基于二值图像、基于灰度图像、基于边缘轮廓曲线三种角点检测方法 [16]。基于灰度图像的角点检测又分为基于梯度、基于模板和基于模板梯度组合这三类。基于轮廓曲线的角点检测有基于 CSS 的角点检测、利用弦到点的距离累加的角点检测、基于角度的角点检测、多尺度 Gabor 滤波器的角点检测等方法。其中, 基于灰度图像的角点检测有 Moravec 角点检测、Harris 角点检测、Shi-Tomasi 角点检测、SUSAN 角点检测等算法 [17]。本章使用的是基于灰度图像的角点检测算法。

1) Harris 角点检测算法

Harris 角点检测算法是 C. Harris 和 M. J. Stephens 在 Moravec 算法的启发下提出的一种角点提取方法, 本小节首先对 Moravec 角点检测算法的原理进行分析介绍。

Moravec 角点检测算法 [18] 是通过使用图像灰度的方差来提取图像中的特征

点。该算法的原理是首先在图像上选取一个二值矩形窗口，在图像上平移这个窗口，并检测窗口中图像灰度值的变化情况，计算相邻窗口中图像像素灰度的差值并求其平方和，选取计算结果中最小的值作为像素点角点响应函数的值，假如这个值大于或等于所设定的阈值，这个点即为角点。该过程可用数学语言表示为

$$E_{x,y} = \sum_{u,v} W_{u,v} \left| I_{u+x,v+y} - I_{u,v} \right|^2 \tag{4.55}$$

式中，$x, y$ 代表（1,0）、（1,1）、（−1,1）、（0,1）这四个移动方向；$E_{x,y}$ 代表像素灰度差的平方和；$I$ 代表图像的灰度；$W_{u,v}$ 代表图像的窗口函数。Moravec 角点检测算法通过对四个方向加权求和来确定灰度变化的大小。该方法的缺点是各个响应值并非各向同性，其对图像的边缘和图像内存在的噪声反应较为强烈，且不具备旋转不变性。Moravec 角点检测算法是首个广泛使用的角点检测算法，在角点检测方面具有重要的意义。

Harris 角点检测算法是在上述算法的基础上通过改进和优化得到的。根据前面内容可知 Moravec 角点检测算法对方向的依赖性比较强，在移动过程中只移动了四个 45° 角的离散方向，而在实际的移动过程中，应考虑窗口函数各方向的移动变化。如图 4.22 所示，在图（a）中，窗口与图像的边以及存在角点的拐点均有距离，当移动窗口时，其内部图像的灰度值没有改变，则认为窗口区域为平滑区域。假如窗口在沿某个方向进行移动的过程中，窗口内图像的灰度在某个方向上没有变化，而在另一个方向上图像的灰度发生了明显的变化，则窗口区域内的图像可能存在边缘，如图（b）所示。当窗口沿图像的任意方向移动时，其内部图像的灰度在各个方向上均有比较大的改变，则该区域的图像内可能有角点存在，如图（c）所示。Harris 角点检测算法就是运用了上述物理现象，通过窗口在各个方向上移动时图像灰度的变化情况，判断该点是否为角点。

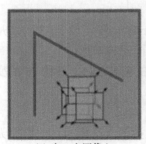
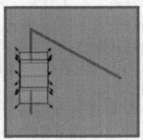
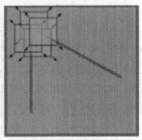

(a) 窗口在图像上  (b) 窗口在边上  (c) 窗口在角点上

图 4.22　Harris 角点检测算法原理图

假设图像窗口平移 $[u, v]$ 后产生的灰度变化为 $E(u, v)$，根据上述的角点检测

原理，计算移动窗口图像的灰度差值的数学模型可表示为

$$E(u,v) = \sum_{x,y} w(x,y)\left(I(x+u,y+v) - I(x,y)\right)^2 \tag{4.56}$$

式中，$u,v$ 分别是 $x,y$ 方向上的平移量，$(u,v)$ 的取值一般为 $(1,0)$，$(-1,0)$，$(0,1)$ 和 $(0,-1)$；$I(x,y)$ 为图像的灰度值；$I(x+u,y+v)$ 为平移后的图像的灰度值；$w(x,y)$ 为所取窗口的函数，可以是二值函数或高斯函数，即

$$w(x,y) = \begin{cases} 1, & (x,y)\,\text{在窗口内} \\ 0, & (x,y)\,\text{在窗口外} \end{cases} \quad \text{或}\ w(x,y) = \mathrm{e}^{-\left(u^2+v^2\right)/(2\sigma^2)}, \sigma\,\text{一般取}\ 1 \tag{4.57}$$

当窗口在角点附近且将图像窗口平移 $[u,v]$ 后的图像灰度 $I(x+u,y+v)$ 做一阶泰勒级数展开后为

$$I(x+u,y+v) = I(x,y) + I_x u + I_y v + o\left(u^2, v^2\right) \tag{4.58}$$

将式 (4.58) 代入式 (4.56) 可得

$$E(u,v) = \sum_{x,y} w(x,y)\left(\left(I_x u + I_y v\right) + o\left(u^2, v^2\right)\right)^2 \tag{4.59}$$

式中，$o\left(u^2,v^2\right)$ 近似为 0。则式 (4.59) 可进一步简化为

$$E(u,v) = [I_x u + I_y v]^2 = [u,v]\begin{bmatrix} I_x^2 & I_x I_y \\ I_x I_y & I_y^2 \end{bmatrix}\begin{bmatrix} u \\ v \end{bmatrix} \approx [u,v]\,M\begin{bmatrix} u \\ v \end{bmatrix} \tag{4.60}$$

则有

$$\boldsymbol{M} = \sum_{x,y} w[x,y]\begin{bmatrix} I_x^2 & I_x I_y \\ I_x I_y & I_y^2 \end{bmatrix} \tag{4.61}$$

式 (4.61) 中的 $\boldsymbol{M}$ 称为自相关矩阵，又称为 Harris 矩阵。设 $\lambda_1$ 和 $\lambda_2$ 是矩阵 $\boldsymbol{M}$ 的特征值，窗口在进行移动的过程中会出现下面三种情形。

(1) 在图像内部区域，$\lambda_1$ 和 $\lambda_2$ 都比较小，无论在任何方向上平移 $E$ 的变化都不大，没有明显的灰度变化。

(2) 在图像的边缘处，$\lambda_1 \gg \lambda_2$ 或 $\lambda_1 \ll \lambda_2$。

(3) 在图像的角点位置 $\lambda_1$ 和 $\lambda_2$ 的数值都较大且数值大小相当，即窗口无论在图像的任何方向进行移动其灰度都会产生明显的变化。

由此可定义角点的响应函数 $R$ 为

$$R = \det(\boldsymbol{M}) - k \cdot \mathrm{tr}^2(\boldsymbol{M}) \tag{4.62}$$

式中，$\det(M) = \lambda_1\lambda_2$；$\mathrm{tr}(M) = \lambda_1 + \lambda_2$；$k$ 是一个经验常数，它的值一般为 $0.04 \sim 0.06$。$R$ 的大小只与自相关矩阵 $M$ 的特征值有关，在图像的中间处，$R$ 的绝对值比较小，在图像的边缘和角点区域，$R$ 的值分别为绝对值较大的负数和正数。在实际检测过程中需设定阈值，如果求出的值大于阈值，则提取的点为角点。

Harris 角点检测算法是一种效果较好的角点特征检测算法，其计算过程较少，使用灰度值的一阶差分便可实现，操作简单。Harris 角点检测算法会计算图像中任意一个像素点的角点响应函数值，然后在其邻域中挑选符合条件的最优点。Harris 角点检测算法在纹理信息较为丰富的图像区域中能够提取出较多的特征点，反之所提取的特征点则相对较少，因此该算法在特征点的提取上较均匀且合理。该算法只用到一阶导数，因此具有旋转不变性，灰度值的整体平移及尺度也是不变的，但当图像的尺度发生变化时，检测点的性质也会改变。

2) Shi-Tomasi 角点检测算法

由于上述介绍的 Harris 角点检测算法的鲁棒性不能达到最佳，1994 年 Shi 和 Tomasi 在对上述算法进行改进和优化后首次提出了 Shi-Tomasi 角点检测算法 [19]。由式 (4.61) 可知，Harris 角点检测算法的角点响应函数是将其自相关矩阵 $M$ 的行列式值与它的迹相减，然后将相减得到的差值同设定的阈值进行比较，通过分析其差值来判断是否为图像的角点。Harris 角点检测算法的稳定性与经验常数 $k$ 的值有关，而 Shi 和 Tomasi 发现其稳定性与 $M$ 的两个特征值中较小的那个相关，因此 Shi-Tomasi 角点检测算法所运用的改进方法是当 $M$ 的较小特征值超过预定的阈值就能够得到强角点。其角点响应函数可表示为

$$R = \min(\lambda_1, \lambda_2) \tag{4.63}$$

式中，$\lambda_1$ 和 $\lambda_2$ 为矩阵 $M$ 的两个特征值，用两个特征值中较小的一个与设定的阈值进行比较，如果超过了阈值，则认定其为一个角点。Shi-Tomasi 角点检测算法的步骤如下所述。

(1) 利用水平和垂直差分算子计算像素点在水平和垂直方向上的梯度值 $I_x$ 和 $I_y$，然后计算它们相乘得到的值 $I_xI_y$。

(2) 用窗口函数对图像进行高斯滤波处理，求得矩阵 $M$ 及其包含的各个元素值。

(3) 运用式 (4.63) 计算采样点的角点响应值，判断所得的角点响应值与设定的阈值之间的大小关系，如果超过了阈值则为强角点。

Shi-Tomasi 角点检测算法与 Harris 角点检测算法相比在很多情况下都能得到更好的结果。

**2. 亚像素级角点提取**

本节的迷彩色块角点检测需要达到亚像素级精度要求，这里介绍一下亚像素级角点检测方法[20]。目前来说，对图像的亚像素级角点提取主要有插值法和二次多项式逼近法两种方法[21]。

1) 插值法

在图像的亚像素级角点提取中，插值法是用二次多项式来计算图像角点的响应函数 CRF，二次多项式的表达式可以定义为

$$R(x, y) = ax^2 + by^2 + cxy + \mathrm{d}x + ey + f \tag{4.64}$$

图像的亚像素级角点出现在式 (4.64) 极大值的位置，一个函数的极值位于其一阶导数为 0 的位置，将式 (4.64) 分别在 $x$ 方向和 $y$ 方向求其偏导数，并令其为 0，可得表达式：

$$
\begin{cases}
\dfrac{\partial R(x, y)}{\partial x} = 2ax + cy + d = 0 \\[2mm]
\dfrac{\partial R(x, y)}{\partial y} = 2by + cx + e = 0
\end{cases}
\tag{4.65}
$$

式 (4.64) 中共有 6 个未知数，可以使用检测得到的角点周围的 9 个像素点建立一个超定方程，然后使用最小二乘法求解未知的数值。分析表明，亚像素级角点的位置是式 (4.64) 的极大值点，因此需求解式 (4.64) 进而得到亚像素级角点的坐标值，把式 (4.65) 求解出来的 6 个未知数代入式 (4.64) 中即可求解出亚像素级角点的位置。

2) 二次多项式逼近法

二次多项式逼近法提取亚像素级角点的过程相比插值法较为复杂。在分析角点提取的工作原理前，先进行一些关于角点的基本性质的分析，如图 4.23 所示。首先在角点 $q$ 邻域里任意取一点 $p$，如图 4.23(a) 所示。所选取的点 $p$ 位于图像的内部，图中的 $\nabla I(p)$ 代表 $p$ 点图像的梯度矢量，图像内的每一个点都满足 $\nabla I(p) = 0$。然而在图 4.23(b) 中，$p$ 点不在图像区域的内部，其位于图像的边缘，此时的点符合 $\nabla I(p)$ 与矢量 $\vec{pq}$ 相垂直。在上述的两种情况下均满足图像梯度矢量 $\nabla I(p)$ 与矢量 $\vec{pq}$ 的点积为零。两者之间的数学表达式为

$$\nabla I(p) \cdot (q - p) = 0 \tag{4.66}$$

把求解得到的初值角点 $q$ 邻域里能够满足式 (4.66) 的方程组成一个超定方程组，然后运用最小二乘法求得角点的具体位置。

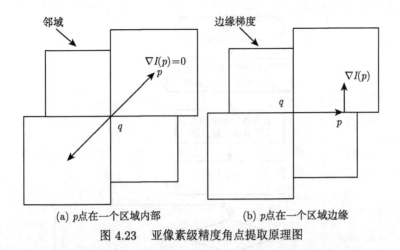

(a) $p$点在一个区域内部        (b) $p$点在一个区域边缘

图 4.23    亚像素级精度角点提取原理图

**3. 数码迷彩色块角点坐标提取**

    OpenCV 是由英特尔公司开发的一款开源的视觉库，可以运用在图像的处理、视频分析、3D 重建、机器人、深度学习等领域，具有代码稳定可靠、接口丰富、使用简单便捷等优点，这里我们在 Visual Studio 2015 的环境下使用 OpenCV 来对数码迷彩色块进行角点坐标的提取，其角点检测的效果如图 4.24 所示。

图 4.24    检测到角点的数码迷彩色块

    对数码迷彩色块进行角点检测得到的坐标点是含有小数位的数值，为了方便对迷彩色块进行路径规划，将坐标值保留为整形数值。另外，经角点检测得到的角点坐标为一系列无序的坐标点，在喷枪路径规划过程中需导入沿迷彩色块边缘某一方向的角点坐标从而生成迷彩色块边界。然后在迷彩色块区域内进行喷枪喷涂路径的规划，因此需要对角点坐标按照一定的顺序进行排序。排序选择角点检测得到的第一个坐标点为首坐标点，此后的坐标依次按照 $x$ 坐标相同且距离最近、$y$ 坐标相同且距离最近的原则交替进行排列。最后回到首坐标，排序算法具体流程如图 4.25 所示。如图 4.24 中的第二幅图片所示，角点检测后提取的亚像素角点坐标、转化为整形后的坐标及进行排序后的坐标如图 4.26 所示。

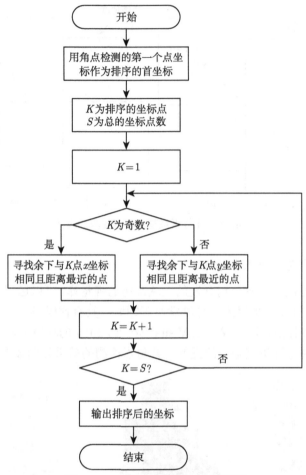

图 4.25　角点坐标排序算法流程图

(a) 角点检测坐标　　　(b) 整形坐标　　　(c) 排序后坐标

图 4.26　迷彩色块的坐标信息

#### 4. 数码迷彩色块的喷涂路径规划

根据数码迷彩色块的角点坐标可以绘制迷彩色块的轮廓，将数码迷彩色块的轮廓作为约束条件，取迷彩色块角点的像素坐标作为路径规划仿真的坐标值，选用固定的值作为栅格单元的大小，将数码迷彩色块的坐标信息代入前面的喷枪路径生成方法中，可得出数码迷彩色块喷涂的路径信息[22]。规划完成的喷涂路径如图 4.27 所示。

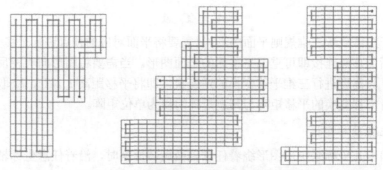

图 4.27　数码迷彩色块的喷涂路径规划

## 4.4　迷彩图案的三维矩阵映射

### 4.4.1　图形三维几何变换

二维迷彩图案的三维映射，实际是将二维平面在合适的坐标系下，根据实际需要，变换到三维空间中，只需要将二维平面进行空间几何变换（平移、旋转、缩放等）即可实现。常见的三维几何变换还有平移变换和缩放变换，每种三维几何变换都可以用矩阵的形式来统一与简化形式，也称为空间三维矩阵映射。

#### 1. 三维平移变换

在笛卡儿坐标系中，任意一点 $A(x, y, z)$ 做平移变换，只需要将各坐标轴的平移距离 $l_x, l_y, l_z$ 分别加到点 $A$ 的对应坐标上，即可将点 $A$ 平移到点 $A'(x', y', z')$。

$$x' = x + l_x, \quad y' = y + l_y, \quad z' = z + l_z \tag{4.67}$$

为了描述和运算方便，这里用矩阵的形式来表示三维平移变换。$A$ 和 $A'$ 分别用对应的列矩阵来表示其坐标，变换矩阵用 $\boldsymbol{T}$ 表示，则有

$$\boldsymbol{A} = \begin{bmatrix} x \\ y \\ z \\ 1 \end{bmatrix}, \quad \boldsymbol{A}' = \begin{bmatrix} x' \\ y' \\ z' \\ 1 \end{bmatrix}, \quad \boldsymbol{T} = \begin{bmatrix} 1 & 0 & 0 & l_x \\ 0 & 1 & 0 & l_y \\ 0 & 0 & 1 & l_z \\ 0 & 0 & 0 & 1 \end{bmatrix} \tag{4.68}$$

可得矩阵三维平移变换为

$$
\begin{bmatrix} x' \\ y' \\ z' \\ 1 \end{bmatrix} = \begin{bmatrix} 1 & 0 & 0 & l_x \\ 0 & 1 & 0 & l_y \\ 0 & 0 & 1 & l_z \\ 0 & 0 & 0 & 1 \end{bmatrix} \cdot \begin{bmatrix} x \\ y \\ z \\ 1 \end{bmatrix} \tag{4.69}
$$

或者

$$
\boldsymbol{A}' = \boldsymbol{T} \cdot \boldsymbol{A} \tag{4.70}
$$

对于二维或者三维规则平面图形,只需要将平面对应的顶点进行平移变换,并将平移后的顶点连接即可重现平移后的平面图形。当需要将图形向着相反的方向平移时,只需要进行三维平移变换的逆变换,即将平移距离 $l_x$, $l_y$, $l_z$ 取负值即可,这时平移变换的平移矩阵与其逆矩阵的积为单位矩阵。

### 2. 三维旋转变换

在笛卡儿坐标系中,图形绕着任意轴做旋转变换时,沿着任意坐标轴的正半轴向坐标原点观察,旋转方向逆时针为正,顺时针为负。当点 $A(x,y,z)$ 绕着 $z$ 轴旋转到达 $A'(x',y',z')$ 时,有

$$
\begin{cases} x' = x\cos\theta - y\sin\theta \\ y' = x\sin\theta + y\cos\theta \\ z' = z \end{cases} \tag{4.71}
$$

式中,角度 $\theta$ 表示点 $A$ 绕 $z$ 轴旋转的角度,所以 $z$ 轴坐标值在旋转变换中不做改变。用 $R_z(\theta)$ 表示旋转变换的变换矩阵,则有

$$
\begin{bmatrix} x' \\ y' \\ z' \\ 1 \end{bmatrix} = \begin{bmatrix} \cos\theta & -\sin\theta & 0 & 0 \\ \sin\theta & \cos\theta & 0 & 0 \\ 0 & 0 & 1 & 0 \\ 0 & 0 & 0 & 1 \end{bmatrix} \cdot \begin{bmatrix} x \\ y \\ z \\ 1 \end{bmatrix} \tag{4.72}
$$

或者

$$
\boldsymbol{A}' = \boldsymbol{R}_z(\theta) \cdot \boldsymbol{A} \tag{4.73}
$$

另外绕 $x$ 轴和绕 $y$ 轴的三维旋转变换公式易由式 (4.71) 推导得出,即只需要将 $x$、$y$ 和 $z$ 坐标轴进行循环替换求得,绕 $x$ 轴旋转变换公式为

$$
\begin{cases} y' = y\cos\theta - z\sin\theta \\ z' = y\sin\theta + z\cos\theta \\ x' = x \end{cases} \tag{4.74}
$$

绕 $y$ 轴旋转变换公式为

$$
\begin{cases}
y' = y\cos\theta - z\sin\theta \\
z' = y\sin\theta + z\cos\theta \\
x' = x
\end{cases}
\tag{4.75}
$$

当图形绕着某坐标轴进行旋转变换时，只需要将图形对应顶点的坐标进行旋转变换求得新的坐标，其次将旋转变换后的顶点连接即可重现旋转变换后的平面图形。当需要将图形向着相反的方向旋转时，只需要进行三维旋转变换的逆变换，即用 $-\theta$ 代替旋转角度 $\theta$ 就能得到旋转矩阵的逆矩阵，同样地，有旋转矩阵与其逆矩阵的乘积为单位矩阵。

一般情况下，当图形绕着与坐标轴相异的旋转轴进行旋转变换时，可以将平移变换和旋转变换相结合求得新的变换位置。我们可以先将该图形绕着的旋转轴经过平移和旋转变换到坐标轴上，其次图形对变换后的坐标轴进行需要的旋转变换，最后将旋转轴变换回原来的位置，即可得到绕空间任意轴旋转变换的图形。

**3. 三维缩放变换**

在笛卡儿坐标系中，当点 $A = (x, y, z)$ 相对于坐标原点进行三维缩放变换时，只需要引入对应坐标的缩放变量 $S = (s_x, s_y, s_z)$，缩放完的点的坐标为 $A' = (x', y', z')$，则有

$$
x' = x \cdot s_x, \quad y' = y \cdot s_y, \quad z' = z \cdot s_z
\tag{4.76}
$$

对应的缩放矩阵 $\boldsymbol{S}$ 为

$$
\boldsymbol{S} =
\begin{bmatrix}
s_x & 0 & 0 & 0 \\
0 & s_y & 0 & 0 \\
0 & 0 & s_z & 0 \\
0 & 0 & 0 & 1
\end{bmatrix}
\tag{4.77}
$$

则点 $A$ 对应的三维缩放变换矩阵为

$$
\begin{bmatrix}
x' \\
y' \\
z' \\
1
\end{bmatrix}
=
\begin{bmatrix}
s_x & 0 & 0 & 0 \\
0 & s_y & 0 & 0 \\
0 & 0 & s_z & 0 \\
0 & 0 & 0 & 1
\end{bmatrix}
\cdot
\begin{bmatrix}
x \\
y \\
z \\
1
\end{bmatrix}
\tag{4.78}
$$

或者

$$
A' = \boldsymbol{S} \cdot A
\tag{4.79}
$$

当缩放矩阵 $\boldsymbol{S}$ 中对应坐标的缩放变量的值大于 1 时，缩放变换的图形将远离坐标原点做变大的变换；当缩放矩阵 $\boldsymbol{S}$ 中对应坐标的缩放变量的值小于 1 时，缩放变换的图形将靠近坐标原点做缩小的变换；当缩放变量 $s_x = s_y = s_z$ 时，图形与原图具有相似关系，即三维相似变大缩小变换。

### 4.4.2　迷彩图案的三维映射

本节以军车模型的简易迷彩喷涂实验为例，介绍迷彩图案的三维映射，首先根据现有迷彩喷涂实验的条件，设计了黑蓝两色换色喷涂的二维平面迷彩图案，如图 4.28 所示，将此迷彩图案映射到军车模型上，其中喷涂实验的军车简易三维模型和其平面展开图如图 4.29 和图 4.30 所示。

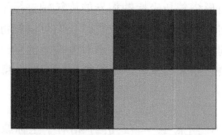

图 4.28　黑蓝两主色相间的迷彩图案

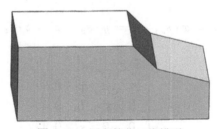

图 4.29　军车简化三维模型

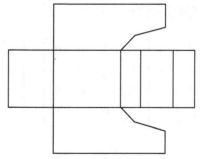

图 4.30　军车平面展开图

用图 4.28 的黑蓝两色相间的简化二维迷彩图案涂覆在军车二维展开图的局部和对应的三维模型上，实际效果如图 4.31 所示。

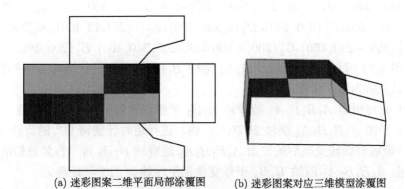

(a) 迷彩图案二维平面局部涂覆图　　(b) 迷彩图案对应三维模型涂覆图

图 4.31　迷彩图案涂覆效果图

    将图 4.31 中进行迷彩涂覆的局部二维平面映射到对应的三维模型上，则需要对上面的二维平面进行维度扩充，并且通过几何变换，将其映射到对应的三维空间即可。根据平面三维几何变换的特点，只需要对构成平面的顶点进行几何变换，并将变换后的顶点进行连接即可生成几何映射后的平面。二维迷彩平面的关键点以及该平面在笛卡儿坐标系中的位置如图 4.32 所示。

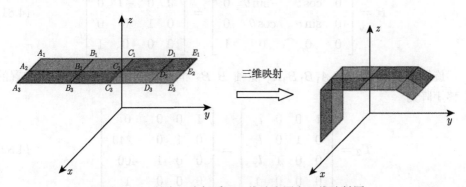

图 4.32　笛卡儿坐标系下二维迷彩图案三维映射图

    如图 4.32 所示，确定二维迷彩平面的顶点在图示坐标系中的坐标值，即依据平面尺寸及坐标系的相对位置确定二维坐标值，依次为 $A_1(-200,-560)$，$B_1(-200,-560)$，$C_1(-200,0)$，$D_1(-200,240)$，$E_1(-200,381.42)$；$A_2(0,-560)$，$B_2(0,-240)$，$C_2(0,0)$，$D_2(0,240)$，$E_2(0,381.42)$；$A_3(200,-560)$，$B_3(200,-240)$，$C_3(200,0)$，$D_3(200,240)$，$E_3(200,381.42)$。将以上顶点的二维坐标增加 $z$ 方向的维度换为三

维空间坐标 $z$ 轴，根据实际的旋转变换尺寸赋予其固定的 $z$ 方向坐值为 400，则对应二维迷彩平面顶点的三维坐标为 $A_1'(-200,-560,400)$，$B_1'(-200,-240,400)$，$C_1'(-200,0,400)$，$D_1'(-200,240,400)$，$E_1'(-200,381.42,400)$；$A_2'(0,-560,400)$，$B_2'(0,-240,400)$，$C_2'(0,0,400)$，$D_2'(0,240,400)$，$E_2'(0,381.42,400)$；$A_3'(200,-560,400)$，$B_3'(200,-240,400)$，$C_3'(200,0,400)$，$D_3'(200,240,400)$，$E_3'(200,381.42,400)$。

由图 4.32 可知，平面 $A_1B_1B_3A_3$ 绕轴 $B_1B_3$ 进行逆时针旋转 90° 的旋转变换，可以分解为以下步骤：

（1）先将平面 $A_1B_1B_3A_3$ 随着轴 $B_1B_3$ 平移变换到坐标轴 $x$ 的位置；

（2）平面 $A_1B_1B_3A_3$ 绕轴 $B_1B_3$（$x$ 轴）进行逆时针旋转 90° 的旋转变换；

（3）最后将旋转变换后的平面 $A_1B_1B_3A_3$ 随着轴 $B_1B_3$ 再平移到最初的位置。

平面 $A_1B_1B_3A_3$ 随轴 $B_1B_3$ 平移变换到坐标轴 $x$ 的平移矩阵为

$$
\boldsymbol{T}_1 = \begin{bmatrix} 1 & 0 & 0 & l_x \\ 0 & 1 & 0 & l_y \\ 0 & 0 & 1 & l_z \\ 0 & 0 & 0 & 1 \end{bmatrix} = \begin{bmatrix} 1 & 0 & 0 & 0 \\ 0 & 1 & 0 & 240 \\ 0 & 0 & 1 & -400 \\ 0 & 0 & 0 & 1 \end{bmatrix} \tag{4.80}
$$

平面 $A_1B_1B_3A_3$ 绕轴 $B_1B_3$（$x$ 轴）进行逆时针旋转 90° 的旋转矩阵为

$$
\boldsymbol{R} = \begin{bmatrix} 1 & 0 & 0 & 0 \\ 0 & \cos\theta & -\sin\theta & 0 \\ 0 & \sin\theta & \cos\theta & 0 \\ 0 & 0 & 0 & 1 \end{bmatrix} = \begin{bmatrix} 1 & 0 & 0 & 0 \\ 0 & 0 & -1 & 0 \\ 0 & 1 & 0 & 0 \\ 0 & 0 & 0 & 1 \end{bmatrix} \tag{4.81}
$$

旋转变换后的平面 $A_1B_1B_3A_3$ 随轴 $B_1B_3$ 平移变换到轴 $B_1B_3$ 初始位置的平移矩阵为

$$
\boldsymbol{T}_2 = \begin{bmatrix} 1 & 0 & 0 & l_x \\ 0 & 1 & 0 & l_y \\ 0 & 0 & 1 & l_z \\ 0 & 0 & 0 & 1 \end{bmatrix} = \begin{bmatrix} 1 & 0 & 0 & 0 \\ 0 & 1 & 0 & -240 \\ 0 & 0 & 1 & 400 \\ 0 & 0 & 0 & 1 \end{bmatrix} \tag{4.82}
$$

故平面 $A_1B_1B_3A_3$ 绕轴 $B_1B_3$ 进行逆时针旋转 90° 的旋转变换的复合变换矩阵可按照几何变换矩阵的顺序依次左乘：

$$
\boldsymbol{T} = \boldsymbol{T}_2 \cdot \boldsymbol{R} \cdot \boldsymbol{T}_1 = \begin{bmatrix} 1 & 0 & 0 & 0 \\ 0 & 1 & 0 & -240 \\ 0 & 0 & 1 & 400 \\ 0 & 0 & 0 & 1 \end{bmatrix} \cdot \begin{bmatrix} 1 & 0 & 0 & 0 \\ 0 & 0 & -1 & 0 \\ 0 & 1 & 0 & 0 \\ 0 & 0 & 0 & 1 \end{bmatrix} \cdot \begin{bmatrix} 1 & 0 & 0 & 0 \\ 0 & 1 & 0 & 240 \\ 0 & 0 & 1 & -400 \\ 0 & 0 & 0 & 1 \end{bmatrix}
$$

$$= \begin{bmatrix} 1 & 0 & 0 & 0 \\ 0 & 0 & -1 & 160 \\ 0 & 1 & 0 & 640 \\ 0 & 0 & 0 & 1 \end{bmatrix} \tag{4.83}$$

平面 $A_1B_1B_3A_3$ 进行旋转变换的边为 $A_1A_3$，该边中的三个顶点分别为 $A_1'$、$A_2'$、$A_3'$，将 $A_1'$、$A_2'$、$A_3'$ 三个顶点通过平面 $A_1B_1B_3A_3$ 复合变换矩阵的变换后可得对应的坐标为 $A_1''(-200, -240, 80)$，$A_2''(0, -240, 80)$，$A_3''(200, -240, 80)$。

同理可将平面 $D_1E_1E_3D_3$ 进行旋转变换的边为 $E_1E_3$，该边中的三个顶点分别为 $E_1'$、$E_2'$、$E_3'$，将 $E_1'$、$E_2'$、$E_3'$ 三个顶点通过平面 $D_1E_1E_3D_3$ 复合变换矩阵的变换后可得对应的坐标为 $E_1''(-200, 340, 300)$，$E_2''(0, 340, 300)$，$E_3''(200, 340, 300)$。

二维迷彩平面的三维映射可以总结为，先将二维迷彩平面 $A_1E_1E_3A_3$ 增加一个维度，即在如图 4.32 所示的坐标系中增加 $z$ 方向的维度，转换为三维空间坐标，将二维迷彩平面转换成三维迷彩平面 $A_1'E_1'E_3'A_3'$。依据三维迷彩平面的复合几何变换规律，将三维迷彩平面 $A_1'E_1'E_3'A_3'$ 通过复合变换矩阵映射到对应的三维空间中，得到三维映射后空间平面的迷彩图案如图 4.31（b）所示。

### 4.4.3 喷枪三维路径规划

针对 4.4.2 节中二维迷彩平面和三维映射后的三维空间的迷彩平面进行喷涂机器人喷枪路径规划。首先确定喷枪相对于喷涂平面的位置，依据简化后的二维迷彩喷涂平面和三维映射后的空间迷彩喷涂平面的特点，确定喷枪的初始位置为两色相间迷彩喷涂平面的交界处，然后选择喷涂平面，包括二维迷彩喷涂平面和经过三维映射的迷彩喷涂平面。则生成的喷枪路径曲线分别如图 4.33 和图 4.34 所示，

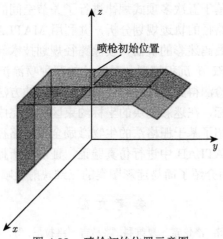

图 4.33　喷枪初始位置示意图

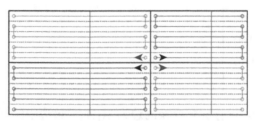

图 4.34 二维喷涂平面喷枪路径曲线

将生成的二维迷彩喷枪路径曲线映射到三维军车模型表面，得到如图 4.35 所示的三维迷彩平面的喷枪路径曲线 [23]。

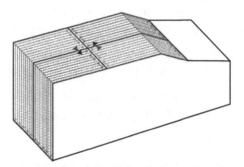

图 4.35 三维喷涂平面喷枪路径曲线

# 4.5 本 章 小 结

本章针对喷涂机器人的轨迹规划，分别介绍了机器人在关节空间和笛卡儿空间的轨迹规划方法，基于五次多项式规律进行了关节空间的轨迹规划分析，进行了笛卡儿空间下指定路径的轨迹规划分析，并利用 MATLAB 对规划结果进行了仿真验证。针对平面数码迷彩的机器人喷涂路径规划技术问题，首先建立了圆形喷枪沉积模型及椭圆双 $\beta$ 沉积模型，对喷枪的两种喷涂沉积模型进行了分析验证。提出了运用角点检测得到数码迷彩色块坐标信息的方法，通过角点检测得到迷彩色块的像素点坐标，在迷彩色块的坐标约束区域内完成设计的数码迷彩的喷涂路径规划。另外介绍了基于栅格法的生物激励全覆盖路径规划算法对喷涂路径进行规划，通过在 MATLAB 中进行仿真验证，证明了所提喷枪路径规划方法的有效性。在本章的最后介绍了简易迷彩图案的三维映射及喷枪三维路径规划方法。

**参 考 文 献**

[1] 布鲁诺·西西里安诺, 洛伦索·夏维科, 路易吉·维拉尼, 等. 机器人学建模、规划与控制. 张国良, 等译. 西安: 西安交通大学出版社, 2015.

[2] 喻钧, 王璨, 胡志毅. 固定目标伪装的数码迷彩设计. 计算机与数字工程, 2011, 39(4): 134-136, 154.

[3] 张桂艳, 张勇. 地面设备数码迷彩伪装技术研究. 数字技术与应用, 2014，(8): 108-109, 111.

[4] Hu X P, Zuo F Y . Research and simulation of robot trajectory planning in joint space.Advanced Precision Instrumentation and Measurement，2011, 103: 372-377.

[5] Xu Z J, Wei S, Wang N F, et al. Trajectory planning with bezier curve in cartesian space for industrial gluing robot. International Conference on Intelligent Robotics and Applications, 2014: 146-154.

[6] 潘洋, 冉全, 邹梦麒. 喷涂机器人的喷涂轨迹规划. 武汉工程大学学报, 2018, 40(3): 333-339.

[7] Hyotyniemi H. Minor moves-global results: Robot trajectory planning. Proceedings of the 2nd IEEE International Conference on Tools for Artificial Intelligence, 1990: 16-22.

[8] Antonio J K. Optimal trajectory planning for spray coating. Proceedings of 1994 IEEE International Conference on Robotics and Automation, 1994: 2570-2577.

[9] 张永贵, 黄玉美, 高峰, 等. 喷漆机器人空气喷枪的新模型. 机械工程学报, 2006, 42(11): 226-233.

[10] Chen H P, Xi N. Automated tool trajectory planning of industrial robots for painting composite surfaces. The International Journal of Advanced Manufacturing Technology, 2008, 35(7): 680-696.

[11] 赵德安, 陈伟, 汤养. 面向复杂曲面的喷涂机器人喷枪轨迹优化. 江苏大学学报 (自然科学版), 2007, 28(5): 425-429.

[12] 简毅, 张月. 移动机器人全局覆盖路径规划算法研究进展与展望. 计算机应用, 2014, 34(10): 2844-2849,2864.

[13] 刘晶, 姚维, 章玮. 移动机器人全覆盖路径规划算法研究. 工业控制计算机, 2019, 32(12): 52-54.

[14] Yang S X, Luo C. A neural network approach to complete coverage path planning. IEEE Transactions on Systems, Man, and Cybernetics, Part B(Cybernetics), 2004, 34(1): 718-724.

[15] Cang N M, Yu W J. A review of corner detection algorithms based on image contour. 2020 5th International Conference on Intelligent Informatics and Biomedical Sciences, 2020: 221-224.

[16] 朱思聪, 周德龙. 角点检测技术综述. 计算机系统应用, 2020, 29(1): 22-28.

[17] Yu W B, Wang G X, Liu C, et al. An algorithm for corner detection based on contour. 2020 Chinese Automation Congress, 2020: 114-118.

[18] Morevec H P. Towards automatic visual obstacle avoidance. Proceedings of the 5th International Joint Conference on Artificial Intelligence, 1977: 584.

[19] Shi J B, Tomasi C. Good features to track. IEEE Computer Society Conference on Computer Vision & Pattern Recognition, 1994: 593-600.

[20] 艾裕丰, 赵敏, 张琪, 等. 基于亚像素边缘的棋盘格的角点检测. 西安理工大学学报, 2019, 35(3): 333-337.

[21] Bai L F, Yang X Q, Gao H J. Corner point-based coarse–fine method for surface-mount component positioning. IEEE Transactions on Industrial Informatics, 2018, 14(3): 877-886.

[22] 袁京然. 面向定制迷彩的机器人喷涂轨迹规划研究. 合肥: 合肥工业大学, 2021.

[23] 郝仕权. 军车外形结构隐身特性分析与三维迷彩喷涂喷枪路径规划. 合肥: 合肥工业大学, 2021.

# 第 5 章
## 智能喷涂机器人主从及助力拖动示教技术

喷涂机器人的示教技术是研究喷涂机器人的核心问题，喷涂的轨迹示教决定了喷涂效果和喷涂效率，而传统离线编程示教和拖动示教方法在喷涂时存在示教直观性、安全性和生产效率等方面的不足。随着虚拟现实[1]、遥操作等技术[2,3]的发展，为喷涂机器人的无接触示教提供了可能，使操作人员能够远程操作喷涂机器人对工件进行喷涂，免受涂料对身体的伤害。而助力拖动示教的方法降低了传统拖动示教方法的难度，使得大型机器人也能够实现省力灵活的拖动示教编程。本章针对智能喷涂机器人的主从及助力拖动示教技术[4]，详细描述了喷涂机器人主从示教系统的搭建和控制策略研究，并介绍了基于力传感器的机器人拖动示教方法。

## 5.1  喷涂机器人主从示教系统设计

### 5.1.1  系统平台整体设计

喷涂机器人主从示教系统的实现需要考虑两个方面：硬件设计和人机交互软件开发[5]。本节将对喷涂机器人主从示教系统的设计和搭建进行详细的介绍，首先需要对系统整体功能和结构进行设计，分析系统需要的功能模块和所需的技术支持。为了实现喷涂机器人的主从示教，在硬件设计方面需要基于遥操作技术进行设计，并选择合适的主端设备和喷涂机器人，以及设计主端设备和喷涂机器人之间的信息交互方法。为了获得更好的临场感，在人机交互系统的开发需要利用虚拟现实技术建立虚拟喷涂场景，虚拟喷涂机器人不仅可以让操作人员多角度实时地观察喷涂机器人的工作状态，而且可以使操作人员免受喷涂环境中涂料的伤害。

喷涂机器人主从示教系统主要包括主端设备、喷涂机器人和人机交互系统[6]，喷涂机器人主从示教系统整体设计如图 5.1 所示。主端设备末端被操作人员拖动产生原始期望示教轨迹，喷涂机器人接收并执行来自人机交互系统处理后得到的喷涂机器人期望轨迹，对工件进行喷涂。人机交互系统的功能包括与主端设备和从端设备建立通信；采集并处理主端设备的轨迹信息，将处理后的轨迹信息发送至喷涂机器人控制系统；为操作人员提供友好的交互界面和丰富的系统参数。

主从示教时操作人员拖动主端设备的手持笔部分，主端设备产生的运动轨迹实时发送至人机交互系统，人机交互系统的数据处理模块将主端设备的轨迹信号经过运动学和优化后的轨迹发送至喷涂机器人，喷涂机器人控制系统把空间轨迹信息求运动学逆解得到喷涂机器人的各个关节角，由伺服驱动器驱动喷涂机器人的关节电机完成运动。在人机交互系统中建立的虚拟喷涂机器人模型为操作人员实时提供喷涂作业画面反馈，便于操作人员更加直观地了解示教状态。主端设备手持笔上的按钮控制喷涂机器人末端喷枪的开合状态。喷枪的开合是通过电磁阀控制的，电磁阀的开合定义为喷涂机器人的一个附加轴，在人机交互系统中附加轴的输入值等于主端设备手持笔按键的输出值，主从示教喷涂时按下手持笔上的按键，喷枪喷出涂料对家具工件进行喷涂。

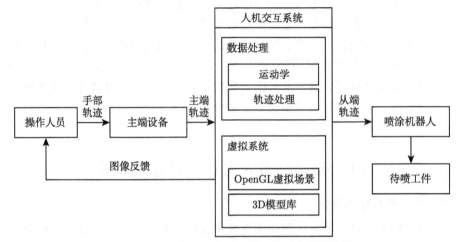

图 5.1 喷涂机器人主从示教系统平台整体设计

### 5.1.2 系统硬件设计

1. 主端设备选型

根据喷涂机器人主从示教系统的工作特点和对主端设备的性能要求，喷涂机器人主从示教系统的主端设备端需要同时满足以下几点要求：① 在工作空间内有足够的自由度，操作应该尽可能的轻巧灵活；② 提供丰富的开发工具包（API），方便开发人员的开发使用；③ 有合适的价格，便于以后的应用推广。

目前市场上有 3D SYSTEM，Haption，Novint 三家公司的产品满足上述要求。现在对三家公司主要的主端设备进行对比，如表 5.1 所示。Novint 公司的Falcon 设备可以提供三维空间的力反馈，但是 Falcon 主要适用于游戏领域，不提供相应的开发包，无法对其进行二次开发，因此不适合工业的开发应用。Haption公司的 Virtuose 3D 为用户提供了基于 Microsoft Windows 和 Linux 的开发工具包（API），同时设备可提供 6 个自由度，其中 3 个自由度提供主动力反馈。其公司的 Virtuose 6D 是 Virtuose 3D 的升级版本，除了 Virtuose 3D 的基本功能外，主要的升级在于空间的 6 自由度上全配备了力觉反馈。Geomagic 公司开发了 Touch，Touch X 和 Phantom Premium 设备，Touch 采用便携式设计，体型小巧，是业界最广泛使用的专业主端设备，全球顶级的大学和研究中心选择 Touch 展开研发工作。Touch X 在 Touch 的基础上对力反馈性能和定位精度进行了升级。Phantom Premium 拥有整个产品系列中最大的可达工作空间及最高反馈力度，可容纳绕手肘或肩膀的全方位运动。

表 5.1 主端设备技术参数对比

| 设备 | Falcon | Virtuose 6D desktop | Virtuose 3D desktop | Touch | Touch X | Phantom Premium |
|---|---|---|---|---|---|---|
| 公司 | Novint | Haption | Haption | Geomagic | Geomagic | Geomagic |
| 图片 | | | | | | |
| 运动自由度 | 3 | 6 | 6 | 6 | 6 | 6 |
| 反馈自由度 | 3 | 6 | 3 | 3 | 3 | 6 |
| 结构 | 并联 | 串联 | 串联 | 串联 | 串联 | 串联 |
| 备注 | 无 API | 提供 API | 提供 API | 提供 API | 提供 API | 提供 API |

综合上述的对比，由于 Geomagic Touch 是专业的力反馈设备，并且在业界有广泛的应用，加之 3D SYSTEM 公司提供 OpenHaptics 和 QuickHaptics micro API 工具包，能够使开发人员快速开发融入自己搭建的系统。同时 Touch 结构紧凑，占地面积小，方便携带，可以通过 USB 轻松和计算机通信，所以选择 Touch 作为喷涂机器人主从示教系统的主端设备。

2. 喷涂机器人选型

喷涂机器人是可以进行自动喷涂其他涂料的工业机器人，本章中的机器人采用埃夫特公司的型号为 ER10 的工业机器人。机器人本体由底座、大臂、小臂部分、手腕部件和本体管线包组成，拥有 6 个自由度。

ER10 机器人（图 5.2）控制系统支持远程控制，并给开发者提供了 API，可以远程监控机器人的状态信息，同时可以实现对机器人的远程控制。喷涂机器人 ER10 的控制系统采用的是 KeMotion 系统，KeMotion 系统的远程控制功能可以帮助开发人员实现主从示教功能。在 KeMotion 库中，包含很多用户调用函数接口，通过这些函数接口，可以监控机器人的状态信息，并能实现对机器人的控制（程序启动、暂停、继续、中断等操作；以关节点动、直线点动、关节插补、直线插补、圆弧插补方式设定机器人运动；进行伺服使能的开关；速度设置等）。KeMotion 中包含一个名为 KeMotionDLL.dll 的文件。该文件为动态链接库文件，是在 Microsoft Visual Studio 2008 环境下编译的，内含机器人的数据传送功能、机器人控制功能、I/O 信号读写功能、关节插补、直线插补、圆弧插补、多关节插补、多直线插补、机器人正逆解算法等。计算机与机器人控制系统采用以太网通信方式，在用户自己编制的应用程序中调用 KeMotion 的库函数，在运行应用程序时，通过执行库函数进行数据传递，从而实现对机器人的控制和监控。

图 5.2　ER10 机器人本体

**3. 喷漆系统**

喷涂方式分为空气喷涂、混气喷涂和无气喷涂，传统的喷枪结构有一体式和分体式（喷枪本体和基座），喷枪分类如图 5.3 所示。本章选用的 Kremlin Rexson-Sames A35 自动喷枪，结构如图 5.4 所示，该喷枪的喷涂方式是空气喷涂，喷枪结构是分体式结构，采用单空气通道（一路空气分配成雾化空气和扇幅调节空气），单空气通道如图 5.5 所示。此喷枪的空气帽使喷出的涂料扇幅的调节范围更广，适用于大流量喷涂，有极佳的雾化效果，并且涂料传递效率高，适合在喷涂机器人主从示教系统中使用。供漆系统如图 5.6 所示，包括涂料缸和涂料泵，作用是为喷枪供漆。

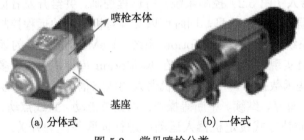

(a) 分体式　　　　　　　　　　　(b) 一体式

图 5.3　常见喷枪分类

带刻度精密流量调节
空气帽 0/90°
定位调节
多尺寸的喷嘴
扇幅调节旋钮
涂料循环接口
基座

图 5.4 喷枪结构示意图

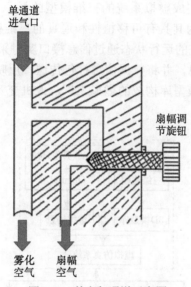

单通道
进气口

扇幅调节旋钮

雾化空气    扇幅空气

图 5.5 单空气通道示意图

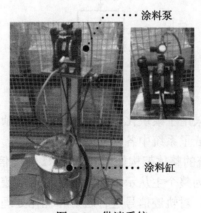

涂料泵

涂料缸

图 5.6 供漆系统

### 5.1.3　人机交互系统设计

#### 1. 系统方案

喷涂机器人主从示教系统的人机交互软件是操作人员和主端设备、喷涂机器人之间进行数据交互的纽带，也是主端设备与喷涂机器人数据交互的桥梁。喷涂机器人主从示教系统需要一个界面简洁、能够提供丰富的参数且操作方便的人机交互系统。人机交互系统的 UI 界面是通过 MFC 搭建的。

本章所设计的系统在 Windows 操作系统上，使用 VC++ 进行开发，通过 OpenGL 提供的 API 完成虚拟系统的三维模型的显示。OpenGL 是一个图形应用程序设计接口，因为其具有可移植性和逼真的三维视觉效果而被广泛使用。喷涂机器人主从示教系统的运行状态通过信息接口实时采集，人机交互软件可以实时接收和处理状态信息，并将数据信息打包传送，反映到基于 VC++ 开发平台的由虚拟场景和 3D 模型库构成的虚拟工厂，人机交互系统方案设计如图 5.7 所示。

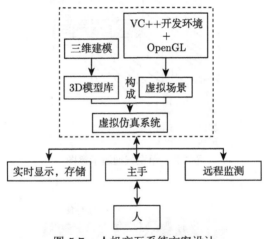

图 5.7　人机交互系统方案设计

#### 2. 整体构架

整个人机交互系统采用了模块化设计的思想，将复杂的系统划分成各个相对独立的子功能模块，降低了系统中各个功能模块的耦合，有利于系统的维护和功能的扩展，人机交互系统的整体架构如图 5.8 所示。作为信号的输入端，操作人员手持主端设备的手持笔为整个主从示教喷涂提供输入轨迹信号。信号通过通信接口发送至运动控制模块，对轨迹信号进行映射和优化处理后发送至虚拟环境。虚拟环境由虚拟喷涂机器人和基于 VC++ 和 OpenGL 构建的虚拟场景构成。在虚拟模块和运动控制模块的基础上加以扩展，可以实现更多应用和教学方面的功能。在应用模块中可以添加可靠性分析、故障诊断和远程监控功能。在教学模块中可以添加结构介绍、安全演示、操作说明和经典案例介绍功能。本章主要开发主从示教功能，其他功能可以在现有功能的基础上额外迭代开发。

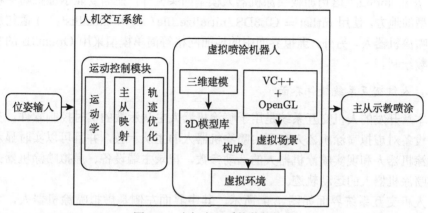

图 5.8　人机交互系统整体构架

### 3. 虚拟喷涂机器人的建立

OpenGL 是虚拟喷涂机器人模型和虚拟环境构建的基础，有两种构建虚拟喷涂机器人和虚拟环境的方法。第一种方法是利用 OpenGL 提供的开发函数库，通过编程的方式，用代码绘制喷涂机器人；第二种方法是通过专业的绘图软件建立喷涂机器人的三维模型后转换格式，再导入已经搭建好的人机交互系统中。由于喷涂机器人的结构比较复杂，所以利用 OpenGL 提供的库函数直接用代码构建虚拟喷涂机器人会比较烦琐，且工作量很大。因此本章首先在 SolidWorks 中提前绘制喷涂机器人的三维模型，然后进行格式转换，将喷涂机器人模型导入虚拟环境。

将三维模型进行格式转换也有多种方法。第一种方法是将喷涂机器人三维模型转化为 3DS 模型，使用 Deep Exploration 软件生成 3DS 代码，再由 OpenGL 读取 3DS 模型。对于第二种方法，首先将绘制好的喷涂机器人的三维模型另存为.wrl 格式，再使用软件将.wrl 文件转化为喷涂机器人零件三角面片模型，最后将喷涂机器人分解零件模型利用编程进行装配。

由于上述方法较为麻烦，这里采用一种简易的方法。首先将喷涂机器人三维模型转化为.gl 和.h 文件，.h 文件中包含了喷涂机器人分解零件的基本信息，编程时只需要通过在程序代码头文件中包含.h 文件就可以在虚拟环境中绘制出虚拟喷涂机器人，具体过程如下所述。

首先把喷涂机器人的 SolidWorks 三维模型另存为 SAT 文件,然后在 3D MAX 软件中把 SAT 文件转换成 3DS 文件,再把喷涂机器人的 3DS 文件拖到 View 3DS 软件的页面中便可自动生成 OpenGL 支持的包含喷涂机器人信息的文件。调用时把.gl 文件和.h 文件放入人机交互系统开发的文件夹中,并在源代码中使用 # include.h" 语句加载喷涂机器人模型的头文件,在需要显示虚拟喷涂机器人模型的地方,使用 intlist = GL3DS_initialize_file( ) 和 glcalllist( ) 语句加载虚拟喷涂机器人。另外,虚拟界面中的地面网格等简单模型采用 OpenGL 的实用库函数绘制。

**4. 人机交互系统软件界面**

本章开发的人机交互系统是用于喷涂机器人主从示教的实时控制软件,支持主端设备对虚拟喷涂机器人和现实喷涂机器人的主从示教,并且可以实时显示虚拟喷涂机器人和现实喷涂机器人的运动参数,记录主端设备、虚拟喷涂机器人和现实喷涂机器人的运动轨迹。

人机交互系统界面如图 5.9 所示,其中界面左侧是虚拟喷涂机器人,可以实时跟随主端设备运动,界面右上方是运动参数显示界面,可以显示主端设备、虚拟喷涂机器人和现实喷涂机器人的运动参数,界面右下方是软件的控制按钮,可以控制软件运行、参数清零、软件关闭。界面右侧中央是现实喷涂机器人控制按钮,主要可以实现主从连接、喷涂机器人上伺服和空间/关节控制状态切换的功能。

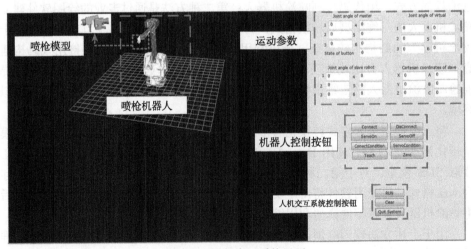

图 5.9 人机交互系统界面

## 5.2 喷涂机器人主从示教控制系统策略研究

### 5.2.1 喷涂机器人主从控制策略

主从系统的映射方法按照不同的分类标准[7]，可以分为绝对映射和增量映射；关节空间映射和笛卡儿空间映射；或者定比例映射和变比例映射[8]。

主从映射的根本前提是主端设备和从端设备的一致性，即从端设备的运动方向和姿态与主端设备的运动方向和姿态保持趋势一致。对于主从同构系统，由于主从设备的结构成比例，因此同构系统的主从映射可以直接在关节空间中进行。假设主端设备和从端设备的关节角分别为 $q_{mi}$ 和 $q_{si}$，则主从同构系统在关节空间内的主从映射可以表示为

$$q_{mi} = {}_s^m k \cdot q_{si}, \quad i = 1, 2, \cdots \tag{5.1}$$

式中，${}_s^m k$ 代表主从设备之间的映射比例。

在喷涂机器人主从示教系统中，主端设备有 6 个运动自由度和 1 个末端工具自由度，喷涂机器人同样也具有 6 个运动自由度和 1 个末端工具自由度。虽然主端设备和喷涂机器人有同样的自由度数目，但是主端设备和喷涂机器人的连杆参数不成比例，因此属于主从异构结构。主从异构结构使得在关节空间的映射无法满足喷涂机器人主从示教系统的应用，所以这里拟采用适用于主从异构结构的基于笛卡儿空间的主从映射。

基于笛卡儿空间的控制策略如图 5.10 所示。在笛卡儿空间中位置的变化是线性的，但是由于主端设备和喷涂机器人的工作空间不同，因此可以对主从位置信息的映射采用增量比例映射。在姿态信息方面，可以使涂装机器人的姿态与主端设备保持一致。主端设备采集操作人员的手部的示教运动后，主端设备的关节角

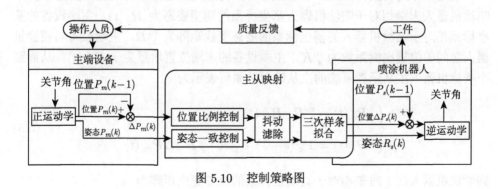

图 5.10 控制策略图

信息通过正运动学计算转化为主端设备的位姿信息，主端设备通过位置增量比例映射、主端设备姿态信息一致后，得到喷涂机器人位姿信息[9]。由于操作人员的手部存在生理性的抖动，并且数据存在非连续现象，所以该位姿信息要经过抖动滤除和样条拟合的处理，得到喷涂机器人的轨迹。喷涂机器人的位姿信息要通过喷涂机器人的逆运动学解出喷涂机器人的各个关节角度，进而喷涂机器人对工件进行喷涂作业。

### 5.2.2　基于笛卡儿空间的主从映射算法

基于笛卡儿空间的增量式比例映射算法是实现主从示教喷涂的核心算法之一，增量式比例映射算法的重点是映射比例系数的确定。要确定主端设备和喷涂机器人之间的映射比例系数，首先要分析对比主端设备和喷涂机器人的工作空间[10,11]。

#### 1. 位置比例映射、姿态一致映射算法

根据喷涂机器人主从示教系统的控制策略，提出了一种基于笛卡儿空间的位姿分离式主从映射算法[12]。位置映射采用增量式比例映射，即在笛卡儿空间下将主端设备的末端位置的变化量以定比例映射到喷涂机器人喷枪的末端，以此来将主端设备的位置变化反映到喷涂机器人的实际运动中。为了保证喷涂示教动作的灵活性，喷涂机器人的姿态跟主端设备保持一致。

假定在 $t$ 时刻，主端设备的末端相对于其基坐标系的位姿变换矩阵为 $\boldsymbol{T}_m$，其中主端设备末端的姿态矩阵为 $\boldsymbol{R}_m(t)$，位置向量为 $\boldsymbol{P}_m(t)$。则在 $t$ 时刻的主端设备的位姿变换矩阵为

$$\boldsymbol{T}_m(t) = \begin{bmatrix} \boldsymbol{R}_m(t) & \boldsymbol{P}_m(t) \\ 0 & 1 \end{bmatrix} \tag{5.2}$$

假定 $t$ 时刻喷涂机器人的末端相对喷涂机器人基坐标系的期望位置是 $\boldsymbol{P}_s(t)$，喷涂机器人末端相对于喷涂机器人基坐标系的期望姿态为 $\boldsymbol{R}_s(t)$。主端设备的基坐标系相对于喷涂机器人的基坐标系的姿态变换矩阵为 ${}_s^m\boldsymbol{R}$，主端设备与喷涂机器人之间的位置比例系数为 ${}_s^m K$，主端设备的末端位置增量为 $\Delta\boldsymbol{P}_m(t)$，从而整个喷涂机器人主从示教系统的主从映射关系可表示为

$$\begin{cases} \boldsymbol{R}_s(t) = {}_s^m\boldsymbol{R} \cdot \boldsymbol{R}_m(t) \\ \boldsymbol{P}_s(t) = \boldsymbol{P}_s(t-1) + {}_s^m K \cdot {}_s^m\boldsymbol{R} \cdot \Delta\boldsymbol{P}_m(t) \end{cases} \tag{5.3}$$

则喷涂机器人在 $t$ 时刻相对于其基坐标系的位姿变换矩阵为

$$T_s(t) = \begin{bmatrix} R_s(t) & P_s(t) \\ 0 & 1 \end{bmatrix} = \begin{bmatrix} {}_s^m R \cdot R_m(t) & P_s(t-1) + {}_s^m K \cdot {}_s^m R \cdot \Delta P_m(t) \\ 0 & 1 \end{bmatrix}$$

$$(5.4)$$

喷涂机器人的基坐标系为 $O_{s0}$，则式 (5.4) 中的位置和姿态可以表示为

$$\begin{cases} R_s(t) = {}_6^0 R_s(t) = {}_s^m R \cdot {}_6^0 R_m(t) \\ P_s(t) = {}_6^0 P_s(t) = {}_6^0 P_s(t-1) + {}_s^m K \cdot {}_s^m R \cdot \Delta_6^0 P_m(t) \end{cases}$$

$$(5.5)$$

将式 (5.5) 代入式 (5.4) 可以得到

$$T_s(t) = \begin{bmatrix} {}_6^0 R_s(t) & {}_6^0 P_s(t) \\ 0 & 1 \end{bmatrix}$$

$$= \begin{bmatrix} {}_s^m R \cdot {}_6^0 R_m(t) & {}_6^0 P_s(t-1) + {}_s^m K \cdot {}_s^m R \cdot \Delta_6^0 P_m(t) \\ 0 & 1 \end{bmatrix}$$

$$(5.6)$$

### 2. 喷涂机器人主从映射时奇点规避

喷涂机器人的边界奇点不是真正的奇点，因为边界奇点在喷涂机器人不被驱动到其可达空间边界的条件下是可以避免的。因此，为了规避喷涂机器人的边界奇点，只需保证喷涂机器人的期望轨迹在喷涂机器人的可达工作空间内即可。喷涂机器人期望轨迹的空间可达范围取决于主从映射算法中的映射比例系数的大小。合适的比例系数使在进行主从示教时，主端设备运动到工作空间边界时喷涂机器人的末端未到达工作空间边界。

喷涂机器人内部奇点的产生是因为机器人自身结构的设计缺陷，通过上述分析可知喷涂机器人的内部奇点包括腕关节奇点和臂关节奇点。由图 5.10 的控制策略图可知，喷涂机器人的运动是由喷涂机器人期望位姿通过逆运动学解析解和"最短行程"原则求出唯一的喷涂机器人关节角之后，通过驱动关节电机来控制的，可以规避内部奇点对主从示教的影响。

### 3. 主从映射比例确定

为了规避喷涂机器人的边界奇点，只需保证喷涂机器人的期望轨迹在喷涂机器人的可达工作空间内。喷涂机器人的期望轨迹的空间范围取决于主从映射算法中的映射比例系数，合适的比例系数使主端设备在工作空间的边界时喷涂机器人的末端仍在工作空间内部。对比分析主端设备和喷涂机器人的工作空间的范围，为了尽可能地发挥喷涂机器人的灵活空间和规避边界奇点，取主从映射系数 ${}_m^s K = 12$。

将 ${}_{m}^{s}K = 12$ 代入式 (5.4)，可得

$$T_s(t) = \begin{bmatrix} \boldsymbol{R}_s(t) & \boldsymbol{P}_s(t) \\ 0 & 1 \end{bmatrix} = \begin{bmatrix} {}_{s}^{m}\boldsymbol{R} \cdot \boldsymbol{R}_m(t) & \boldsymbol{P}_s(t-1) + 12 \cdot {}_{s}^{m}\boldsymbol{R} \cdot \Delta\boldsymbol{P}_m(t) \\ 0 & 1 \end{bmatrix}$$

(5.7)

### 5.2.3　改进的自适应带限多线性傅里叶拟合器滤波

在喷涂机器人主从示教系统中，操作人员是通过主端设备来控制喷涂机器人开展主从示教的，其中主端设备的主要作用是采集示教过程中操作人员的手部运动轨迹。然而在操作人员拖动主端设备的过程中，操作人员的手部会伴随着不由自主的无意识的生理性抖动。这些抖动导被主端设备采集后，经过映射最终会在喷涂机器人的末端喷枪反映出来，这种生理性的抖动将影响喷涂机器人主从示教系统的喷涂效果和示教的精度。为了避免由操作人员手部生理抖动所引发的上述问题，需要对映射后的轨迹指令进行平滑处理 [13]。

尽管传统的滤波方法可以有效滤波，但是同时也会引入时间延迟。时间延迟在实时示教系统中对系统的影响是非常大的。传统滤波器因具有不可避免的相位延迟和幅值衰减等缺陷，并不适用于实时主从系统。因此，这里提出一种改进的带限多重傅里叶线性拟合（BMFLC）算法来过滤手部生理性抖动。

首先对人手的生理性抖动进行了解，人手的生理抖动是一种固有的、无意识的抖动信号，其频率主要分布在 8~12Hz 频带内，幅值约为 52μm，运动规律可近似为正弦曲线。因此需要对系统的输入信号进行处理来过滤操作人员手部的生理性抖动。对输入信号处理的原则是既要保留拖动轨迹的信息，又要过滤掉手部的生理性抖动。正常的生理性手部抖动信号可以近似地看作一条频率为 8~12Hz 的正弦曲线，而手部主动性运动的频率最大不超过 2Hz，所以关键是将信号中的高频信号平滑化。

抖动信号可以近似为正弦函数，通过选择一组频率适当、加权求和的正弦函数和余弦函数，可以得到抖动信号的近似。然后从主端设备采集的信号中减去抖动部分，便得到相对纯净的主动输入。在每个频段内，根据振幅的大小对频段进行分割，作为式 (5.9) 中的拟合基向量正弦和余弦的 $\Delta f_i$。

$$\frac{A_1}{N_1} = \frac{A_2}{N_2} = \frac{A_3}{N_3} = \frac{A_4}{N_5}$$

(5.8)

$$\Delta f_i = \frac{(\omega_i - \omega_{i-1})}{N}, \quad i = 1, 2, 3, 4$$

(5.9)

式中，$A$ 表示各频带的最大振幅；$N$ 表示各频带的分块数；$\omega_i$ 表示每个频率带的边界；$\Delta f_i$ 表示频带内的频率间隔。与传统的 BMFLC 算法不同，本章不再使用

等距的频率间隔，与 $[6, 8]$Hz 和 $[12, 14]$Hz 频段的幅值相比 $[8, 12]$Hz 频段的幅值较高。根据频段内幅值的大小，线性地划分频带，对于幅值越高的频段，将频带分割得越稠密。频带分割如图 5.11 所示。

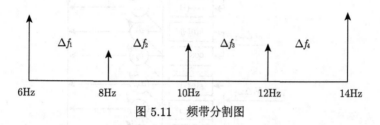

图 5.11　频带分割图

拟合公式为

$$y_k = \sum_{i=0}^{N} (a_i \sin(2\pi\Delta f_i k) + b_i \cos(2\pi\Delta f_i k)) \qquad (5.10)$$

$$\begin{cases} \boldsymbol{X}_k = \begin{bmatrix} \sin(2\pi f_1 k) & \cdots & \sin(2\pi f_N k) \\ \cos(2\pi f_1)k & \cdots & \cos(2\pi f_N)k \end{bmatrix} \\ \varepsilon_k = s_k - \boldsymbol{W}_k^{\mathrm{T}} \boldsymbol{X}_k \\ \boldsymbol{W}_{k+1} = \boldsymbol{W}_k + 2\mu\varepsilon_k \boldsymbol{X}_k \end{cases} \qquad (5.11)$$

式中，$y_k$ 表示 $k$ 时刻通过 BMFLC 算法预估的抖动信号；$a_i$，$b_i$ 表示在 $k$ 时刻的拟合权重，改进后的 BMFLC 采用最小均方迭代算法获取式 (5.11) 中的自适应拟合权重 $a_i$，$b_i$。

基于最小均方的改进的 BMFLC 结构如图 5.12 所示，式 (5.12) 中改进的 BMFLC 算法中的权重向量为 $\boldsymbol{W}_k = [a_{1k} \cdots a_{ik} \ b_{1k} \cdots b_{ik}]^{\mathrm{T}}$，$\boldsymbol{X}_k$ 是参考输入向量，$s_k$ 是经过主从映射的带有抖动的主端设备运动轨迹信号，$\varepsilon_k$ 是自适应估计的误差信号，$\mu$ 代表初始增益系数，手部抖动信号为

$$y_k = \boldsymbol{W}_k^{\mathrm{T}} \boldsymbol{X}_k = \sum_{i=0}^{N} (a_i \sin(2\pi\Delta f_i k) + b_i \cos(2\pi\Delta f_i k)) \qquad (5.12)$$

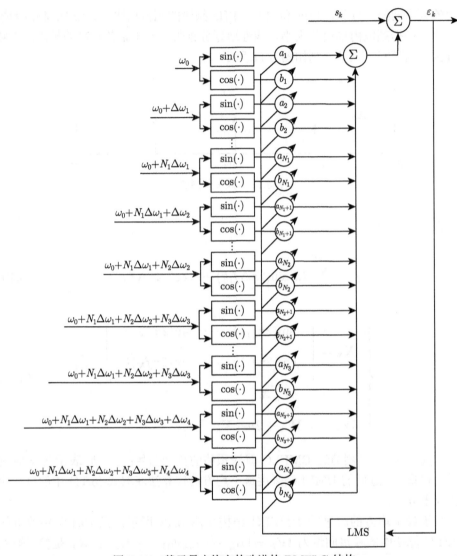

图 5.12　基于最小均方的改进的 BMFLC 结构

$\omega_0$ 表示手部抖动范围内频带的初始信号

### 5.2.4　基于主从示教的轨迹规划

曲线轨迹在喷涂机器人主从示教中非常常见，但是主端设备采集到的轨迹信号通常是时间下的一系列散点，考虑到主端设备采集来的散点连起来是一段 $C_0$ 连续的折线，如果经过主从映射和滤波后就直接发送给喷涂机器人，由于轨迹中存在速度和加速度的突变，势必会对喷涂机器人的关节产生冲击，影响喷涂机器人的使用寿命, 所以需要对采集到的散点进行拟合, 来保证喷涂机器人的轨迹是 $C_2$ 连续的。

1. 直线轨迹规划

直线插补和圆弧插补作为工业领域应用最广泛的两种轨迹生成方式, 且两种插补方式结合起来可以组合成大部分工业应用的轨迹。

假设空间中一点 $P$ 的坐标为 $[x_1, y_1, z_1]$, 即 $P = x_1 i + y_1 j + z_1 k$, 另一点 $Q$ 的坐标为 $[x_2, y_2, z_2]$, 即 $Q = x_2 i + y_2 j + z_2 k$, 假设机器人的轨迹是一条直线如图 5.13 所示, 从 $P$ 点到 $Q$ 点。在对直线进行轨迹规划时, 实质上是规划在直线的起点加速和在终点减速, 并在坐标轴上投影出速度分量。在此直线运动中 $PQ = Q - P$, 此运动在 $X$, $Y$, $Z$ 轴上运动分量分别为 $PQ_X = (x_2 - x_1) i$, $PQ_Y = (y_2 - y_1) j$, $PQ_Z = (z_2 - z_1) k$。在操作规划的时候确定了 $a_{\max}$, $v_{\max}$, 从而对其积分是得到位移公式 $S(t)$, 最后对 $X, Y, Z$ 坐标轴分别投影得到

$$\begin{cases} X(t) = \dfrac{X}{PQ} \cdot S(t) \\[2mm] Y(t) = \dfrac{Y}{PQ} \cdot S(t) \\[2mm] Z(t) = \dfrac{Z}{PQ} \cdot S(t) \end{cases} \tag{5.13}$$

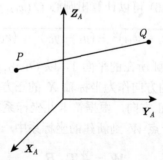

图 5.13　空间的直线 $[x_1, y_1, z_1]$

根据式 (5.13), 机器人在 $P$、$Q$ 两点中的运动是一条直线。

2. 圆弧轨迹规划

在对圆弧轨迹进行插补时, 假定空间中不共线的三个点 $A(x_a, y_a, z_a)$, $B(x_b, y_b, z_b)$, $C(x_c, y_c, z_c)$, 机器人依次经过这三个点构成的圆弧。首先, 计算

在此圆弧的圆心坐标 $O$ 以及半径 $r$。平面 1 为由点 $A$，$B$，$C$ 确定的平面，为

$$
\begin{aligned}
&\left(\left(y_a - y_c\right)\left(z_b - z_c\right) - \left(y_b - y_c\right)\left(z_a - z_c\right)\right)\left(x - x_c\right) \\
&+ \left(\left(x_b - x_c\right)\left(z_a - z_c\right) - \left(x_a - x_c\right)\left(z_b - z_c\right)\right)\left(y - y_c\right) \\
&+ \left(\left(x_a - x_c\right)\left(y_b - y_c\right) - \left(x_b - x_c\right)\left(y_a - y_c\right)\right)\left(z - z_c\right) = 0
\end{aligned} \tag{5.14}
$$

平面 2 与 $\overrightarrow{AB}$ 垂直，且经过 $\overrightarrow{AB}$ 中点，平面 2 的方程为

$$
\begin{aligned}
&\left(x - \frac{1}{2}\left(x_a + x_b\right)\right)\left(x_b - x_a\right) \\
&+ \left(y - \frac{1}{2}\left(y_a + y_b\right)\right)\left(y_b - y_a\right) \\
&+ \left(z - \frac{1}{2}\left(z_a + z_b\right)\right)\left(z_b - z_a\right) = 0
\end{aligned} \tag{5.15}
$$

平面 3 与 $\overrightarrow{BC}$ 垂直，且经过 $\overrightarrow{BC}$ 中点，同理平面 3 的方程为

$$
\begin{aligned}
&\left(x - \frac{1}{2}\left(x_c + x_b\right)\right)\left(x_c - x_a\right) \\
&+ \left(y - \frac{1}{2}\left(y_c + y_b\right)\right)\left(y_c - y_a\right) \\
&+ \left(z - \frac{1}{2}\left(z_c + z_b\right)\right)\left(z_c - z_a\right) = 0
\end{aligned} \tag{5.16}
$$

根据式 (5.14)~ 式 (5.16) 可以计算出圆心 $O\left(x_O, y_O, z_O\right)$，半径为

$$
r = \sqrt{\left(x_1 - x_O\right)^2 + \left(y_1 - y_O\right)^2 + \left(z_1 - z_O\right)^2} \tag{5.17}
$$

在 $A$、$B$、$C$ 确定的圆弧所在的平面 1，以 $O\left(x_O, y_O, z_O\right)$ 为坐标原点建立笛卡儿坐标系 $\{R\}$。以 $\overrightarrow{OA}$ 的方向作为坐标轴 $X$ 的正方向，以 $\overrightarrow{AB}$ 与 $\overrightarrow{BC}$ 叉乘所指的方向作为坐标轴 $Y$ 的正方向，根据笛卡儿坐标系右手定则确定坐标轴 $Z$ 的正方向。从世界坐标系中一点 $W$ 到新建的坐标系中一点 $R$ 的变换矩阵 ${}_R^W\boldsymbol{T}$ 为

$$
\boldsymbol{W} = {}_R^W\boldsymbol{T} \cdot \boldsymbol{R} \tag{5.18}
$$

则 $A$、$B$、$C$、$O$ 在新建坐标系 $\{R\}$ 中的坐标为

$$
\begin{cases}
{}^W\boldsymbol{A}_1 = {}_R^W\boldsymbol{T}^{-1} \cdot {}^R\boldsymbol{A} \\
{}^W\boldsymbol{B} = {}_R^W\boldsymbol{T}^{-1} \cdot {}^R\boldsymbol{B} \\
{}^W\boldsymbol{C} = {}_R^W\boldsymbol{T}^{-1} \cdot {}^R\boldsymbol{C} \\
{}^W\boldsymbol{O} = {}_R^W\boldsymbol{T}^{-1} \cdot {}^R\boldsymbol{O}
\end{cases} \tag{5.19}
$$

在坐标系 $\{R\}$ 中执行插补运算。假设 $A$ 和 $B$ 之间的角度为 $\theta$，$B$ 和 $C$ 之间的总角度为 $\theta_2$。$\theta$ 的取值使用梯形速度控制，可以求得在新坐标系 $\{R\}$ 中的坐标为

$$
\begin{cases}
u = r \cos \theta\,(t) \\
v = r \sin \theta\,(t) \\
w = 0
\end{cases}
\tag{5.20}
$$

进行坐标系转换，根据式 (5.18) 把在新坐标系 $\{R\}$ 的坐标转换到世界坐标系中，即可得到在世界坐标系下的插补点坐标。

### 3. 三次 B 样条曲线拟合

经过主从映射和抖动滤波可以得到一段只有 $C_0$ 连续的折线段，因为折线段轨迹会对机器人关节产生速度冲击，因此不可以直接将折线段作为喷涂机器人的轨迹，需要对得到的折线段进行拟合使其满足 $C_2$ 连续（加速度连续）。由于 B 样条曲线有以下优点：

（1）逼近特征多边形的精度更高；

（2）多边形的边数与基函数的次数无关；

（3）具有局部修改性。

所以选择三次非均匀 B 样条曲线对喷涂机器人输入轨迹拟合。B 样条曲线是 B 样条基曲线（给定区间上的所有样条函数组成一个线性空间，这个线性空间的基函数就称为 B 样条基函数）的线性组合。B 样条曲线在外形设计中得到了更广泛的重视和应用。

假设空间内的三次 B 样条曲线的控制顶点为 $p_0, p_1, \cdots, p_n$，且节点矢量为 $U = \{u_0, u_1, \cdots, u_m\}$，可以利用控制点和节点矢量，得到 $p$ 次 B 样条曲线，如下所示：

$$
C\,(u) = \sum_{i=0}^{n} p_i N_{i,p}\,(u), \quad 0 \leqslant u \leqslant 1
\tag{5.21}
$$

式中，$p$ 是 B 样条曲线的阶数；$n$ 是控制顶点的数目；$m = n + p + 1$ 是节点矢量数。$p$ 阶 B 样条曲线的基函数为 $N_{i,p}\,(u)$：

$$
\begin{cases}
N_{i,0}\,(u) = \begin{cases} 1, & u_i \leqslant u \leqslant u_{i+1} \\ 0, & \text{其他} \end{cases} \\[2mm]
N_{i,p}\,(u) = \dfrac{u - u_i}{u_{i+1} - u_i} N_{i,p-1}\,(u) + \dfrac{u_{i+p+1} - u}{u_{i+p+1} - u_{i+1}} N_{i+1,p+1}\,(u)
\end{cases}
\tag{5.22}
$$

式中，$u_i$ 是节点，特别规定：

$$\frac{0}{0} = 0 \tag{5.23}$$

德布尔三角 [14] 递推描述如图 5.14 所示，第一列表示全部的节点区间，第二列为 $p = 0$ 时的基函数，以此类推可以推导出 $p = 3$ 的基函数。

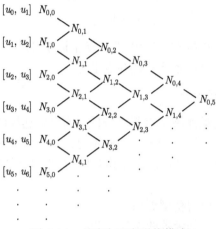

图 5.14　德布尔三角递推描述

将 $p = 3$ 代入式 (5.21)，可以得到三次 B 样条曲线：

$$C_l(u) = \sum_{i=0}^{3} p_{i+l} \cdot N_{i+l,3}(u), \quad 0 \leqslant u \leqslant 1 \tag{5.24}$$

式中，$p_{i+l}$ 是控制点，$l = 0, 1, \cdots, n - 3$。因为主端设备采集到的点不是均匀分布的，所以需要对采集点进行准均匀化处理。假设有一段曲线包含 $n$ 个采集点 $D_0$，$D_1$，$\cdots$，$D_{n-1}$，其中起始点为 $D_0$，结束点为 $D_{n-1}$，其余按顺序为中间点。所以该段曲线被 $n$ 个点分割成了 $n - 1$ 段，其中的每一段都受到 $p + 1 = 4$ 个控制点的约束，所以控制点的个数是 $n - 1 + 3 = n + 2$，因此在节点矢量中，其下标的上限 $m = n + 5$，确定 $|D_{i+1} - D_i|$，然后把所有绝对值相加后并计算出每一段的绝对值相对于绝对值之和的比例，可以得到节点向量：

$$u_i = \begin{cases} 0, & i = 0, 1, 2, 3 \\ 1, & i = n+2, n+3, n+4, n+5 \\ \dfrac{u_{i-1} + |D_{i-3} - D_{i-4}|}{\displaystyle\sum_{i=0}^{n-2} |D_{i+1} - D_i|}, & 3 < i < n+2 \end{cases} \tag{5.25}$$

将 $u_i$ 及 $D_0$, $D_1$, $\cdots$, $D_{n-1}$ 结合式 (5.24) 有

$$C\left(u_{i+3}\right) = \sum_{j=i}^{i+3} N_{j,3}\left(u_{i+3}\right)p_j = D_i, \quad i = 0, 1, \cdots, n-1 \tag{5.26}$$

此外还需要以只有端点为边界条件递补两个方程：

$$\begin{cases} P_0 = P_1 \\ P_{n+1} = P_n \end{cases} \tag{5.27}$$

所以控制点的求解方程组为

$$\boldsymbol{M} \begin{bmatrix} P_0 \\ P_1 \\ \vdots \\ P_n \\ P_{n+1} \end{bmatrix} = \begin{bmatrix} 0 \\ D_0 \\ \vdots \\ D_{n-1} \\ 0 \end{bmatrix} \tag{5.28}$$

式中，$\boldsymbol{M}$ 是 $n+2$ 阶系数矩阵：

$$\boldsymbol{M} = \begin{bmatrix} 1 & -1 \\ 1 \\ N_{1,3} & N_{2,3} & N_{3,3} & N_{4,3} \\ & \cdots & \cdots & \cdots \\ & & N_{n-2,3} & N_{n-1,3} & N_{n,3} & N_{n+1,3} \\ & & & & 1 \\ & & & & -1 & 1 \end{bmatrix} \tag{5.29}$$

到此可以求得控制点，最终得到

$$C_l\left(u\right) = \sum_{i=0}^{3} p_{i+l} \cdot N_{i+l,3}\left(u\right), \quad 0 \leqslant u \leqslant 1 \tag{5.30}$$

## 5.3 基于力传感器的拖动助力示教技术

### 5.3.1 喷涂机器人助力拖动方法

目前国内外的机器人拖动示教研究主要分为两类：一类是通过使用力/力矩传感器进行外部作用力的方向和大小的精确测量，从而控制机器人跟随外部力方

向实现的拖动示教；另一类是免力矩传感器的拖动示教[15]，该方法通过理论方法得到机器人拖动示教的相关模型，在伺服驱动器的基础上进行相关理论方法的应用，通常包括力矩平衡理论、阻抗控制等方法。

力矩传感器的拖动示教的优势是无须建立和辨识机器人的动力学模型和参数，通过力矩传感器反馈信号即可精确和灵敏地得到示教力/力矩的大小和方向，然后基于机器人的位置或者速度指令控制机器人沿着示教力方向运动。但是传感器对示教力方向的检测仅限于安装了传感器的关节，通常为末端执行器，因此操作者的拖动示教仅限于对末端执行器，实际应用受到很大限制；另外无论使用何种传感器，都要考虑传感器的成本、安装、系统集成等问题。在免力矩传感器的机器人拖动示教方面，目前主要有力矩平衡法、阻抗控制法、导纳控制法等。最早提出基于力矩平衡（又称为力矩补偿）的免传感器的拖动示教方法[16]，通过伺服电机驱动力矩对机器人的重力、摩擦力进行补偿，使机器人时刻处于不受力的状态，然后构建位置伺服的近似方程，结合操作者施加的外力作用，实现了基于位置指令的拖动示教。

机器人拖动示教可根据各关节驱动电机是否上电而分为伺服接通和伺服脱离两种方式[17]。伺服脱离拖动示教是指在人工拖动引导机器人运动时各关节驱动电机并不接通电源，完全凭借人力推动机械臂运动，常用于小型机器人的示教编程。其优点是示教过程中操作相对安全，不足之处是对于具有大工作空间且体型较大的机械臂示教操作劳动强度较大。伺服接通拖动示教是指在示教过程中，机器人各关节驱动电机都受驱动器控制。伺服接通拖动示教的优点为示教过程中比较省力，缺点为一般需要在末端增加多维力矩传感器，导致成本增加，而且电机直接输出力矩对示教操作者来说存在一定的安全隐患。为了兼顾伺服接通和伺服脱离示教省力和安全的优点，本章采用压缩空气作为动力补偿机器人拖动过程所需的主要关节力矩。

### 5.3.2 基于动力学的气缸助力控制方案

由于机器人喷涂作业对象一般为汽车零部件、家具、卫浴等产品，其尺寸都相对较大，因此要求机器人的本身尺寸也要足够大才能满足所需的工作空间[18]。在对于这种大工作空间的工业机器人进行拖动示教时，如果没有其他的动力对机械臂的重力进行补偿，操作者几乎不可能单独依靠自身力量完成拖动示教。为了使得该喷涂机器人在拖动示教过程中能够比较省力，同时避免各关节驱动电机处于上电状态出现错误控制信号导致机器人突然动作引发的安全问题，这里采用压缩空气作为动力，用气缸作为驱动执行器来实现主要关节力矩的补偿。

在机器人运动过程中由于关节 1 竖直向上，只是沿着水平方向旋转，不存在重力阻碍，所需的牵引力矩较小，故对于关节 1 不需要做助力补偿。关节 4、5、

6 负责调整机器人末端的姿态，其连杆质量较小，无须借助其他动力便可以轻松牵引拖动。因此，机器人的拖动示教助力补偿主要针对关节 2 和关节 3。

1. 助力气缸安装位置分析

对于关节 2 和关节 3 进行力矩补偿的具体方法为将气缸 2 活塞杆端铰接在关节 2 的驱动轴所固定连接的链轮上，气缸 2 的缸体一端铰接在连杆 1 上；气缸 3 的活塞杆端铰接在关节 3 驱动轴所固定连接的链轮上，气缸 3 的缸体一端铰接在连杆 1 上。关节 2 和关节 3 的气缸具体安装方式和初始位置如图 5.15 所示。

当机器人各关节处于初始位置时，连杆 2 竖直向上，其重力并不产生力矩，气缸 2 活塞杆经过关节 2 的轴线 $A_2$，也不对 2 轴产生力矩。此时连杆 3 位于水平方向上，其重力所产生的力矩最大，气缸 3 的安装位置使得在初始时刻 $A_3B_3$ 与 $B_3C_3$ 垂直，所提供的补偿力矩值最大。

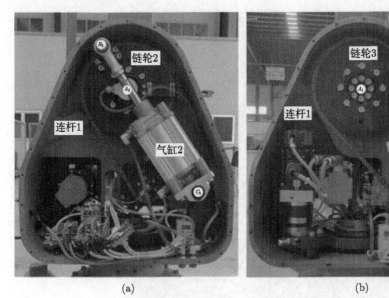

图 5.15 助力气缸 2 和气缸 3 的安装方式

2. 助力气缸气压值计算

气缸内的空气压力是由电器比例阀实时控制的，控制器输出模拟量电压值来调整气缸内的气体压力值。具体的压力数值与机器人的动力学推导出的关节力矩表达式、气缸本体尺寸参数以及气缸的安装位置有关。

想要实现助力拖动示教功能，首先需要知道在拖动示教过程各关节所需要的力矩，关节力矩计算方法可由第 2 章的动力学模型推导出，这里直接给出，不再赘述。求解出各关节的力矩后（这里主要是指关节 2 和关节 3 的力矩），根据气缸 2 和气缸 3 的安装位置计算出沿活塞杆方向所需的推力 $F_2$ 和拉力 $F_3$，最后根据各气缸的尺寸参数计算出所需提供的气压值。

根据动力学表达式计算出关节 2 和关节 3 的力矩 $T_2$、$T_3$，结合图 5.16 和图 5.17，气缸 2 的推力 $F_2$ 和气缸 3 的拉力 $F_3$ 求解过程如下所述。

如图 5.16 所示，当关节 2 沿逆时针方向旋转角度为 $\theta_2$ 时，$A_2B_2$ 和 $B_2C_2$ 到达图中黑色虚线所示位置。将气缸 2 所提供的推力 $F_2$ 沿 $A_2B_2$ 方向和 $A_2B_2$ 的垂直方向进行分解，得到垂直于 $A_2B_2$ 方向的分力 $F_2'$，根据气缸 2 提供的力矩与关节 2 所需的转矩 $T_2$ 相等可得出

$$T_2 = F_2' |A_2B_2| \tag{5.31}$$

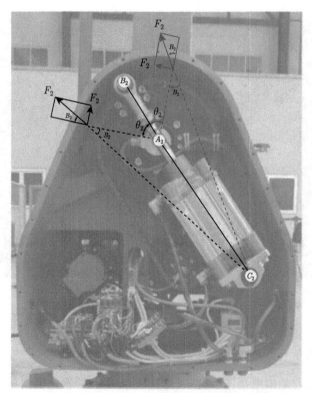

图 5.16　关节 2 补偿控制力矩分析（彩图见二维码）

由图 5.16 可知，要想求出 $F_2$ 与 $F_2'$ 的关系式首先应求出 $\angle B_2$ 的表达式。由于 $A_2B_2$、$A_2C_2$ 的长度已知，且 $\angle B_2A_2C_2$ 大小为 $\pi - \theta_2$，由余弦定理可得

$$\cos\left(\angle B_2A_2C_2\right)=\frac{\left|A_2B_2\right|^2+\left|A_2C_2\right|^2-\left|B_2C_2\right|^2}{2\left|A_2B_2\right|\left|A_2C_2\right|}\tag{5.32}$$

则有

$$\left|B_2C_2\right|=\sqrt{\left|A_2B_2\right|^2+\left|A_2C_2\right|^2-2\left|A_2B_2\right|\left|A_2C_2\right|\cos\left(\angle B_2A_2C_2\right)}\tag{5.33}$$

又由正弦定理可得

$$\frac{\left|B_2C_2\right|}{\sin\left(\angle B_2A_2C_2\right)}=\frac{\left|A_2C_2\right|}{\sin\left(\angle A_2B_2C_2\right)}\tag{5.34}$$

则有

$$\sin\left(\angle A_2B_2C_2\right)=\left|A_2C_2\right|\frac{\sin\left(\angle B_2A_2C_2\right)}{\left|B_2C_2\right|}\tag{5.35}$$

$$F_2'=F_2\sin\left(\angle A_2B_2C_2\right)\tag{5.36}$$

将式 (5.35) 代入式 (5.36) 可得

$$F_2'=F_2\left|A_2C_2\right|\frac{\sin\left(\angle B_2A_2C_2\right)}{\left|B_2C_2\right|}\tag{5.37}$$

即

$$F_2=F_2'\frac{1}{\left|A_2C_2\right|}\frac{\left|B_2C_2\right|}{\sin\left(\angle B_2A_2C_2\right)}\tag{5.38}$$

联立式 (5.31)、式 (5.33) 和式 (5.38) 可得

$$F_2=\frac{T_2}{\left|A_2B_2\right|}\frac{1}{\left|A_2C_2\right|}\frac{\left|B_2C_2\right|}{\sin\left(\angle B_2A_2C_2\right)}$$

$$=\frac{T_2\sqrt{\left|A_2B_2\right|^2+\left|A_2C_2\right|^2-2\left|A_2B_2\right|\left|A_2C_2\right|\cos\left(\pi-\theta_2\right)}}{\left|A_2B_2\right|\left|A_2C_2\right|\sin\left(\pi-\theta_2\right)}\tag{5.39}$$

由机器人本体设计参数可知，式 (5.39) 中 $\left|A_2B_2\right|$ =0.125m，$\left|A_2C_2\right|$ =0.335m。

当 $\theta_2$ 为负值时，气缸位置如图 5.16 中蓝色虚线所示，推导得出的 $F_2$ 表达式与式 (5.39) 相同。

对于气缸 3 的作用力 $F_3$ 求解分析如图 5.17 所示，当关节 3 沿逆时针旋转角度值为 $\theta_3$ 时，$A_3B_3$ 和 $B_3C_3$ 到达图中黑色虚线所示位置。将气缸 3 的拉力沿 $A_3B_3$ 方向和 $A_3B_3$ 的垂直方向进行分解，得到垂直于 $A_3B_3$ 的分力 $F_3'$，则

$$F_3' = F_3\cos(\theta_3) \tag{5.40}$$

有

$$T_3 = F_3'|A_3B_3| \tag{5.41}$$

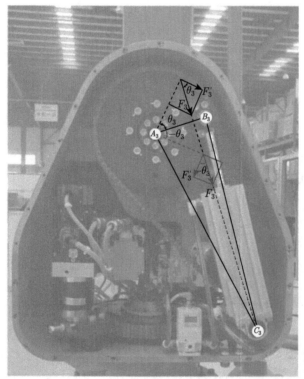

图 5.17 关节 3 补偿控制力矩分析（彩图见二维码）

联立式 (5.40) 和式 (5.41) 可得

$$T_3 = F_3\cos(\theta_3)|A_3B_3| \tag{5.42}$$

即

$$F_3 = \frac{T_3}{|A_3B_3|\cos(\theta_3)} \tag{5.43}$$

式中，$|A_3B_3| = 0.1\ \text{m}$。

同样当关节 3 沿顺时针旋转时，到达图 5.17 中蓝色虚线位置，推导出的 $F_3$ 表达式与式 (5.43) 相同。

至此，根据机器人关节 2 和关节 3 在运动过程中的力矩 $T_2$、$T_3$ 以及气缸的安装位置参数 $A_2B_2$、$A_2C_2$、$A_3B_3$、$A_3C_3$，推导出气缸 2 所需提供的推力 $F_2$ 和气缸 3 所需提供的拉力 $F_3$ 分别关于关节转角 $\theta_2$ 和 $\theta_3$ 的表达式。接下来，根据气缸的结构参数进一步计算出气缸所需的气压值。

气缸 2 的活塞直径为 $0.1\text{m}$，则活塞面积 $S_2 = 7.854 \times 10^{-3}\ \text{m}^2$，则气缸 2 所需的气压 $P_2$ 为

$$P_2 = \frac{F_2}{S_2} \tag{5.44}$$

即

$$P_2 = \frac{T_2 \sqrt{|A_2B_2|^2 + |A_2C_2|^2 - 2|A_2B_2||A_2C_2|\cos(\pi - \theta_2)}}{S_2|A_2B_2||A_2C_2|\sin(\pi - \theta_2)} \tag{5.45}$$

气缸 3 的活塞直径为 $0.063\text{m}$，活塞杆直径为 $0.02\text{m}$，由于气缸 3 所提供的是拉力，气缸中气压作用面积 $S_3$ 为活塞面积与活塞杆截面面积之差，即 $S_3 = 2.803 \times 10^{-3}\text{m}^2$，则气缸 3 所需的气压值 $P_3$ 的表达式为

$$P_3 = \frac{F_3}{S_3} \tag{5.46}$$

即

$$P_3 = \frac{T_3}{S_3|A_3B_3|\cos(\theta_3)} \tag{5.47}$$

将式 (5.45) 和式 (5.47) 推导出的 $P_2$、$P_3$ 表达式编写成控制程序，输入机器人控制器，即可实现机器人拖动示教的关节力矩补偿控制。

### 5.3.3 助力拖动气压控制神经网络模型

在机器学习和认知科学中，人工神经网络（artificial neural network, ANN）是一种基于生物神经网络的基本原理，在理解和抽象了人脑结构和外界刺激响应机制后，以网络拓扑知识为理论基础，模拟生物的神经系统处理信息机制的数学计算模型。神经网络是由大量的神经元节点互相连接所构成的，每个神经元节点代表一个特定的输出函数，称为激活函数；每两个神经元节点之间的连接表示一个对于通过该连接信号的加权值，称为权重。神经网络的输出取决于网络的结构、各神经元的连接方式、激活函数和权重等 [19]。

### 1. BP 神经网络

BP 神经网络是一种多层前馈神经网络，其区别于其他神经网络的主要特点是信号前向传递，误差反向传播。在前向传递中，输入信号从输入层经过隐含层逐层处理，直至输出层。每一层的神经元状态只影响下一层神经元状态。如果输出层得不到期望输出，则将误差进行反向传播，根据误差调整网络的权重和阈值，从而使 BP 神经网络预测输出值不断地逼近期望输出值[20]。

图 5.18 中，$X_1, X_2, \cdots, X_n$ 是 BP 神经网络的输入值，$Y_1, \cdots, Y_m$ 是 BP 神经网络的预测输出值，$\omega_{ij}$ 和 $\omega_{jk}$ 是 BP 神经网络权重。由图 5.18 的输入值与输出值之间的关系，可以将 BP 神经网络看成一个非线性函数，网络输入值和预测值分别为该函数的自变量和因变量。当输入节点数为 $n$、输出节点数为 $m$ 时，BP 神经网络就表达了从 $n$ 个自变量到 $m$ 个因变量的函数映射关系。

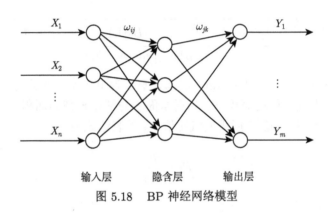

输入层　　　隐含层　　　输出层

图 5.18　BP 神经网络模型

神经网络要想实现预测功能，首先需要使用数据对网络进行训练，通过训练使得网络具有联想记忆和预测能力。BP 神经网络的训练过程主要有以下步骤。

步骤 1：网络初始化。根据系统输入输出序列 $(X, Y)$ 确定网络输入层节点数 $n$、隐含层节点数 $l$、输出层节点数 $m$，初始化输入层、隐含层和输出层神经元之间的连接权重 $\omega_{ij}$、$\omega_{jk}$，初始化隐含层阈值 $a$，输出层阈值 $b$，给定学习速率和神经元激励函数。

步骤 2：隐含层输出计算。根据输入变量 $X$，输入层和隐含层间的连接权重 $\omega_{ij}$ 以及隐含层阈值 $a$，计算隐含层输出 $H$。

$$H_j = f\left(\sum_{i=1}^{n} \omega_{ij} x_i - a_j\right), \quad j = 1, 2, \cdots, l \tag{5.48}$$

式中，$l$ 为隐含层节点数；$f$ 为隐含层激励函数，该函数有多种表达形式，此处选

择的激励函数为

$$f(x) = \frac{1}{1 + \mathrm{e}^{-x}} \tag{5.49}$$

步骤 3：输出层输出计算。根据隐含层输出 $H$，连接权重 $\omega_{jk}$ 和阈值 $b$，计算 BP 神经网络预测输出 $O$。

$$O_k = \sum_{j=1}^{l} H_j \omega_{jk} - b_k, \quad k = 1, 2, \cdots, m \tag{5.50}$$

步骤 4：计算误差。根据神经网络预测输出 $O$ 和期望输出 $Y$，计算网络预测误差 $e$。

$$e_k = Y_k - O_k, \quad k = 1, 2, \cdots, m \tag{5.51}$$

步骤 5：权重更新。根据网络预测误差 $e$ 更新网络连接权重 $\omega_{ij}$ 和 $\omega_{jk}$。

$$\omega_{ij} = \omega_{ij} + \eta H_j (1 - H_j) x(i) \sum_{k=1}^{m} \omega_{jk} e_k, \quad i = 1, 2, \cdots, n; j = 1, 2, \cdots, l \tag{5.52}$$

$$\omega_{jk} = \omega_{jk} + \eta H_j e_k, \quad j = 1, 2, \cdots, l; k = 1, 2, \cdots, m \tag{5.53}$$

式中，$\eta$ 为学习速率。

步骤 6：阈值更新。根据网络预测误差 $e$ 更新网络节点阈值 $a$、$b$。

$$a_j = a_j + \eta H_j (1 - H_j) \sum_{k=1}^{m} \omega_{jk} e_k, \quad j = 1, 2, \cdots, l \tag{5.54}$$

$$b_k = b_k + e_k, \quad k = 1, 2, \cdots, m \tag{5.55}$$

步骤 7：判断网络预测输出 $O$ 和期望输出 $Y$ 之间的误差是否在设定范围内，如果大于设定范围则返回步骤 2 继续进行迭代计算。

2. 神经网络训练数据采集

为了得到拖动示教控制方案中助力气缸在机器人不同运动状态下的助力补偿气压值的神经网络模型训练数据，将拖动示教过程中的各关节转动角度和助力气缸的气压值数据导出，并通过差分法获得各关节角速度和角加速度。由于神经网络模型需要足够的样本数据进行训练才能使预测输出值与期望输出值较接近，这里对喷涂机器人进行了 200 组拖动示教，每组拖动时长为 30s。数据采样频率设置为 125Hz，所以共有 750000 个数据点可用于神经网络模型训练。拖动示教数据采集实验如图 5.19 所示。

图 5.19　拖动示教数据采集

### 3. BP 神经网络预测模型训练

在 BP 神经网络模型训练中，将机器人运动过程中 6 个关节的角度、角速度和角加速度数据作为输入，关节 2 和关节 3 上的助力气缸气压值作为输出。进行重复迭代计算调整各网络节点之间的连接权重和阈值，进而获得机器人运动与助力气压值之间的对应关系。

在训练过程中，设置输入层节点数 $n = 18$，隐含层节点数 $l = 9$，输出层节点数 $m = 2$。输入层、隐含层和输出层神经元之间的连接权重 $\omega_{ij}$ 和 $\omega_{jk}$，以及隐含层阈值 $a$、输出层阈值 $b$，都为 MATLAB 神经网络工具箱设置的随机值，学习速率 $\eta = 0.001$，训练回归过程如图 5.20 所示。

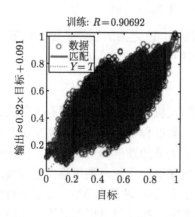
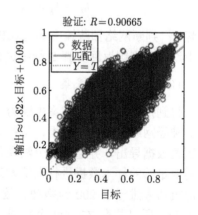

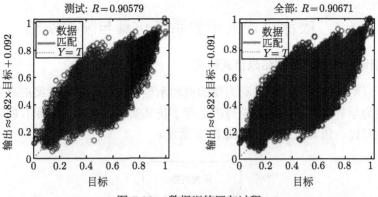

图 5.20　数据训练回归过程

BP 神经网络训练完成后，将没有经过训练的一组拖动示教机器人各关节运动数据输入训练好的网络模型中，输出的气缸气压预测值与实际采集的气压值对比如图 5.21 所示。

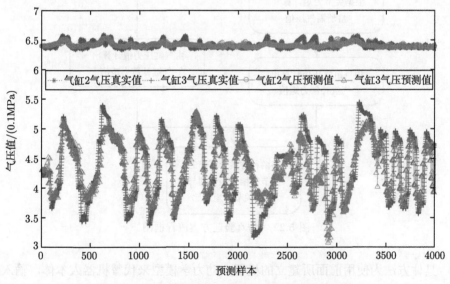

图 5.21　BP 神经网络训练预测结果与实际值对比

由于篇幅有限，这里不做更多数据分析，仅使用神经网络模型得到机器人各关节的运动与助力气缸气压值之间的对应关系替代机器人原有助力控制方案，生成助力气缸的气压值数据和基于动力学的助力控制方案进行对比。

## 5.4　喷涂机器人示教系统仿真与喷涂实验

### 5.4.1　拖动示教助力控制结果仿真验证

为了说明上述基于机器人动力学的拖动示教气缸助力控制方案的有效性，这里对于动力学补偿后的关节力矩情况进行了仿真实验，并和机器原有的助力控制方案进行对比。仿真验证方案如图 5.22 所示。

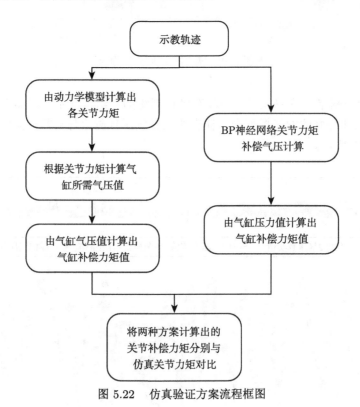

图 5.22　仿真验证方案流程框图

具体方法为使用前面所建立的机器人动力学模型来代替机器人本体，输入一组拖动示教运动轨迹，通过机器人动力学模型计算出机器人运动过程中各关节所需的力矩数据 [21]。根据式 (5.45) 和式 (5.47)，由关节 2 和关节 3 的力矩值可计算出机器人运动过程中气缸 2 和气缸 3 所需提供的气压值，这样即可获得机器人运动过程中控制气缸气压值的电器比例阀的控制数据，然后根据气缸的实际作用力计算出关节 2 和关节 3 各自的补偿力矩值。由于在拖动示教过程中各关节驱动电机处于不上电状态，机器人各关节所需的力矩完全由助力气缸和示教者的牵引力所提供。所以同一拖动示教轨迹下，助力气缸提供的力矩与关节所需力矩越接近，示教者所需的牵引力就越小，拖动就越省力。

由于进行的是仿真验证，此处仅考虑了气缸的补偿力矩的传动效率，所以图 5.23 和图 5.24 中机器人仿真关节力矩值和补偿力矩值基本一致，误差很小。在实际实验过程中，考虑到气压的实际特性，可能会因补偿气压响应速度限制，无法实时跟随设定值而出现一定的滞后，并导致实际补偿效果略差于仿真数据。

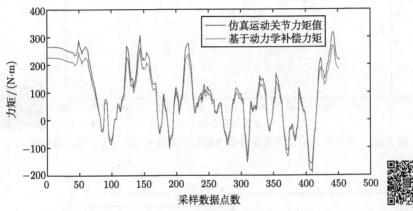

图 5.23　关节 2 基于动力学的补偿力矩与仿真运动力矩值对比（彩图见二维码）

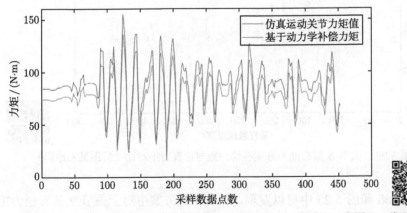

图 5.24　关节 3 基于动力学补偿力矩与仿真运动力矩值对比（彩图见二维码）

作为对比，将同一拖动示教轨迹输入替代机器人原有的助力控制方案的 BP 神经网络模型中得到气缸 2 和气缸 3 的助力气压值数据，然后根据式 (5.45) 和式 (5.47) 中关节力矩与气缸气压值之间的关系，分别计算出关节 2 和关节 3 的补偿力矩。为了便于分析，将机器人原有助力控制方案计算得到的补偿力矩与机器人仿真运动过程中关节力矩以曲线图形式展示出来，如图 5.25 和图 5.26 所示。

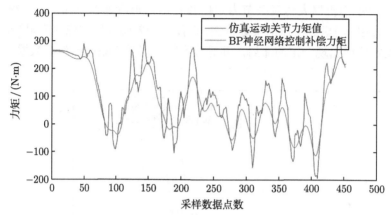

图 5.25　关节 2 原有助力方案补偿力矩与仿真力矩对比（彩图见二维码）

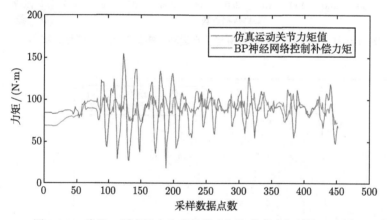

图 5.26　关节 3 原有助力方案补偿力矩与仿真力矩对比（彩图见二维码）

从图 5.25 和图 5.26 中可以发现，原有控制方案中对于关节 2 的补偿力矩与仿真力矩之间基本没有滞后，但运动过程中一些力矩峰值不能得到补偿；对于关节 3 而言，补偿力矩与仿真力矩之间有明显的滞后，且力矩峰值部分不能得到有效的补偿。这些没能得到补偿的力矩需要示教操作者的牵引力来提供，从而使机器人实现所需的运动状态。为了使仿真结果更加清晰明确，这里将机器人在拖动示教运动过程中仿真得到的关节力矩，原有关节助力控制方案下的拖动过程中关节所需力矩值以及本章采用的基于动力学补偿控制下拖动过程中关节所需力矩值进行对比分析，结果如图 5.27 和图 5.28 所示。

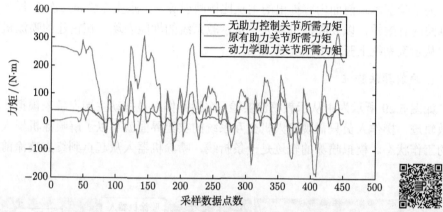

图 5.27　关节 2 无助力、原有助力、基于动力学助力控制拖动所需力矩（彩图见二维码）

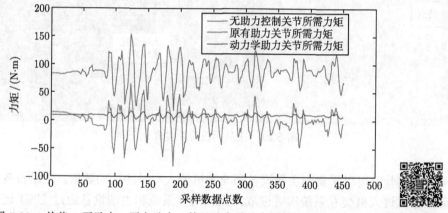

图 5.28　关节 3 无助力、原有助力、基于动力学助力控制拖动所需力矩（彩图见二维码）

由图 5.27 和图 5.28 的仿真结果对比分析可以发现，本章中采用的基于喷涂机器人动力学模型的拖动示教关节力矩补偿控制使得拖动过程中关节所需力矩值大幅降低，与机器人原有助力控制方案相比效果明显提升 [22]。

## 5.4.2　喷涂机器人主从示教系统喷涂实验

为了验证人机交互系统虚拟操作表现性能，对人机交互系统进行实验研究。首先打开人机交互系统并将主端设备的初始位姿置于与虚拟系统中的喷涂机器人初始位姿对应的状态，然后将主端设备和人机交互系统中的虚拟喷涂机器人连接，连接成功后移动主端设备到不同的位姿,最后主端设备重新回到初始位置并断开连接,完成虚拟主从示教实验[23]。

为了验证本章前面内容提出的主从比例映射算法、滤波算法和三次 B 样条拟合算法的有效性,以及喷涂机器人主从示教系统的性能表现,在搭建的喷涂机器人主从示教系统上开展喷涂实验[24]。

1. 映射算法验证

如图 5.29 所示为主从示教喷涂实验,实验操作人员拖动主端设备来模拟一段示教轨迹,操作人员只需观察人机交互系统的实验界面就可以了解喷涂机器人当前的工作状态。模拟喷涂的轨迹是一条折线,喷涂机器人从起点到终点喷涂前方的画布。

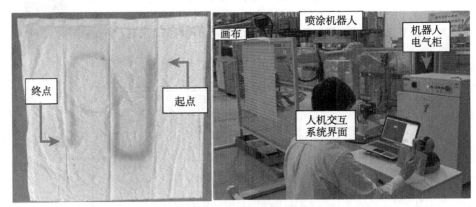

图 5.29 主从示教喷涂实验

主从实验时可以采集到主端设备和喷涂机器人实时的运动数据。主端设备的运动数据通过人机交互系统实时读取,人机交互系统和主端设备通过 USB 连接传输数据,人机交互系统使用主端设备提供的 API 获取数据。喷涂机器人与人机交互系统采用 TCP/IP 通信,从而实现机器人的高速数据传递和应答,操作人员可以用网线直接连接到控制器上的 ETHERNET2 网口。

主从示教实验主端设备和喷涂机器人的位置和姿态数据如图 5.30 和图 5.31 所示,主端设备和喷涂机器人的位置变化按照映射比例系数成比例放大,当主端位置发生变化时喷涂机器人的位置成比例变化,且保持运动方向和趋势相同。喷涂机器人的姿态的运动方向、运动趋势、运动幅度与主端设备基本保持一致。在第 1s 的 $Y$ 轴方向出现偏差,第 6s 的 $Z$ 轴方向出现偏差,分析其偏差产生的原因是主端设备和喷涂机器人之间存在时间延迟。通过实验数据验证出位置比例、姿态一致的主从映射算法,可以有效地完成主从示教喷涂任务。

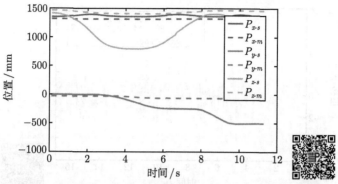

图 5.30 主端设备和喷涂机器人的位置数据（彩图见二维码）

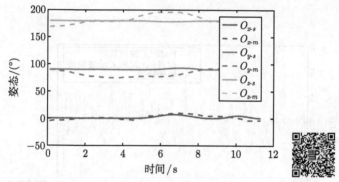

图 5.31 主端设备和喷涂机器人姿态数据（彩图见二维码）

**2. 滤波算法验证**

为了在实验中验证本章提出的改进的 BMFLC 算法的滤波效果，在进行主从示教喷涂实验时利用主端设备内部传感器采集到了实验过程中操作人员拖动主端设备端的手部位移信号，并计算出每个采集点相对于先前点的抖动信号作为测试对象。对于标准的 BMFLC 算法，设置 $\mu = 0.05$，设置 $\Delta f = 0.2\text{Hz}$。对于改进的 BMFLC 算法，同样设置 $\mu = 0.05$，设置 $N_1 = 9$，$N_2 = 20$，$N_3 = 17$，$N_4 = 7$。分别将 $N_1, N_2, N_3, N_4$ 代入式 (5.11)，可以分别得到 $\Delta f_1 = 0.22\text{Hz}$，$\Delta f_2 = 0.10\text{Hz}$，$\Delta f_3 = 0.11\text{Hz}$，$\Delta f_4 = 0.27\text{Hz}$。

手部生理性抖动的滤波效果图如图 5.32 和图 5.33 所示，原始的运动信号包含的正常手部运动达不到的高频的手部生理性抖动是主要的滤除目标，原始运动信号中的小幅度的变化是操作人员主动的手部信号，应该尽可能地保留。从图中可以看出，改进的 BMFLC 算法相比于传统的 BMFLC 算法，对跳跃比较大的抖动信号的过滤效果更好，明显提高了对手部生理性抖动的滤除效果，同时尽可能地保留了操作人员主动的示教位移信号。

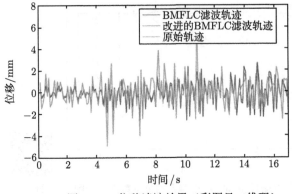

图 5.32　位移滤波效果（彩图见二维码）

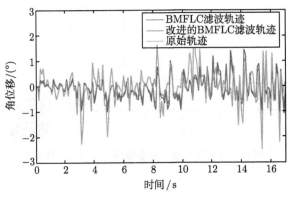

图 5.33　角位移滤波效果（彩图见二维码）

　　将图 5.32 和图 5.33 的滤波效果对比图量化成表格形式（表 5.2），从表 5.2 中可以看出，原始的曲线波动比较大，抖动的最大位移达到 6.37mm，最大角位移达到 2.93°。传统的 BMFLC 算法可以在一定程度上抑制波动将最大位移降至 2.69mm，滤波效果达到 57.7%，最大角位移降至 1.45°，滤波效果达到 50.5%。改进的 BMFLC 算法的滤波效果更好，最大位移降至 2.02mm，提高 0.67mm，滤波效果提升 10.5%，达到 68.2%，最大角位移降至 1.09°，提高 0.36°，滤波效果提高 12.2%，达到 62.7%。从表 5.2 可以得出，传统的 BMFLC 滤波算法和改进的 BMFLC 滤波算法对操作人员的手部生理性抖动都有一定的滤除效果，同时也都可以保留原本的主动运动信号，改进的 BMFLC 滤波算法相比传统的 BMFLC 算法在性能上有一定的提高，有更好的滤波效果，也更适合喷涂机器人主从示教系统。

表 5.2    滤波效果量化对比

| 滤波算法 | 抖动最大位移/mm（过滤效果 /%） | 抖动最大角位移/(°)（过滤效果/%） |
|---|---|---|
| 原始效果 | 6.37 | 2.93 |
| 传统 BMFLC | 2.69（57.7） | 1.45（50.5） |
| 改进 BMFLC | 2.02（68.2） | 1.09（62.7） |

### 3. 三次 B 样条拟合验证

在主从示教喷涂实验中也验证了三次 B 样条拟合算法的效果，如图 5.34 所示是运行图 5.30 喷涂轨迹的主端设备输出和喷涂机器人输出的轨迹，从图 5.34 的喷涂效果中可以直观地看出喷涂机器人的轨迹中的拐角是圆滑过渡的。图 5.34 是主端设备和喷涂机器人的输出轨迹数据，主端设备的输出轨迹为未经处理的原始轨迹，喷涂机器人的输出轨迹为喷涂机器人运行的轨迹。从图 5.34 中可以看出主端设备输出轨迹的拐角是折线，喷涂机器人的轨迹的拐角做了三次 B 样条拟合并进行了平滑处理，喷涂机器人输出的轨迹是一条平滑的曲线。因此在主端设备运动方向突然发生变化时喷涂机器人的运动仍然可以平滑地过渡，保证了机器人的平稳运行，避免受到冲击而影响喷涂机器人的使用寿命。

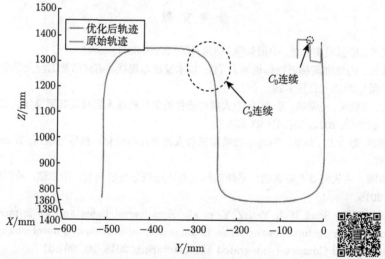

图 5.34    主从示教喷涂实验主端设备和喷涂机器人空间轨迹（彩图见二维码）

主从示教喷涂实验过程中喷涂机器人平滑地运行，可以验证喷涂机器人的关节在运动中没有受到速度冲击，从而证明了三次 B 样条拟合算法在喷涂机器人主从示教系统中的有效性。

## 5.5　本章小结

本章针对喷涂机器人的主从示教技术，提出了一种基于虚拟现实和遥操作的喷涂机器人主从示教喷涂方法，设计并搭建了喷涂机器人主从示教系统。并根据主从异构的结构特点，提出了基于笛卡儿空间的位姿比例映射、姿态一致映射算法，将主端设备产生的轨迹映射至喷涂机器人喷枪末端，提出改进的 BMFLC 算法对拖动主端设备时的手部生理性抖动进行滤除。该算法不仅过滤了手部生理性抖动，还在最大限度上保留了示教轨迹，最后用三次 B 样条拟合经过滤波后的运动轨迹，来保证输入喷涂机器人的运动轨迹为 $C_2$ 连续，使喷涂机器人可以平滑地复现主端设备的轨迹。针对喷涂机器人助力拖动示教方法，对机器人拖动示教过程中主要关节的力矩补偿控制进行了设计，结合关节助力气缸的安装方式和气缸本体参数，计算出助力气缸用于补偿控制所需的气压值。采用 BP 神经网络模型，通过数据训练，对机器人原有的助力控制方案进行复现。最后，针对喷涂机器人的示教技术进行了仿真和实验分析，验证了基于力传感器的拖动示教方法的有效性，还开展了主从示教喷涂的实验研究，采集了主端设备和喷涂机器人的运动轨迹，通过分析运动轨迹验证了位姿分离的映射算法、改进的 BMFLC 算法和三次 B 样条拟合算法的有效性并满足主从示教的要求。

## 参 考 文 献

[1] 赵沁平. 虚拟现实综述. 中国科学: 信息科学, 2009, 39(1): 2-46.

[2] 宋爱国. 力觉临场感遥操作机器人 (1): 技术发展与现状. 南京信息工程大学学报 (自然科学版), 2013, 5(1): 1-19.

[3] 王猛, 宋轶民, 王攀峰, 等. 面向中大型铸造件的主从机器人系统及其遥操作加工方法. 机械工程学报, 2022, 58(14): 93-103.

[4] 王艳春, 耿金良, 刘达. 拖动示教喷涂机器人的设计与优化. 机床与液压, 2020, 48(15): 81-87.

[5] 史帅刚. 主从机器人协调运动系统的标定与轨迹规划方法研究. 哈尔滨: 哈尔滨工业大学, 2016.

[6] Wang W D, Song H J, Yan Z Y, et al. A universal index and an improved PSO algorithm for optimal pose selection in kinematic calibration of a novel surgical robot. Robotics and Computer-Integrated Manufacturing, 2018, 50: 90-101.

[7] 严水峰. 主从异构型遥操作机器人工作空间映射与运动控制研究. 杭州: 浙江大学, 2017.

[8] 唐奥林. 面向主从式微创外科手术机器人的遥操作运动控制策略研究. 上海: 上海交通大学, 2014.

[9] 马如奇. 微创腹腔外科手术机器人执行系统研制及其控制算法研究. 哈尔滨: 哈尔滨工业大学, 2013.

[10] 张宝玉. 机器人主从映射方法分析及实验研究. 哈尔滨: 哈尔滨工程大学, 2015.

[11] Lipton J I, Fay A J, Rus D. Baxter's homunculus: Virtual reality spaces for teleoper-ation in manufacturing. IEEE Robotics and Automation Letters, 2018, 3(1): 179-186.

[12] 倪得晶, 宋爱国, 李会军. 基于虚拟现实的机器人遥操作关键技术研究. 仪器仪表学报, 2017, 38(10): 2351-2363.

[13] Ong S K, Yew A W W, Thanigaivel N K, et al. Augmented reality-assisted robot programming system for industrial applications. Robotics and Computer-Integrated Manufacturing, 2020, 61: 101820.

[14] 吴强. 德布尔算法求 B 样条曲线的导矢公式释疑. 新疆师范大学学报 (自然科学版), 2000, (4): 9.

[15] 陈青, 许礼进, 储昭琦. 基于零力控制的机器人拖动示教方案设计. 机器人技术与应用, 2019, (5): 40-43.

[16] 洪景东. 基于机器人动力学模型的手动拖动示教和碰撞检测. 广州: 华南理工大学, 2020.

[17] 游有鹏, 张宇, 李成刚. 面向直接示教的机器人零力控制. 机械工程学报, 2014, 50(3): 10-17.

[18] 张永贵. 喷漆机器人若干关键技术研究. 西安: 西安理工大学, 2008.

[19] 韩力群. 人工神经网络理论、设计及应用——人工神经细胞、人工神经网络和人工神经系统. 北京: 化学工业出版社, 2002.

[20] 王小川, 史峰, 郁磊, 等. MATLAB 神经网络 43 个案例分析. 北京: 北京航空航天大学出版社, 2013.

[21] 涂骁. 基于动力学前馈的工业机器人运动控制关键技术研究. 武汉: 华中科技大学, 2018.

[22] 万加瑞. 面向大工作空间涂装机器人的助力拖动示教关键技术研究. 合肥: 合肥工业大学, 2020.

[23] 张建畅, 王建超, 张明路, 等. 基于虚拟现实的机器人遥操作系统设计. 微计算机信息, 2008, 8: 246-248.

[24] 冯凯. 喷涂机器人主从示教系统研究. 合肥: 合肥工业大学, 2020.

# 第6章

## 基于数字孪生的智能喷涂机器人离线编程系统

数字孪生指在信息化平台内建立一个物理实体、流程或者系统。借助于数字孪生，可以在信息化平台上了解物理实体的状态，并对物理实体里面预定义的接口元件进行控制[1]。随着智能制造和信息化转型等相关政策的提出，数字孪生技术的应用也越来越广泛，对于喷涂机器人的过程监控来说，数字孪生中数据交互技术能够远程监控物理对象，能够克服喷涂环境恶劣对传统视觉监控喷涂过程的阻碍。本章主要介绍如何将数字孪生技术应用于喷涂机器人离线编程，与传统离线编程相比，不仅能够根据喷涂工艺离线编写机器人程序，而且以虚拟机器人实时随动的数据交互方法，可以对程序运动过程中的状态进行远程监控。

## 6.1 基于数字孪生的机器人离线编程系统架构

### 6.1.1 数字孪生五维模型简介

数字孪生技术是指针对物理世界中的物体，通过数字化的方式构建一个数字世界中一模一样的实体，该实体称为数字孪生体，用来实现对物理实体的分析和检测等功能[2]。数字孪生的五维模型在理论上较为丰富地描述了数字孪生技术模型的工作过程，该五维模型是指：物理实体维、数字孪生体维、孪生数据维、数据连接通信维和服务维[3]。

#### 1. 物理实体维

物理实体维指的是需要对其进行分析和检测的真实世界的实体。本章离线编程系统中的物理实体维,选用埃夫特公司的六自由度串联机器人,其型号为 ER10-1600。该机器人最大活动半径为 1640mm，手腕部最大可负载 1kg，可用于工业中焊接、喷涂和搬运等场合。图 6.1 为物理实体机器人的结构示意图。

#### 2. 数字孪生体维

数字孪生体是指物理实体在数字世界中的映射。数字孪生体在形态结构上与物理实体一模一样。通过三维建模软件可以构建一个与物理实体在结构以及其他属性上完全相同的虚拟实体，根据物理实体机器人型号的结构与 D-H 参数建模可得到一个虚拟机器人作为数字孪生体。

图 6.1 物理实体机器人的结构示意图

### 3. 孪生数据维

数字孪生应用模型运行时伴随着大量的数据传输和分析，这些数据可以保存在数据库或者文件中。广义的孪生数据定义为数字孪生系统内的所有按照系统定义的规则存在和运作的数据。本章介绍的离线编程系统中孪生数据则是指机器人在程序运行时六个关节轴的实时角度、程序文件以及示教点等数据。这些数据的作用包括作为数字孪生体实时随动的驱动参数以及可视化监测时分析和判断机器人运动故障的依据。

### 4. 数据连接通信维

物理实体和孪生体之间的数据通信离不开连接介质和通信协议，因此特定的介质和通信协议构成了离线编程系统中的数据连接通信维。常见的介质有串口、以太网和 WiFi 等，工业通信协议则包含 ModBus、CanBus、TCP/IP、OPC 等。以太网口作为连接介质，传输数据快且稳定性高，同时具有连接简单且网线成本低等优点。ModBus 协议发展成熟，在工业自动化中作为上位机和 PLC 之间通信协议的应用非常普遍，根据不同的传输介质，ModBus 协议可分为 ModBus-TCP 协议和 ModBus-RTU 协议。本章的离线编程系统采用的是 ModBus-TCP 协议。

### 5. 服务维

服务维指系统提供给操作人员的接口或界面，用于输入、输出及逻辑控制，达到根据人的意愿对数字孪生体进行控制和分析等目的。本章离线编程系统提供了人机交互图形界面，包含了虚实机器人实时随动中用于连接控制器、启动实时随动等功能组件。如图 6.2 所示为离线编程系统服务维示意图。

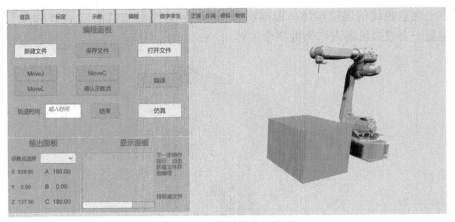

图 6.2　系统服务维示意图

## 6.1.2　离线编程系统工作原理与实现方案

### 1. 系统基于数字孪生五维模型的工作原理

离线编程系统包含了众多的功能模块，用于实现系统应当具备的功能，如图 6.3 所示为离线编程系统的组成模块。在如图 6.3 所示的系统模型中，虚拟仿真环境是功能模块作用和产生结果的主体。离线示教模块提供了操作虚拟机器人关节的接口。机器人程序编写模块提供了程序编写、示教点操作等接口。程序编译仿真模块提供了对机器人程序仿真运行的相关操作。虚实交互模块提供机器人控制器数据通信和实时仿真操作。

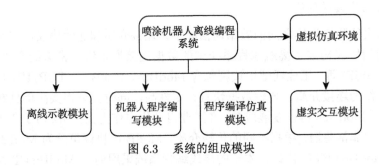

图 6.3　系统的组成模块

将数字孪生技术应用于喷涂机器人离线编程，基于数字孪生五维模型得到离线编程系统的工作框架如图 6.4 所示。与传统离线编程相比[4]，不仅能够根据喷涂工艺离线编写机器人程序，而且能够借助数据交互以虚实机器人实时随动达到远程监控程序运行过程中的状态的目的，同时远程监控后的结果能够反馈指导离线编程过程。如图 6.5 所示为离线编程系统中数字孪生五维模型工作原理示意图,图中虚拟仿真环境作为数字孪生体 1:1 还原了物理实体机器人及相关设备,因此系统服务维中的离线示教功能接口对虚拟机器人关节的操作,与真实机器人在

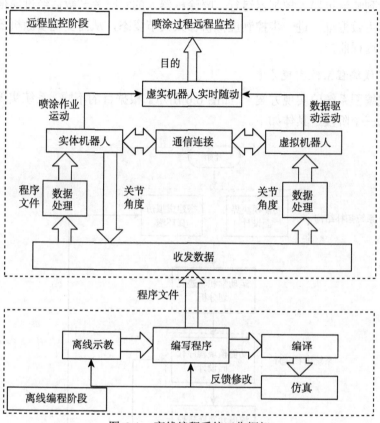

图 6.4 离线编程系统工作框架

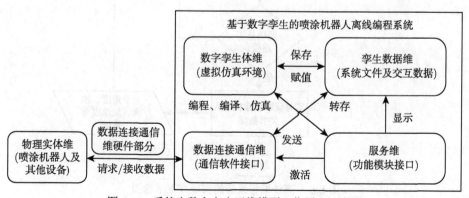

图 6.5 系统中数字孪生五维模型工作原理示意图

线示教时完全相同,可以得到一系列可利用的示教点。系统服务维中机器人程序接口编写好程序,经过编译仿真功能接口在虚拟仿真环境中模拟执行,编写好的程序传输到喷涂机器人控制器运行,喷涂机器人的实时关节数据经过通信维传输给系统孪生数据维,进一步控制虚拟机器人关节姿态,从而复现喷涂机器人的运动,实现远程监控。

**2. 离线编程系统实现方案**

离线编程系统的实现方案[5] 如图 6.6 所示。根据目的不同,系统实现方案可以划分为三个阶段,具体如下。

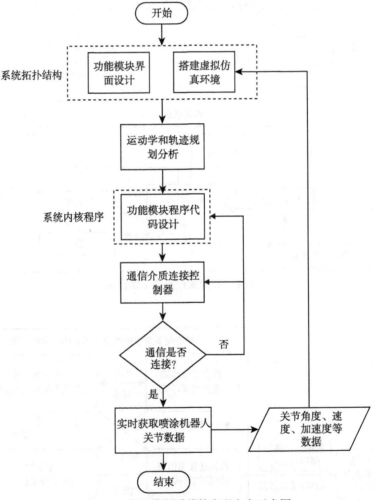

图 6.6　离线编程系统的实现方案示意图

（1）完成该离线编程系统的界面设计，主要是搭建虚拟仿真环境和设计各个功能模块的界面。

（2）完成系统关键程序设计，包含运动学、轨迹规划和功能模块程序代码设计。

（3）完成系统中作为数字孪生数据通信连接维的设计。

### 6.1.3 离线编程系统开发环境

#### 1. 功能与要求

本章所述离线编程系统的不同之处在于将数字孪生技术应用于离线编程，在传统离线编程的基础上，通过虚实机器人实时随动达到远程监控喷涂机器人程序执行状态的目的，克服了喷涂环境恶劣对传统视觉监控喷涂过程的阻碍，远程监控后的结果能够反馈指导离线编程过程，本章离线编程系统的功能如下：

(1) 可根据喷涂机器人工作时的工位状态导入虚拟设备并建立虚拟仿真环境；

(2) 可操作虚拟机器人的位姿并保存状态；

(3) 可编写机器人程序文件，提供相关的指令按钮；

(4) 可编译编写好的机器人程序并模拟仿真运行；

(5) 机器人程序运行后可对运行状况实时监控。

要想实现该离线编程系统的上述功能，需要对该离线编程系统的设计方案提出相应的设计要求，具体要求如下：

(1) 要求系统能够建立真实机器人工作工位的数字孪生体模型；

(2) 要求系统能够提供按钮操纵虚拟机器人的各个关节达到期望的位姿点；

(3) 要求系统能够建立机器人文件并向文件中生成机器人程序指令；

(4) 要求系统能够在虚拟仿真环境中仿真机器人程序的运行；

(5) 要求系统能够和真实机器人控制器建立通信连接，并实时交互数据。

#### 2. 系统编程语言与工具

离线编程系统存在大量的程序代码编写工作，随着软件工程的发展，高级编程语言的种类有很多，如 C/C++、C#、Java、Python 等，从实现离线编程系统功能的角度来说，以上高级语言都可以满足要求，但是由于选择的开发工具 Unity3D 内部脚本只支持 C# 语言，同时 C# 包含了众多的类，其中包括了图形界面相关的类和数据通信类。这里离线编程系统选择 C# 作为编程语言。

根据系统的系统模型和设计方案，离线编程系统开发工具应具备的要求如下所示：

（1）开发工具应具有三维物体渲染及操作功能，能够导入喷涂机器人数字孪生体，进一步搭建虚拟仿真环境；

（2）开发工具应具有图形界面 GUI 设计及操作功能；

（3）开发工具应能够对图形界面的响应事件编写程序代码，同时能够通过程序代码控制导入工具内的数字立体模型的位姿；

（4）开发工具应能通过程序代码的执行使系统和机器人控制器通信。

综合以上四点要求，游戏引擎类开发软件 Unity3D 能够满足所有要求且便于开发人员操作、效率高。Unity3D 是由 Unity Technologies 开发的一个轻松创建诸如三维视频游戏、建筑可视化、实时三维动画等类型互动内容的多平台的综合型游戏开发工具，是一个全面整合的专业游戏引擎 [6]。Unity3D 可以创建三维动画，具有数字立体模型渲染能力。Unity3D 作为一款游戏开发引擎，可以设计用于人机交互的图形界面，并且能够编写程序代码控制模型的运动位姿和界面的响应事件，这些程序代码以脚本的形式运行。这些功能正好满足了书中离线编程系统对于开发工具的要求。

# 6.2　虚拟仿真环境下的离线编程系统

## 6.2.1　虚拟仿真环境

虚拟仿真环境是喷涂机器人所处的真实环境在虚拟世界的数字孪生体，是虚拟机器人运动的载体。离线编程系统虚拟仿真环境包括了喷涂机器人数字孪生体和其他相关设备孪生体，例如，喷涂的工件、工件工装和附属设备等。如图 6.7 所示为离线编程系统虚拟仿真环境示意图，图中机器人为喷涂机器人的数字孪生体。

图 6.7　系统虚拟仿真环境示意图

搭建虚拟仿真环境时最重要的是虚拟机器人的搭建，其他设备的搭建与虚拟机器人的搭建过程相同。这里利用 CATIA 三维建模软件搭建虚拟机器人。首先根据喷涂机器人关节的结构参数在 CATIA 结构建模软件中绘制一样的机器人模型，在装配体板块中按照每个关节之间的连接关系配合得到与喷涂机器人一样的机器人装配体，如图 6.8 所示为 CATIA 中绘制的物理机器人模型。将绘制好的机器人模型保存为 STP 文件备用。

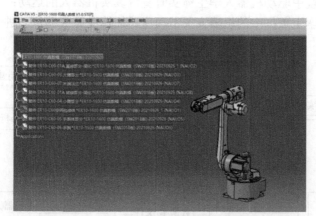

图 6.8　CATIA 中绘制的物理机器人模型图

将导出的 STP 文件导入 PiXYZStudio 进行轻量化处理，经过轻量化处理后的机器人模型文件存储小，且包含了主要的结构特征，在 Unity3D 中渲染时不会出现卡顿等影响离线编程系统运行效果的重大问题。随后打开 PiXYZStudio 导出菜单将机器人轻量化模型导出为 FBX 文件。

将机器人轻量化模型 FBX 文件导入 Unity3D 中，则可以在 Unity3D 中显示机器人模型。刚导入的机器人模型并不能作为喷涂机器人的数字孪生体，因为此时的机器人模型各个关节是彼此独立的 Unity3D 对象，关节的运动并不会连带其后的所有关节运动，这与喷涂机器人的运动特性不符，必须建立各个关节之间的耦合关系，通过 Unity3D 对象的父子关系来满足虚拟机器人关节之间的耦合关系。建立机器人各个关节的父子关系只需要按照关节顺序依次把后一个关节对象名拖动到前一个关节对象名上即可，建立父子关系后机器人模型就具有和喷涂机器人完全相同的运动形式。

虚拟仿真环境和数字孪生其他维度模型之间存在密切的关联，数字孪生体维是虚拟仿真环境的主体，服务维控制对象是虚拟仿真环境，数据维提供虚拟仿真环境工作时所需的数据，数据连接通信维则将采集的物理机器人数据传输到虚拟仿真环境中的对象，虚拟仿真环境更是物理实体维的虚拟映像 [7]。如图 6.9 所示为离线编程系统数字孪生维度模型之间的关联示意图，具体流程如下：

（1）服务维向机器人控制器发送连接申请，连接成功后服务维的接口启动实时监控，持续向机器人控制器发送数据读取请求；

（2）真实机器人根据请求将机器人瞬时的关节角度、速度和加速度等其他数据通过连接维反馈给作为孪生数据维的数据库或文件；

（3）Unity 脚本把机器人反馈的实时关节角度数据赋值给虚拟机器人，从而在虚拟仿真环境中驱动机器人孪生体实时复现真实机器人的运动；另外，服务维相应接口读取孪生数据中的机器人关节速度、加速度等数据从而进一步用于分析或显示。

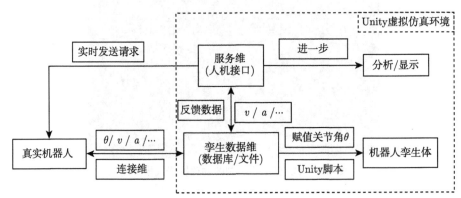

图 6.9　系统数字孪生维度模型之间的关联示意图

## 6.2.2　编程系统面板简介

离线编程系统除了能够完成离线编程工作，还需要提供给用户具有不同功能模块的交互图形界面。按照功能模块的不同，交互界面可以划分为离线示教面板、机器人编程面板、数字孪生面板和信息显示面板。每一个面板实现不同的功能并且由不同的 GUI 组件构成。如图 6.10 所示为离线编程系统交互界面、面板与组件之间的从属关系示意图。

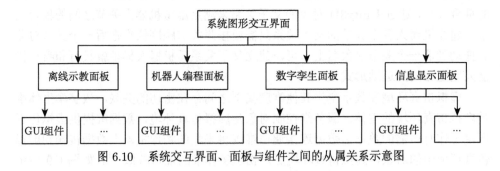

图 6.10　系统交互界面、面板与组件之间的从属关系示意图

### 1. 离线示教面板

离线示教面板功能是离线编程前根据喷涂工艺和轨迹在虚拟仿真环境中操作虚拟机器人单个关节运动或末端运动，以达到满足要求的示教点位姿。该面板实

现的主要功能如下：

（1）可提供按钮供用户选择激活，这些按钮可以增减虚拟机器人每个关节的关节角度以达到符合要求的示教点位姿；

（2）可在笛卡儿空间调整虚拟机器人末端沿坐标轴方向移动，移动的参考坐标系可以选择绝对坐标系和末端自身坐标系；

（3）可以保存满足要求的示教点。

离线编程系统的虚拟机器人只有一台六轴的串联机器人，因此离线示教面板应当有六组控制单个关节运动的按钮组件，其中任一组按钮包括增加关节角和减少关节角两个按钮组件，即 $\{\theta_i \uparrow \quad \theta_i \downarrow\}_{i=1\sim6}$。虚拟机器人末端在坐标轴方向上的运动分为沿 $X$ 轴正反移动、绕 $X$ 轴顺逆时针旋转；沿 $Y$ 轴正反移动、绕 $Y$ 轴顺逆时针旋转；沿 $Z$ 轴正反移动、绕 $Z$ 轴顺逆时针旋转，因此有 12 个按钮组件去控制虚拟机器人末端在坐标轴方向上的运动。因为虚拟机器人末端参考的坐标系可以是绝对坐标系和自身坐标系，所以需要一个点选菜单组件用于坐标系的选择。当虚拟机器人处于要求的位姿时则作为一个示教点需要保存下来，增加一个按钮组件用于保存示教点。考虑到可能需要在前一次示教时保存的示教点序号后进行保存，所以还应当有一个按钮组件用于加载示教点。剩下的有关各个按钮组件的备注信息和各个关节当前角度与限位角度信息则需要 27 个文本组件来显示。如图 6.11 所示为离线示教面板 GUI 组件组成示意图。依次在面板添加所有的组件，在每个组件的 Transform 属性中修改大小和位置，最终得到的离线示教面板的结构形式如图 6.12 所示。

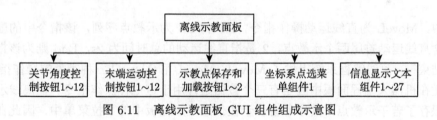

图 6.11 离线示教面板 GUI 组件组成示意图

**2. 机器人编程面板**

机器人编程面板是机器人程序输出的主要功能模块。该面板的主要功能如下：

（1）对机器人程序文件进行操作，包括新建、打开和保存操作；

（2）在新建的机器人程序中编写机器人运动指令，在指令输入完成时有相应的结束操作；

（3）对编写好的机器人程序编译，然后仿真运行，虚拟机器人根据程序文件中每一行指令的指示运动。

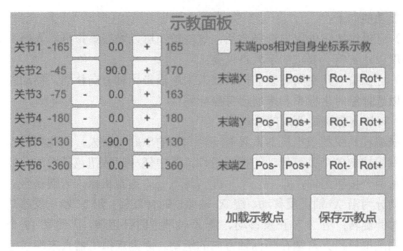

图 6.12　离线示教面板结构形式示意图

　　根据上述编程面板的功能，逐个分析如何设计编程面板。机器人编程面板对程序文件操作包含了新建程序文件、保存文件和编译前打开程序文件，离线编程系统中机器人运动指令由操作命令、示教点序列、运动时间和指令结束符组成，其中示教点序列中示教点的个数根据操作命令而定，离线编程系统中机器人运动指令示例为

MoveL P1 P3 2 End

其中，MoveL 为直线运动操作指令，P1 和 P3 为示教点序列，该指令中的序列包含直线运动首尾两个示教点，2 是指直线运动的总时间为 2s，End 则为该指令的结束符。离线编程系统提供了 MoveJ、MoveL 和 MoveC 三种类型的操作指令，因此在机器人编程面板中应当有三个按钮组件用于这三种操作指令。在离线示教时保存了若干示教点，其序号会显示在信息显示面板中的下拉菜单中，因此在下拉菜单中选择即将写入运动指令的示教点序号后，编程面板应当有一个按钮组件用于确认下拉菜单中示教点，并把该示教点序号自动写入运动指令中。运动时间每一个指令可能不同，所以在该面板应当有一个输入文本框组件用于输入每一个指令的运动时间。编写完一条指令时应当有一个按钮组件向该指令末尾输入指令结束符。最后，为了完成对程序文件的编译和仿真的功能，编程面板应当有两个按钮组件用于编译操作和仿真操作。综上可得到机器人编程面板的 GUI 组件组成示意图，如图 6.13 所示。

　　结合图 6.13 依次添加所有的组件，在每个组件的 Transform 属性中修改大小和位置。最终得到的机器人编程面板的结构形式如图 6.14 所示。

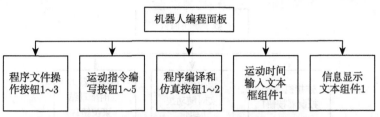

图 6.13　机器人编程面板 GUI 组件组成示意图

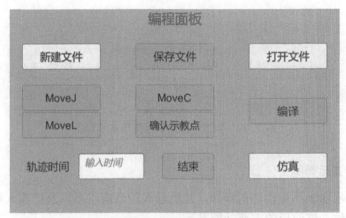

图 6.14　机器人编程面板结构形式示意图

### 3. 数字孪生面板

数字孪生面板是离线编程系统离线编程工作流程的最后一个环节的操作载体，通过该面板虚拟机器人实时再现喷涂机器人的运动，从而达到远程监控的目的。该面板的主要功能如下：

（1）与机器人控制器之间建立数据通信连接，定时地向控制器发送数据请求；

（2）在喷涂机器人喷涂作业时读取实时的关节角度数据并赋值给虚拟机器人的对应关节，实现虚实机器人实时随动。

根据数字孪生面板上述的功能，在喷涂机器人控制器和上位机之间的通信介质连接无误后，该面板需要提供一个按钮组件用于喷涂机器人控制器和上位机之间建立通信连接。当通信连接成功后，虚拟机器人将实时同步喷涂机器人的运动，该面板具有一个按钮组件让虚实机器人实时随动，达到远程监控喷涂机器人喷涂作业的目的，最后，该面板有一个按钮组件用于结束随动。得到数字孪生面板的 GUI 组件组成示意图，如图 6.15 所示。结合图 6.15 依次添加所有的组件，在每个组件的 Transform 属性中修改大小和位置，最终得到的数字孪生面板的结构形式如图 6.16 所示。

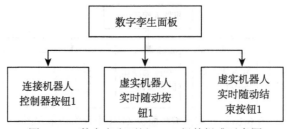

图 6.15　数字孪生面板 GUI 组件组成示意图

图 6.16　数字孪生面板结构形式示意图

#### 4. 信息显示面板

信息显示面板不提供任何操作，是机器人的当前状态以及机器人程序编写信息的显示载体。该面板的主要功能是：

（1）显示离线示教保存的一系列示教点的序号，同时选择示教点序号后虚拟机器人的位姿会相应地改变到示教点位姿；

（2）显示当前时刻虚拟机器人的末端位置和姿态；

（3）显示正在编程的程序文件的内容，同时可以提示当前的操作信息和下一步的操作信息。

因为 GUI 组件中的下拉菜单组件可以保存信息，同时还可以选择下拉菜单某个选项完成指定的操作，这符合信息显示面板的第一个功能，所以该面板应当有一个下拉菜单组件用于保存示教点序号和编程时选择某一个示教点。机器人的末端位姿信息和操作提示信息的显示则可以由文本组件完成，该面板应当有八个文本组件显示这些信息。在机器人程序编写过程中，需要将正在编写的程序文件内容显示出来方便用户查看。但由于程序文件内容可能会较长，如果用文本组件内容会超出面板的区域，而 GUI 组件中的滚动条窗口 Scroll View 组件拥有垂直和水平两个方向的滚动条，当内容超出了窗口区域时就可以使用滚动条翻页查看超出区域的内容，所以信息显示面板应当具备一个滚动条窗口来显示正在编辑的程序文件的内容。信息显示面板的 GUI 组件组成示意图如图 6.17 所示。

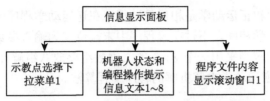

图 6.17 信息显示面板 GUI 组件组成示意图

# 6.3 离线编程系统关键模块程序

### 6.3.1 喷涂机器人正逆运动学程序算法

这里在前面运动学分析的基础上设计相应的程序，这些程序会在离线示教程序的编写过程中被调用，结合交互图形界面中主要面板的关键程序，可以得到最终可运行的离线编程系统。

对于正运动学程序的设计，其目的是计算机器人关节角度作为输入参数对应的机器人末端的位姿[8]。因为机器人共有六个关节的关节角度并且角度可以用小数表示，可以采用一个长度为 6 的浮点型数组来存储关节角度向量，数组从第一个元素开始到最后一个元素分别对应的是机器人第一个关节到第六个关节的关节角度。同理位姿矩阵是 4×4 的矩阵，可以用一个长度 4×4 的浮点型二维数组存储该矩阵，二维数组的元素按照行列与位姿矩阵的元素相对应。该程序的算法只需要根据正运动学方程表达式计算结果即可，如图 6.18 所示为正运动学程序的编程算法。

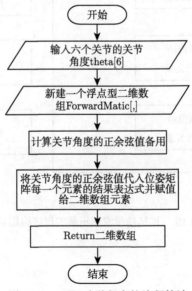

图 6.18 正运动学程序的编程算法

因为逆运动学和正运动学是相反的过程，在逆运动学程序中末端位姿采用的数据结构和正运动学相同，不过在该程序中末端位姿为输入参数。由于逆解共有八组可能解，因此应当采用一个 8×6 的二维数组存放八组解并作为程序的输出，如图 6.19 所示为逆运动学求解析解的程序编程算法。

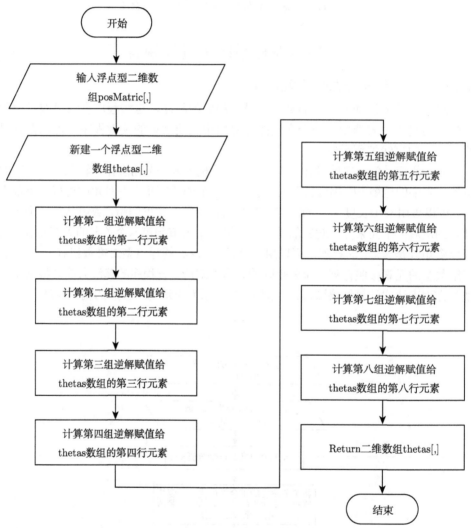

图 6.19　逆运动学求解析解的程序编程算法

### 6.3.2 轨迹规划程序算法研究

轨迹规划分析的结果包括了关节空间的规划和笛卡儿空间的规划[9]，这里分别从关节空间和笛卡儿空间的规划结果设计相应的程序[10]。

#### 1. 关节空间轨迹规划程序算法研究

在关节空间轨迹分析中，已知的输入是起始点位姿和终止点位姿以及运动时间，输出的结果是起止点之间一系列插补点的位姿。因为调用逆运动学程序就可以求出起始点和终止点对应的各个关节的关节角度，同时已知插补点的机器人关节角度调用正运动学程序也可以求出插补点的位姿，所以关节空间轨迹规划程序的输入参数为起始点关节角度、终止点关节角度和运动时间，输出参数为起止点之间插补点关节角度，本章采用五次多项式算法进行插补规划。该程序输入和输出中的关节角度数据仍利用一维数组存储，因为运动时间可以用小数表示，所以运动时间采用浮点型变量存储。

确定了该程序的数据结构，接下来是程序算法。首先应当分别新建一个一维数组和二维数组用于保存插补点的关节角度数据和五次多项式的系数，因为插补点的数量与时间间隔的选取有关，一个一维数组只能存放一次插补的结果，所以程序中应当新建一个文件用于保存每一次插补的关节角度数据。每一个关节计算的方式相同，唯一的区别是关节序号的不同，因此重复的计算可以循环进行，使代码更加简洁。然后从 0 时刻到运动时间内按照时间间隔划分了若干次插补，每次计算插补的过程相同，所以可以将插补点关节角度的计算循环进行。最后将每一次插补计算出的结果保存到新建文件中，直至循环结束，程序结束。关节空间轨迹规划程序编程算法如图 6.20 所示。

#### 2. 笛卡儿空间轨迹规划程序算法研究

在笛卡儿空间轨迹分析中，已知条件和输出与关节空间规划相同，所以同理笛卡儿空间轨迹规划程序的输入参数为起始点关节角度、终止点关节角度和运动时间，输出参数为起止点之间一系列插补点关节角度。该程序关节角度数据仍采用一维数组存储，运动时间数据采用浮点型变量存储。

笛卡儿空间下轨迹规划和关节空间规划的不同在于要求机器人末端沿着特定的路径运动，因此在程序设计中要同时考虑机器人末端位置和姿态的插补。因为直线插补和圆弧插补的规划过程类似，所以两种插补形式的程序设计过程也类似，这里重点介绍直线插补下的程序设计，圆弧插补程序设计不再赘述。

首先，应该进行变量的新建，具体如下：

（1）起始点位姿矩阵、终止点位姿矩阵和插补点位姿矩阵，这些矩阵数据采用二维数组存储；

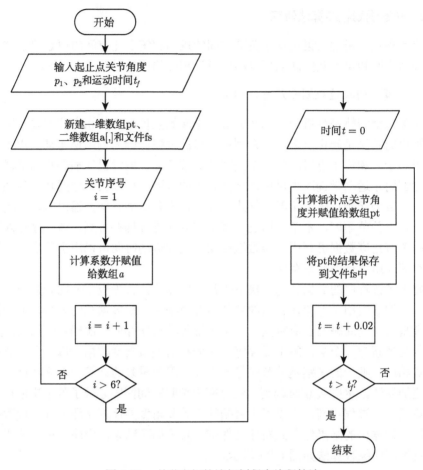

图 6.20 关节空间轨迹规划程序编程算法

（2）插补点的关节角度，用一维数组存储该数据；

（3）存储每一次插补后得到的插补点关节角度的文件，文件的地址由一个指针变量存储。

然后，调用正运动学程序将起止点关节角度作为输入参数计算起止点的位姿，并赋值给对应的二维数组。再根据起止点位姿数据计算位置插补中位移多项式的系数以及姿态插补中旋转参考的向量和起止点之间旋转角的值。

最后，按照时间间隔将运动时间划分为若干次插补，在插补次数内循环计算出插补点的位置和姿态。再调用逆运动学程序求出插补点的关节角度并保存到新建的文件中。直至循环结束后插补完成随即程序结束。如图 6.21 所示为直线轨迹规划程序算法示意图。

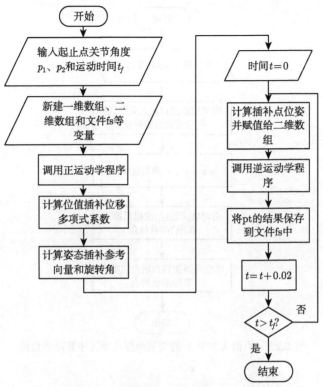

图 6.21 直线轨迹规划程序算法示意图

### 6.3.3 系统离线示教与编程面板主要程序算法

#### 1. 离线示教程序算法研究

离线示教面板主要的操作是通过调节机器人关节角度和机器人末端位姿两种方式对虚拟机器人示教，这里主要介绍调节关节角度程序和调节机器人末端位姿程序的设计。每个关节的调节和位姿在每个坐标轴方向调节的程序类似，只是参数不同，所以分别以机器人关节 1 的关节角度点增程序和机器人末端沿绝对坐标系 $X$ 轴方向的位置点增程序为例介绍调节关节角度程序和调节机器人末端位姿程序的设计。

对于机器人关节 1 的关节角度点增程序来说，点增是指用户点击按钮时关节 1 关节角度增加设定的角度值。该程序中涉及的变量为关节角度，所以数据结构采用浮点型变量。该程序的算法分析过程如下：首先通过运算表达式将关节 1 角度变量增加设定的值；然后将增加后的关节 1 角度值赋值给虚拟机器人关节 1 的 Transform 组件中 LocalEulerAngles 属性值，从而改变虚拟机器人在虚拟仿真环境中的状态；最后将该程序添加到关节 1 响应事件程序列表，这样单击按钮时就

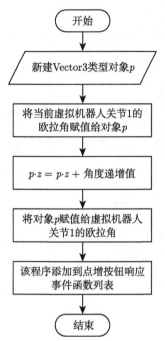

图 6.22　机器人关节 1 的关节角度点增程序算法示意图

会执行一次机器人关节 1 的关节角度点增程序。如图 6.22 所示为机器人关节 1 的关节角度点增程序算法示意图。

　　对于机器人末端沿绝对坐标系 $X$ 轴方向的位置点增程序来说，该程序中涉及机器人末端当前位姿、机器人当前所有关节角、机器人移动后的末端位姿和机器人移动后的所有关节角，因此该程序中数据结构应当分别采用一维数组和二维数组。设计该程序首先要新建变量保存当前机器人末端位姿和所有关节角，然后将机器人在绝对坐标系 $X$ 轴坐标值增加递增量再替换原有的 $X$ 坐标，最后调用逆运动学程序计算移动后的关节角度，并把结果赋值给虚拟机器人所有关节的 Transform 组件中的欧拉角。

### 2. 机器人程序文件编译和仿真程序算法

　　在机器人编程面板中有两个非常重要的按钮，分别是编译按钮和仿真按钮。通过这两个按钮可以在虚拟机器人上预执行编写好的机器人程序。相比之下，该面板的其他按钮都是文件操作，代码在轨迹规划程序中已经提到编写方法。这里主要介绍机器人程序文件编译程序和仿真程序这两个程序的设计。

　　对于机器人程序文件编译程序来说，目的是逐行读取程序文件的运动指令，随后生成运动过程中插补点的关节角度保存到文件中供仿真程序使用。因此该程序中涉及的数据结构应当包括文件、一维数组和字符串，程序算法设计流程如下所述。

（1）新建文件指针，保存机器人程序文件的地址，新建一维数组保存插补点的关节角度，新建字符串保存读取的运动指令。

（2）从程序文件开始位置逐行读取指令，并对指令进行翻译，由于程序文件指令行数事先无法得知，但是又需要循环地读取每一行指令，因此逐行读指令并翻译的操作应当在循环中进行，直到读取的指令为 END 结束循环。

（3）在循环体中读取一行指令并保存到字符串，接下来需要比较字符串指令操作码和哪个已知指令操作码相同。例如，如果比较得出该指令操作码为 MoveJ，则应当将指令操作码后的示教点与运动时间作为输入参数调用关节空间轨迹规划程序，生成插补点关节角度并且保存到文件中。如图 6.23 所示为该程序的算法示意图。

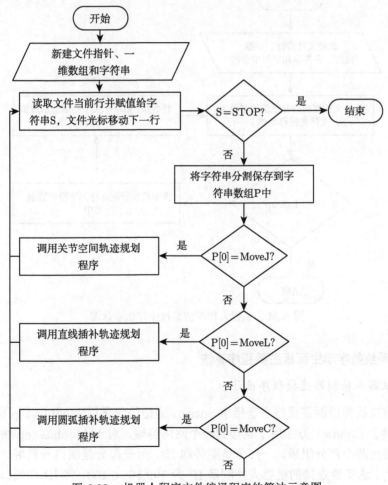

图 6.23　机器人程序文件编译程序的算法示意图

对于机器人程序文件仿真程序来说，该程序的目的是逐行读取编译后的插补点关节角度文件，将读取的关节角度赋值给虚拟机器人关节，从而驱动虚拟机器人运动。因为程序涉及的变量包括文件、关节角和字符串，所以该程序应当采用的数据结构有文件指针、一维数组、字符串和字符串数组。算法第一步新建这些变量，然后建立循环，循环体中先读取插补点文件当前行并赋值给字符串，再比较判断该字符串是否为空，如果是则说明文件已读取完，结束循环，如果结果为否，将字符串分割并保存到字符串数组，每一个元素即为关节角度值，接下来将关节角度值赋值给虚拟机器人对应关节的 Transform.LocalEulerAngles 属性。循环执行完成后程序结束。如图 6.24 所示为机器人程序仿真程序算法示意图。

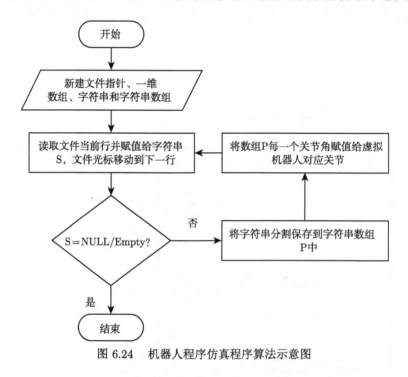

图 6.24　机器人程序仿真程序算法示意图

### 6.3.4　系统数字孪生面板主要程序算法

1. 机器人控制器连接程序设计

通信在软件层面需要建立套接字 Socket，通信协议采用 Modbus-tcp 协议，套接字提供了 Connect 方法用于连接到一个网络终端。对于 Modbus-tcp 协议来说网络终端由两个部分组成，一部分是服务端 IP，另一部分是端口号且端口号固定为 502[11]。这里要连接的机器人控制器 IP 为 192.168.0.103。将 IP 和端口号作为参数调用 Connect 方法即可建立连接。基于上述原理，该程序涉及的变量有套接字、IP 及端口号和网络终端，因此该程序的数据结构为 Socket 类和 IPEndPoint 类的对象以及字符串。

程序算法中首先应当新建字符串用于存放 IP 和端口号的值，然后将这两个字符串作为输入参数新建 IPEndPoint 对象，同时新建套接字，最后以 IPEndPoint 对象为参数调用套接字的 Connect 方法，程序结束。如图 6.25 所示为机器人控制器连接程序算法示意图。

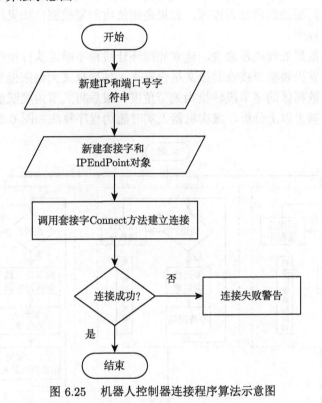

图 6.25 机器人控制器连接程序算法示意图

### 2. 虚实机器人实时随动程序设计

实时随动程序的目的是通过不断地向控制器发送读取关节角度请求，控制器根据请求回复机器人当前的关节角，再经过对回复信息处理后赋值给虚拟机器人的关节，实现虚拟机器人运动与喷涂机器人运动保持实时随动，从而监控机器人程序在喷涂机器人上的运行情况。

该程序需要对报文进行操作，同时将字节数据转换为关节角度，因此采用数据结构，包括字节数组和浮点型一维数组。该程序在执行时发送请求、控制器回复数据、回复数据的处理是不间断的。换句话说，这三个操作需要独立异步地循环进行，在该程序的算法中需要对这三个操作各自建立一个线程，三个线程之间异步地由操作系统调度资源。

对于发送数据请求线程来说，建立死循环让线程不断执行发送请求操作，循环体中首先判断控制器是否连接，如果是则发送请求；如果结果为否就启动控制器连接程序。最后将线程挂起，隔小段时间发送请求。

对于数据回复线程来说，同样建立死循环让线程不断地执行接收回复数据操作。循环体中判断控制器是否连接，如果是则接收回复数据；如果结果为否就启动控制器连接程序。

对于接收数据处理线程来说，建立死循环让线程不断地执行接收数据处理操作，循环体中首先要检查接收的报文是否有误，如果报文无误则提取出报文的数据区，然后将数据区的字节段转换为关节角度，最后将关节角度赋值给虚拟机器人关节即可。基于以上分析，虚实机器人实时随动程序算法如图 6.26 所示。

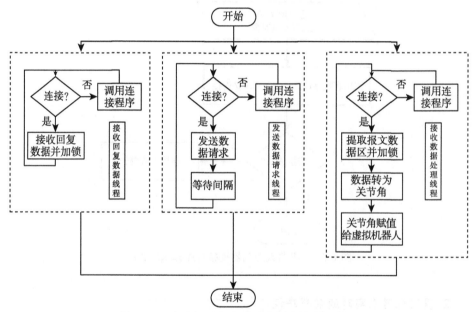

图 6.26　虚实机器人实时随动程序算法示意图

## 6.4　喷涂机器人离线编程系统测试与实验

### 6.4.1　离线编程系统测试

利用离线编程系统编写一个机器人程序，测试离线编程系统的功能，该机器人程序为虚拟机器人末端从途经点 $p_1$ 开始以直线轨迹开始依次经过途经点 $p_2$、$p_3$、$p_4$。其中各个途经点对应的关节角度如表 6.1 所示。测试程序编写过程如下所述。

表 6.1　测试程序途经点机器人关节角度

| 途经点 | $\theta_1/(°)$ | $\theta_2/(°)$ | $\theta_3/(°)$ | $\theta_4/(°)$ | $\theta_5/(°)$ | $\theta_6/(°)$ |
| --- | --- | --- | --- | --- | --- | --- |
| $p_1$ | 0 | 90 | −4 | 0 | 4 | 0 |
| $p_2$ | 0 | 86 | −32 | 0 | 36 | 0 |
| $p_3$ | −11 | 85 | −33 | −20 | 40 | 16 |
| $p_4$ | −11 | 89 | −3 | −70 | 11 | 70 |

（1）利用离线示教面板操作虚拟机器人运动，如图 6.27 所示，当虚拟机器人依次运动至表 6.1 中途经点时，单击保存示教点按钮，保存途经点处的示教点。

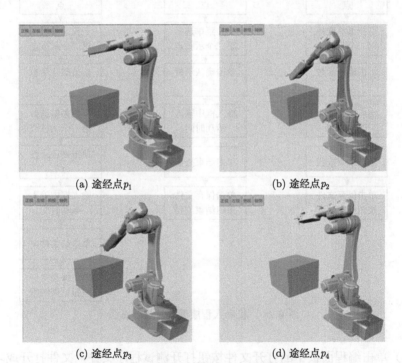

(a) 途经点$p_1$　　(b) 途经点$p_2$　　(c) 途经点$p_3$　　(d) 途经点$p_4$

图 6.27　虚拟机器人在途经点处的位姿示意图

（2）在编程面板中编写机器人程序，编写流程如图 6.28 所示。本测试程序中从示教点 $p_1$ 运动到示教点 $p_2$ 的运动指令操作码选择 MoveJ，从示教点 $p_2$ 运动到示教点 $p_3$ 的运动指令操作码选择 MoveL。

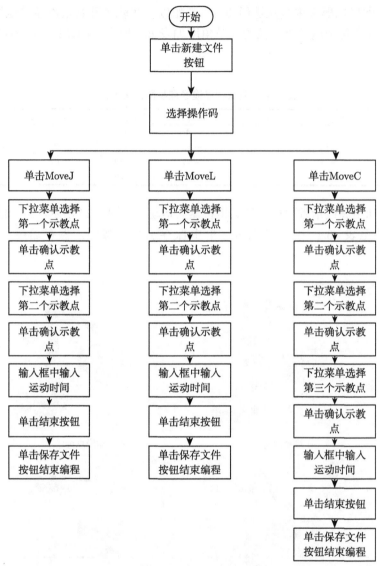

图 6.28 机器人程序编写流程示意图

（3）单击编程面板中的打开文件按钮打开测试程序文件，文件打开成功后单击编译按钮，提示编译成功即编译完成。

（4）编译成功后单击编程面板中的仿真按钮，此时在虚拟仿真环境中虚拟机器人开始模拟执行测试程序并做相应的运动，如图 6.29 所示为测试程序仿真结果，仿真结果中显示了虚拟机器人的运动路径。

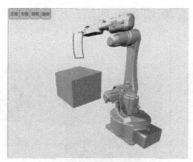

(a) 运动路径轴侧视图        (b) 运动路径主俯视图

图 6.29 测试程序仿真结果示意图

### 6.4.2 虚实机器人实时随动实验

本节介绍如何在喷涂机器人上执行该测试程序,利用数字孪生面板实时交互程序执行过程中喷涂机器人关节角度数据,从而虚拟机器人实时跟随喷涂机器人的运动,达到对喷涂作业过程远程监控的目的 [12]。

为了验证离线编程系统虚实机器人实时随动功能,这里搭建了一套虚实机器人实时随动实验平台。该实验平台中主要设备包含一台六轴喷涂机器人、一套供漆系统、一个喷枪和一台运行离线编程系统的 PC。

将编写好的机器人测试程序在喷涂机器人上执行,借助虚实机器人实时随动实验平台,验证机器人程序运行过程中虚实机器人实时随动功能,与离线编程测试结果相结合进一步验证本离线编程系统涵盖程序编写和执行时状态远程监控的特点。具体实验步骤如下所述。

(1)将上位机和机器人控制器之间的通信物理介质连接成功。因为在程序设计中上位机与机器人控制器之间的传输协议为 Modbus-Tcp 协议,所以传输端口选用以太网口,本章离线编程系统与机器人控制器之间的通信物理介质则选用常用的水晶头双绞线。利用双绞线将上位机连在机器人控制器 Ethernet2 网口。

(2)机器人上电,查看无故障后,在示教器中配置 Modbus 窗口,打开数据传输模块。检查喷涂设备如供漆系统和喷枪是否正常工作,同时调节调压阀。

(3)运行离线编程系统并单击数字孪生面板中的连接控制器按钮,等待显示面板中提示连接成功,说明离线编程系统与机器人控制器之间已建立通信。将机器人测试程序传输到喷涂机器人控制器中,在示教器中打开执行,同时单击数字孪生面板中的实时随动按钮,观察虚拟机器人与喷涂机器人之间是否保持实时随动。

测试程序在喷涂机器人上执行后,喷涂机器人开始在画布上喷漆,系统实时采集喷涂机器人的关节角度,同时虚拟机器人与喷涂机器人保持实时随动。虚实机器人实时随动是动态过程,因此为了方便展示虚实机器人实时随动结果,捕捉虚实机器人实时随动过程中的若干瞬间, 如图 6.30 所示。从图中可以看出, 每一个瞬间虚实机器人的运动状态保持同步。

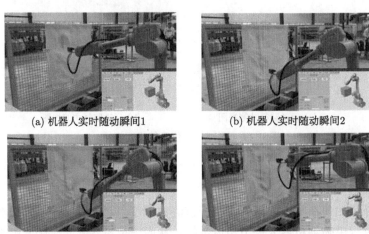

(a) 机器人实时随动瞬间1　　　　　　(b) 机器人实时随动瞬间2

(c) 机器人实时随动瞬间3　　　　　　(d) 机器人实时随动瞬间4

图 6.30　虚实机器人实时随动实验结果捕捉瞬间

测试程序执行时间为 5s, 以时间间隔 0.02s 保存喷涂机器人和虚拟机器人实时随动过程中的关节角度, 分别得到 250 组关节角度数据。借助 MATLAB 得到采集的虚实机器人关节角度数据随时间的变化曲线如图 6.31 所示。从图中可以

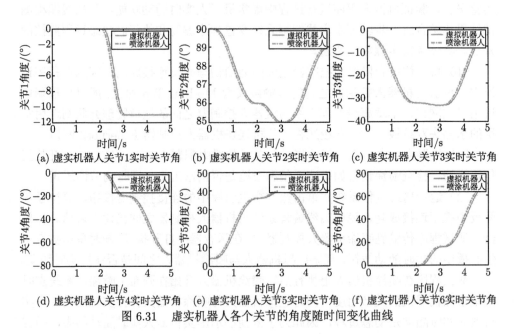

(a) 虚实机器人关节1实时关节角　(b) 虚实机器人关节2实时关节角　(c) 虚实机器人关节3实时关节角

(d) 虚实机器人关节4实时关节角　(e) 虚实机器人关节5实时关节角　(f) 虚实机器人关节6实时关节角

图 6.31　虚实机器人各个关节的角度随时间变化曲线

看出，喷涂机器人和虚拟机器人每个关节的角度随时间的变化走势完全相同，说明虚拟机器人再现了喷涂机器人的位姿从而与其保持随动。

从图 6.31 中可以看出，喷涂机器人和虚拟机器人关节角度存在短暂的延时，出现这一现象的原因是系统处理采集到的喷涂机器人关节角度数据会造成短暂的延时。在图 6.31 的基础上，以固定横轴时间的方式采集现有的 250 组数据用于分析同一时刻虚实机器人关节角度偏差，同时刻虚实机器人关节角度偏差如图 6.32 所示。

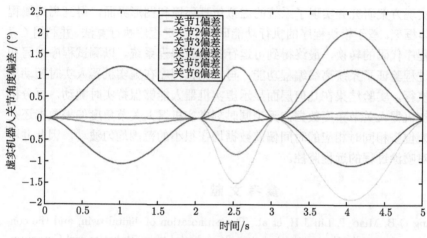

图 6.32　同时刻虚实机器人关节角度偏差示意图（彩图见二维码）

根据图 6.32 计算同时刻下关节 1~6 的角度偏差最大值、最小值、均值、标准方差和极差，如表 6.2 所示。从表中可以看出，虚实机器人同一时刻所有关节的角度偏差介于 $-1.874° \sim 2.024°$，同时前三个关节的角度偏差介于 $-1° \sim 1°$，而前三个关节主要影响机器人末端的位置，并且从均值可以看到偏差基本处于 $0°$ 附近动态变化，因此同时刻虚实机器人角度偏差处在一个非常小的范围，即使在偏差最大的时刻对应的位姿差别也并不影响人眼对虚实机器人实时随动监控的要求。

表 6.2　虚实机器人同时刻关节角度偏差数据统计

| 关节序号 | 最大值/(°) | 最小值/(°) | 均值/(°) | 标准方差/(°) | 极差/(°) |
|---|---|---|---|---|---|
| 1 | 0 | −0.8241 | −0.0877 | 0.218 | 0.8241 |
| 2 | 0.15 | −0.15 | −0.00797 | 0.0878 | 0.2999 |
| 3 | 1.125 | −1.05 | 0.00793 | 0.6206 | 2.174 |
| 4 | 0 | −1.874 | −0.5577 | 0.6644 | 1.874 |
| 5 | 1.2 | −1.087 | 0.0558 | 0.656 | 2.287 |
| 6 | 2.024 | 0 | 0.5577 | 0.6862 | 2.024 |

# 6.5　本章小结

　　本章在现有的数字孪生技术和离线编程技术的基础上，将数字孪生技术应用于喷涂机器人离线编程，研究并实现了基于数字孪生技术的喷涂机器人离线编程系统，既可以离线编程也可以通过虚实机器人实时随动地对喷涂机器人程序运行状态远程监控。基于离线编程中数字孪生五维模型，分析得出系统的功能模块、工作原理和工作框架，进一步研究得出系统的实现方案，指导后续系统研究与实现。基于系统实现方案研究并实现了系统的虚拟仿真环境和图形界面，得到离线编程系统的主体框架。基于模块程序的执行功能研究了关键程序执行算法，并利用 C# 语法实现程序代码的转换，最终得到可运行的离线编程系统。以测试程序编写和模拟仿真过程验证了系统离线编程功能，再将测试程序在虚实机器人实时随动实验平台上执行，实验结果在几何层面显示虚实机器人能够保持实时随动，再分析采集的虚实机器人关节角度数据，无论同时刻虚实机器人关节角度偏差数据还是虚实机器人位姿相同时相应的时间偏差数据均在很小的范围均匀波动，因此并不影响用户对喷涂过程的远程监控。

## 参 考 文 献

[1] Zhuang C B, Miao T, Liu J H, et al. The connotation of digital twin, and the construction and application method of shop-floor digital twin. Robotics and Computer-Integrated Manufacturing, 2021, 68: 102025.

[2] 李明超. 电厂热力系统稳态建模仿真软件开发及应用. 杭州: 浙江大学, 2020.

[3] 孟小净, 张东生, 王玮, 等. 数字孪生技术及在武器装备工艺质量管理中的应用. 机械工程与自动化, 2021, (4): 220-223.

[4] Probst E. Shifting from on-machine to offline programming. Modern Machine Shop, 2021, 93(9): 50-58.

[5] Manou E, Vosniakos G C, Matsas E. Off-line programming of an industrial robot in a virtual reality environment. International Journal on Interactive Design and Manufacturing, 2019,13(2): 507-519.

[6] 傅涛, 杜建卫, 赵志峰, 等. 通信设备仿真中 3D 仿真技术的研究与实现. 甘肃科技, 2014, 30(3): 8-10.

[7] 陈烽, 祖冰畴. 校园视频监控人员安全动态特征识别仿真. 计算机仿真, 2018, 35(6): 238-241.

[8] Ayyıldız M, Çetinkaya K. Comparison of four different heuristic optimization algorithms for the inverse kinematics solution of a real 4-DOF serial robot manipulator. Neural Computing and Applications, 2016, 27(4): 825-836.

[9] Hu X P, Zuo F Y. Research and simulation of robot trajectory planning in joint space. Applied Mechanics and Materials, 2011, 103: 372-377.

[10] Xu Z J, Wei S, Wang N F, et al. Trajectory Planning with Bezier Curve in Cartesian Space for Industrial Gluing Robot. Cham: Springer Intornational Publishing, 2014: 146-154.

[11] Li Y X, Zhang M L, Niu D M, et al. Design and implementation of embedded system based on modbus TCP/IP. The 3rd International Conference on Computer Design and Applications, 2011: 476-479.

[12] 陈志. 基于数字孪生技术的喷涂机器人离线编程系统研究与实现. 合肥: 合肥工业大学, 2022.

# 第7章
## 智能喷涂生产线多机协同与动态监控技术

相对于单机器人系统而言，多机器人系统适应更加复杂多变的动态环境，对环境中的干扰和机器人故障具备更好的鲁棒性；通过多个结构简单、成本较低的机器人组建团队，能够达到甚至超越成本高昂的单机器人所能产生的效果[1]，多个机器人组成协作团队，能够并行执行更加复杂的分布式任务，效率更高。

在汽车及其零部件领域，国内外的自动化喷涂系统发展较早，自动化水平相对比较成熟，在相应的涂装生产线上都配有完整的喷涂监控系统，但在家具、五金、卫浴等喷涂行业上，一些企业受限于生产规模小、种类繁多等因素，大多数机器人自动喷涂系统智能化程度低，缺少对应的动态监控及信息反馈系统，仅仅依靠机器人控制柜提供的喷涂参数来了解喷涂工作状况，操作烦琐且效率不高。因此直观可靠的实时动态监控系统研究[2]对喷涂行业的发展有着至关重要的作用。本章主要研究了多机器人系统协同技术和协调机制，并介绍了智能喷涂生产线动态监控技术及监控软件。

## 7.1 多机器人系统协同与协调机制

### 7.1.1 多机器人系统体系结构

多机器人协调是指在一个多机器人系统中，当其中一个机器人采取行动时，要考虑系统中其他机器人的状态，使机器人间能够协调一致地、有效地完成任务。多机器人系统依靠个体机器人之间的简单组合并不能发挥其优势，只有通过有效协调，明确了各机器人之间逻辑上和物理上的信息关系和控制关系，以及问题求解能力等，并将多机器人系统的结构与控制有机结合起来，才能发挥系统的优势，适应任务和环境的变化[3]。多机器人协作系统体系结构如图7.1所示。

系统由任务规划层，协调规划层，行为控制层三部分组成。任务规划层赋予机器人协作能力、组织能力。它包括任务规划、机器人角色分配、通信等三个模块，是多机器人系统的最高控制层。任务规划模块可以对任务进行分解和分配。角色分配模块负责指定机器人团队中每个机器人的角色。不同的角色决定了机器人不同的行为方式。通信模块用来实现多机器人之间的通信。协调规划层是为了解决机器人之间具体的运动控制问题。任务规划层确定了每个机器人的角色后，机器人根据当前的目标、自身状态、传感器数据等信息，采用基于行为的方法，为各部分机器人规划出具体的运动方向和运动速度。对于协调规划层中无法处理的问题，则返回上层，交由任务规划层处理，重新进行任务规划。行为控制层的设计是为了执行协调规划层产生的运动控制命令，产生相应的动作，实现具体的控制。在动作执行期间，利用机器人的各类传感器对周围环境进行感知，检查冲突，并把获得的数据反映给协调规划层[4]。

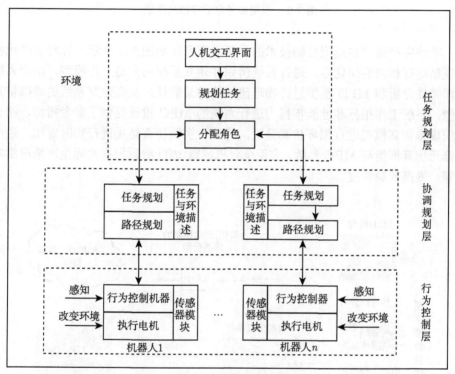

图 7.1　多机器人协作系统体系结构

## 7.1.2　基于模型预测 PID 的生产线自适应控制技术

自适应控制技术是指系统在运行过程中能不断地检测系统参数或运行指标，并且根据参数或运行指标的状态变化，通过改变控制参数或改变控制作用，使系统达到最优或次最优工作状态的一种方法。

模型参考自适应控制是自适应控制方法的分支，其基本思想为根据预设的控制性能指标，建立参考模型，使系统的输出为输入信号的期望响应，即系统的理想输出。将其与系统的实际输出信号之差输入自适应环节，产生对控制律的调节作用，使参考与实际输出的差值趋近于零，即实际系统模型向参考模型逼近，直至达到一致[5]。模型参考自适应控制框图如图 7.2 所示。

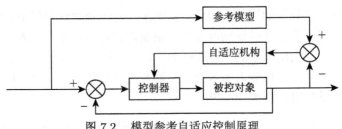

图 7.2　模型参考自适应控制原理

　　喷涂生产线中自适应控制技术的分析研究方法如图 7.3 所示。针对生产线物理模型进行相应的简化后，进行系统辨识并建立系统的简易工作模型，结合系统工作特性分析和 MLD 模型进行物理建模的参量估计，从而建立系统的虚拟仿真模型。系统工作指标和性能指标为进行系统的 MPC 设计提供了参考指标，结合系统虚拟仿真模型进行闭环仿真分析，并联合实验仿真结果进行实时对比，进一步修正仿真模型与 MPC 参数，实现单台机械臂 PID 参数根据实际生产情况实时调整，提高控制精度。

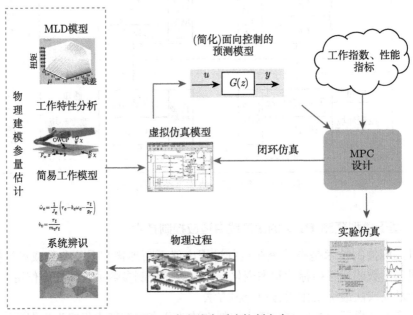

图 7.3　生产线自适应控制方案

### 7.1.3　多喷涂机器人系统环境感知与建模

　　传感器在环境及传感器自身特性的影响下，采集得到的数据会存在一定的偏差，根据单个传感器信号或者单一类型的信号提取的信息不能很好地反映实际的环境特征，因此在机器人本体及喷涂机器人工作环境中安装相应的传感器，并根据喷涂机器人结构、工作运动情况和具体工作环境确定传感器采集数据类型，设计相应的数据处理方法对多个异类传感器采集得到的数据进行处理，机器人可通过识别环境中的参考物体较容易地实现多机器人间传感器数据校准，进而使得多机器人合作全局环境感知较易实现[6]，实现快速准确地提取数据的特征并建立相应的环境模型。选取适当的数据融合的功能模型、结构模型和数学模型，实现多传感器数据的快速准确的融合过程。建立多喷涂机器人系统离线学习历史数据库，将信息融合结果与数据库进行比对，进行多机器人系统工作模式及运动轨迹的估计与识别，实现环境识别与目标定位。多喷涂机器人系统的环境感知和建模的方案路线如图 7.4 所示。

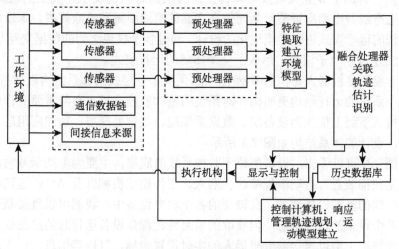

图 7.4  多喷涂机器人系统的环境感知与建模方案路线图

基于机器学习的合作决策进行多机任务合理分配，多机器人系统任务分配（multi-robot task allocation，MRTA）从机器人执行任务的能力、任务对机器人的需求数量以及分配时间的变化情况这三个维度，划分为 8 种类型[7]。

多机器人任务分配根据自身的任务需求，选择合适的任务类型，能够合理调度机器人队伍，同时对机器人的工况饱和、任务冲突、欠缺能力、出现故障等特殊情形进行调度协商，是多机器人系统研究的基础问题[8]，体现了系统的高层组织形式与运行机制。

形成多机器人系统的冲突消解策略，解决多机器人避障轨迹规划、目标搜索和停驻等问题；根据最优控制理论建立最优条件和动力方程，结合工作模式进行行为分解和多机器人力矩交互实现物理交互；通过目标观测和数据关联实现分布式感知，通过优先规划和速度调谐进行运动规划，每个机器人根据从其他机器人和周边环境中获得的信息进行独立的路径规划[9]，对多机器人系统而言，路径规划要给系统中的每台机器人寻找一条优化路径，不但要考虑机器人与环境之间的避障问题，还要考虑机器人之间的避碰问题。采用优先级、磋商等协调机制来修改局部规划，解决冲突问题[10]。

## 7.2　智能喷涂生产线动态监控系统

### 7.2.1　动态监控系统总体构架

通过多机器人喷涂生产线的监控系统对生产线上的设备运行状况及故障进行实时监控，有助于专业人员及时掌握生产线的运行状况及生产线上的故障信息，迅速对生产线做出相应调整，从而提高产品的喷涂质量和喷涂效率。本章对整个喷涂系统的运行模式进行了模块化的设计，通过各个模块之间的数据交互与反馈，整个系统分为 6 个子模块，形成了一个闭环的运行模式。

对于整个多机器人协作的喷涂生产线，采用了分层式的体系结构设计思想[11]，使得整个系统的运行结构更明确，对系统的整体监控来说也有着重要的作用。该体系结构从下到上依次为设备层、数据采集层、数据处理层、功能应用层及总体监控层，设计的体系结构如图 7.5 所示。

由图 7.5 可以看出，设备层位于监控系统的底层，主要为主动示教喷涂机器人、视觉扫描装置、自动编程喷涂机器人、工件搬运机械臂及 AGV 运送小车等喷涂生产线的基础设施装备。在该层的各个机电设备中，我们可以直接获取喷涂系统的各个设备的运作信息，但获取的信息往往都是设备运行时的静态信息，如机器人控制柜上可以直接获取机器人的实时位置坐标、气压等信息，但无法获取和储存机器人整个运行过程中的轨迹和速度等动态信息，不能在后期对机器人的性能和运行可靠性等进行评估分析。数据采集层使用了柔性采集的设计方法，融合了多种数据采集方式，包含了各种传感器（光电传感器、红外传感器、压力传感器、温度传感器等）、工控机、RFID、移动数据采集器、机器人联网等多种数据采集方式。针对不同的设备使用不同的方式进行数据的采集，能够很好地获取和存储整个系统运行过程的信息，弥补了设备层的不足。

数据处理层主要进行数据的融合与完整性检查，数据统一分类和数据储存，将采集到的数据处理并存储于喷涂生产数据库中，作为后面对机器人系统的分析和评估的基础。功能应用层能够实现生产任务的跟踪，生产过程的数据分析，喷涂机器人工作状态的查询。总体监控层位于监控体系的最高层，主要功能是监控查看整个生产线各个设备的实时运行状态，监测系统的故障情况并迅速做出反馈，并以 Labview 为基础设计人机交互的可视化监控界面，集成显示整个系统的运行状况，使用户能够简单迅速地掌握生产线的运作状况并及时相应地调整机器人喷涂系统与控制模块。

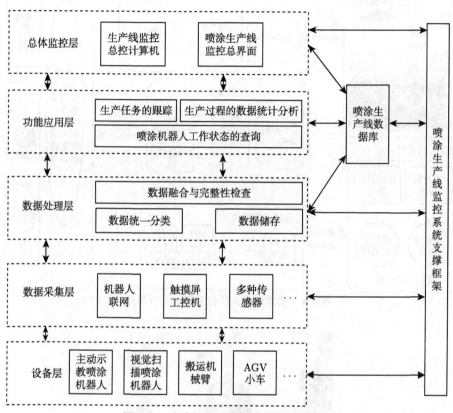

图 7.5 喷涂机器人监控系统的体系构架

由图 7.6 可以看出，喷涂系统主要由两台喷涂机器人和一台搬运机器人组成，每台机器人都具有特定的功能，机器人的具体型号和图片如图 7.7 所示。系统的控制模块，尤其是机器人的运动控制，主要还是依托于机器人本体的控制，机器人控制柜里的运动控制器与机器人的各个运动轴相连，而运动控制器的指令由上位的工控机进行传输，触摸屏的设计能够更方便专业人员进行指令输入及故障修复等，机器人控制柜的触摸屏及运动控制器如图 7.8 所示。控制柜里的 PLC 模块可以读取运动控制器里的信息，将数据传输到上层监控 PC，是系统集成化监控的重要一环。

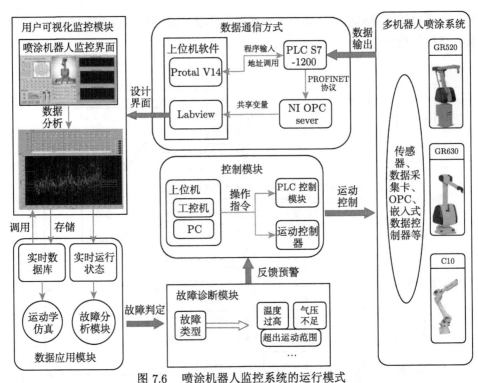

图 7.6　喷涂机器人监控系统的运行模式

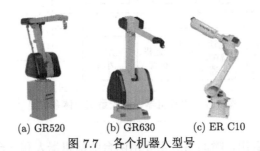

(a) GR520　　　(b) GR630　　　(c) ER C10

图 7.7　各个机器人型号

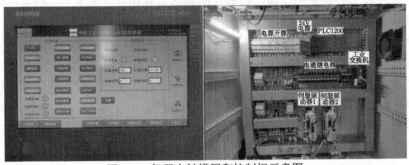

图 7.8　机器人触摸屏和控制柜示意图

### 7.2.2  动态监控系统模块介绍

#### 1. 数据通信模块

PLC 作为可编程逻辑控制器，具有高可靠性、抗干扰能力强等优点，并且配套齐全，功能完善，适用性强。而 Labview 作为上位机软件，具有编程高效、灵活、面向对象、强大的图形编辑能力等特点，并具有可视化的编程环境，非常适用于监控系统的上位软件。所以选择 PLC 模块和 Labview 软件作为系统通信的基础。

由机器人本体采集的数据，如机器人的运动信息等，可以传输到机器人控制柜的 PLC 模块，而且整个系统还拥有一个总控制柜，里面的 PLC 模块可以整合整个喷涂系统的状态信息，作为与上位监控 PC 端的一个交互的模板。整个监控系统的数据交互的核心是 PLC 与 Labview 之间的通信。在喷涂系统中，使用 NI OPC 通信技术，实现 PLC 与 Labview 上位机软件的通信，完成对 PLC 控制器中的数据实时获取以实现对整个喷涂系统的动态监控。OPC 通信定义了基于 PC 的客户机之间交换自动化实时数据的方法，具有以下优势：① OPC 支持传输控制协议 TCP/IP 等网络协议；② OPC 可封装对象，调用方便；③ 实现了远程调用功能；④ 可简化系统，进行组态化设计；⑤ 系统开放性高，易与其他系统对接。

通过传感器、数据采集卡、OPC 及嵌入式数据控制器等多种数据采集方式，生产线上多机器人的运行状态可以实时地传输到控制柜的 PLC S7-1200 模块。PLC 模块通过串口通信与工控机相连，进行数据交互，并使用 PROFINET 协议，通过 LAN 口与监控端 PC 进行实时通信。监控端 PC 分别使用西门子的 Protal V14 和 NI 的 Labview 两款软件作为上位机软件，Protal V14 主要用来导入和修改 PLC 的控制程序并配置变量的调用地址，以方便相关变量的实时监控；Labview 作为喷涂生产线监控系统的主要上位机软件，用于整个监控系统的界面设计及机器人运动状态的实时监控。

对于 Labview 与 PLC 模块之间的数据通信，利用 NI OPC serve 作为通信介质，建立通信专属 Channel，并匹配 PLC 模块中的变量地址，结合 I/O 服务器创建共享变量，导入 Labview 中以实现机器人运行状态的实时可视化监控。其具体通信流程如图 7.9 所示。

PLC 与 Labview 的具体通信方式为在 NI OPC serve 模块里建立以 Siemers TCP/IP Etherent 为基础的通信 Channel，然后创建 Device，选择 s7-1200 并匹配设备的 IP 地址，通信成功后，选择创建需要监控的运动变量。对于上位机软件 Labview，建立 I/O 服务器里的 OPC Client，匹配 NI OPC serve 里的地址，然后将监控变量捆绑为共享变量，并导入 Labview 程序模块中，即可在可视化监控界面中实时监测机器人的运动状态。通过 Labview 软件监控所导出的数据可以存储于数据库中，并可以随时调用实时数据库中存储的生产线运行数据进行生产线运行状态的评估。通过监控所存储的数据能够作为后期的数据分析、运动可靠性仿真分析及故障诊断分析的基础。

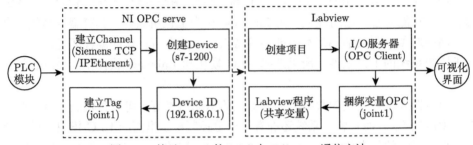

图 7.9　基于 OPC 的 PLC 与 Labview 通信方法

### 2. 故障诊断模块

　　喷涂机器人系统监控是为了了解系统的生产状况和设备工作状态，而生产线的工作异常和设备故障的预警是至关重要的一部分[12]。通过提前预防和处理，能够帮助生产者进行决策判断并有效降低生产成本，使得喷涂设备的运行和管理更加信息化和智能化，所以，监控系统中的故障诊断和预警对生产线的高效生产不可或缺。在本监控系统中，机器人控制柜的触摸屏面板可以实时显示机器人运行的状态和一些故障报警信息，如机器人的编码器，运动和电机等信息，出现相关故障，会有一定的报警指示和预警信息显示，如图 7.10 所示，图中显示的为喷涂机器人本体的触摸屏显示界面，为喷涂机器人系统自带的故障诊断系统，仅仅依靠机器人系统的故障诊断模块还存在一些局限性，由于故障信息与诊断只能显示于机器人控制柜的触摸屏上，所以工作人员无法离开机器人的本体去进行故障诊断，也不能同时对整个系统进行集成化的预警信息查询，显著地降低了管理者的工作效率，并且工作人员时常需要在机器人运行的时候进行故障诊断，存在一定的安全隐患。由于喷涂机器人本体自带的故障诊断系统具有以上一些局限性，本章的监控系统在喷涂机器人本体系统的基础上开发新的故障诊断系统，使其具有集成化的特点和远程诊断等功能。

图 7.10　喷涂机器人本体故障诊断系统界面

为了解决上述问题，本监控系统使用 PLC 模块对生产线的故障信息进行集成化处理，通过读取机器人系统运行过程中的故障信息，将故障代码转化为相关指令，建立故障模型，然后通过 PLC 与 Labview 的通信，与监控 PC 端集成显示机器人的故障类型，使工作人员能够远程监控整个喷涂系统的预警状况，并保障了人员的工作安全性。通过机器人的本体故障监控，并结合监控数据的分析进行实时诊断，确定具体故障类型后，如温度过高、气压不足、超出运动范围等故障状况，再通过故障反应模块发出指令反馈到工控机及 PLC 模块进行故障的处理，形成故障反馈的闭合回路。基于生产线实时监控的设备信息，并结合动态系统的故障预测方法，对系统做出故障诊断，然后调整生产线的运行状态，从而提前预防故障。

## 7.3 喷涂生产线系统动态监控软件开发与测试

### 7.3.1 软件开发环境与需求

　　针对喷涂机器人的生产线的动态性能跟踪监控，这里研究开发了一种基于 Labview 软件的喷涂机器人可视化监控系统 [13]，监控软件系统是在 Labview 软件中运行的，运行需要在 NI Labview2017 或者更高版本，另外需要安装 NI Labview DSC 模块 2017 或者更高版本。软件开发环境基于 Windows 10 操作系统，且采用 Labview 软件下用户开发模块，具体内容如表 7.1 所示。

表 7.1　监控软件的运行环境

| 名称 | 内容 |
| --- | --- |
| CPU | Intel i5-8400 或以上 |
| 内存 | 2GB 或以上内存 |
| 硬盘空间 | 50GB 以上 |
| 输入设备 | 键盘、鼠标 |
| 操作系统 | Windows 10 操作系统 |
| 开发环境 | Labview 2017 |

　　软件系统整体包括喷涂机器人、机器人控制柜 PLC 模块、虚拟 OPC 服务器、工控机 (PC) 以及客户端显示器等其他外部设备。其中机器人控制柜中的 PLC 模块可以实时接收来自运动控制器的信号，再转化为 PLC 的相关逻辑变量和随机变量等。PLC 模块与工控机或监控端 PC 通过有线网络或无线网络连接，将代表机器人实时运动数据的相关变量通过地址匹配的方式，传递给建立的虚拟 OPC 服务器并产生共享实时变量。监控端 PC 软件 Labview 通过 DSC 模块与 OPC 服务器建立的共享实时变量，完成一系列的编程与数据处理，并建立相应的监测界面、数据存储及报警机制，其信息流程图如图 7.11 所示。

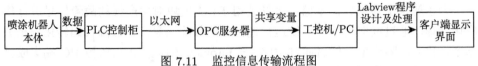

图 7.11　监控信息传输流程图

### 7.3.2　动态监控软件交互界面

对于喷涂机器人生产线，系统的动态性能监控分为主界面和子界面，系统的主界面可以实时显示各台机器人的设备状态信息和整个喷涂生产线上其他设备的状态信息[14]。各个机器人监控子界面，如 GR630、GR520、C10 和 AGV 监控子模块的信息，通过按钮可以链接到其监控子面板上进行详细的动态性能监控，如图 7.12 ~ 图 7.14 所示。

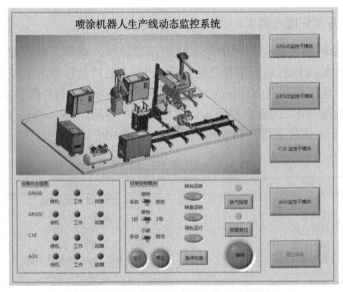

图 7.12　喷涂生产线系统监控总界面

以其中一个监控子模块为例，由图 7.13 可知，界面中显示有机器人的基本运动状态、环境温度、气压等基本性能指标，通过监控子界面，可以清晰地了解机器人的实时运行状态及运行环境状态。在数据分析子面板中，还有更加详细的监控信息，可以分析机器人一个运动周期中的运动参数的变化趋势及其运动特点，可以为后续的可靠性分析、运动规划等提供详细的机器人运动数据。

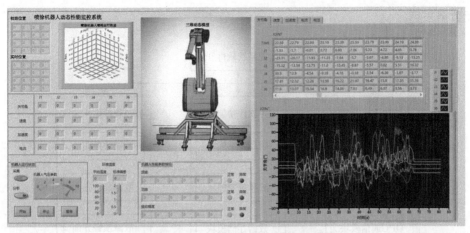

图 7.13 机器人监控子模块界面

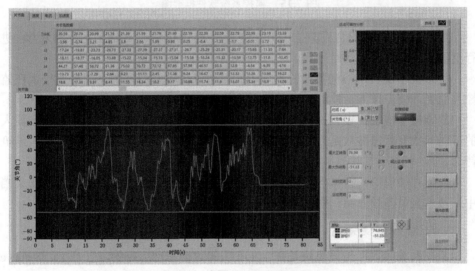

图 7.14 性能分析监控界面

### 7.3.3 监控软件系统执行方案

对于监控系统的软件操作，以 Labview 软件为开发基础，通过 OPC 的数据传输介质，进行数据的实时采集、显示、故障判断和历史数据储存等，主要分为 6 个模块进行操作。其流程框图如图 7.15 所示。

系统登录模块：使用该机器人监控系统需要用户名及密码，使软件使用具有一定的安全性。

OPC 通信模块：通过 PLC 中的变量与 OPC 服务器中的新建变量进行地址匹配并捆绑，转换 PLC 中的数据变量为 OPC 共享变量，便于 Labview 的编程及数据采集。

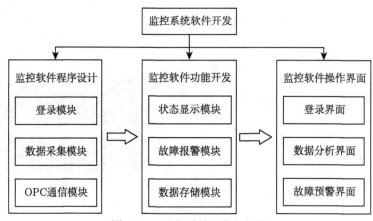

图 7.15　监控系统软件框架图

数据采集模块：将之前建立的共享变量导入 Labview，编写数据采集程序，进行机器人运动信息的实时采集。

状态显示模块：将机器人的各项实时参数以数字及波形图表的形式呈现在监控界面上，使工作人员能够直观地了解到机器人的运行状态及相关运动信息。

故障报警模块：设置机器人的性能参数阈值，通过逻辑判断模块识别机器人的运动参数及状态参数是否超限，从而进行故障报告并发出指令，使机器人停机待命。

数据存储模块：将机器人工作时的各项运动数据以时间轴的形式存储在文档中供技术人员随时查阅，同时为后期的数据处理分析打下基础。

1. OPC 通信模块

监控系统的数据传输模块是基于 OPC 的数据基础运行的，打开 OPC serve 2017，当 PLC 与 OPC serve 2017 建立通信完毕后在 OPC 中的 Channel 与 Device 中建立对应的通道，选择相对应的 PLC 模块，然后在 Device 模块中添加需要监控的变量（Tag），并根据其传递数据类别的对应关系设置共享变量的具体属性，最后通过地址匹配 PLC 中的对应变量，将表示机器人相关运动信息的变量传输到了 OPC 服务器上。在 PLC 与 OPC 服务器的通信连接后，打开 Labview 程序项目，右击"我的电脑"建立 I/O 变量，选择 OPC client，再选择选项中的 NI OPC serve，此时项目中已添加 OPC 服务器，右击项目中 OPC 图标选择绑定变量，再选择添加 OPC 服务器中与 PLC 模块完成匹配后的运动变量，完成变量从 PLC 到 OPC 服务器再到 Labview 软件的通信传输，最后将需要的共享变量导入程序中，设计程序时对相关变量进行编辑操作即可。

2. 监控系统数据采集模块与故障预警模块

根据对喷涂机器人的监控需求，将喷涂机器人的运动信息，如各关节电机扭矩、关节速度、电压、电流等，通过通信模块转换为 Labview 的共享变量并导入程序框图，设置图表显示控件及数据采集程序。通过 Labview 的程序转化，可以实时监控机器人各个运动轴的实时运动状态，并以曲线图表的形式直观地表示出来。

对于监控系统的故障预警模块，首先需要给定机器人的基本运动性能指标，本章以喷涂机器人系统中的喷涂机器人 GR630 为例，说明监控软件系统的故障诊断流程，喷涂机器人的性能及其相关指标如表 7.2 所示。由表可知，喷涂机器人各轴的基本运动参数主要为其关节力矩、关节角运动范围及各轴的运动速度等参数指标。针对喷涂机器人的运动参数性能指标的故障预警模块，首先设置喷涂机器人各项运动参数的阈值，开始采集数据后，程序运行，通过共享变量的值即机器人的运动参数与输入的阈值实时比较；若变量的变化范围始终处于阈值范围内，则表示运行状态的指示灯始终处于正常的绿灯状态；若变量的实时变化超过阈值的范围，则相应的故障警告灯由绿变红，并激活机器人的报警程序，并且弹出对话框提示故障原因以及故障位置。单击对话框中"停止采集"按钮，系统停止采集数据；单击"忽略"按钮，系统则继续工作。其中各关节电机速度范围判定、电机扭矩判定以及电压、电流判定程序结构基本相同。

表 7.2　喷涂机器人动态性能指标

| 项目名称 | 喷涂机器人性能指标 |
| --- | --- |
| 自由度 | 6DOF |
| 手腕自由度 | 3DOF |
| 最大臂展 | 1929mm |
| 有效负载 | 3kg |
| 手腕允许扭矩 | J4≤13.5N·m　J5≤11N·m　J6≤7N·m |
| 手腕允许惯性力矩 | J4≤0.12kg·m$^2$　J5≤11kg·m$^2$　J6≤7 kg·m$^2$ |
| 最大单轴速度 | J1、J2、J3≤120(°)/s　J4、J5、J6≤540(°)/s |
| 各轴运动范围 | $-120°$ ≤J1≤120°　$-70°$ ≤J2≤70°　$-45°$ ≤J3≤60°<br>$-360°$ ≤J4、J5、J6≤360° |

3. 历史数据存储及查阅

当运行软件并按下开始采集按钮后，共享变量即机器人的各项实时参数导入程序中。历史数据存储及查阅模块将机器人的各项参数以采集时间为顺序逐次存储在 txt 文本中。当停止采集后，技术人员可单击查阅按钮分别查阅机器人的关节速度历史记录文本、关节电机扭矩历史记录文本以及电压、电流的历史记录文本，三项参数的记录程序机构基本相同。

### 7.3.4 动态监控系统软件测试

对于喷涂机器人的监控测试实验，首先将监控 PC 与喷涂机器人的控制柜相连接，通过网线将监控 PC 与喷涂机器人控制柜里面的监控 PLC 模块相连，通过 IP 地址使通信畅通，其部分操作界面如图 7.16 和图 7.17 所示，而其整个监控流程图如图 7.18 所示。详细步骤如下所述。

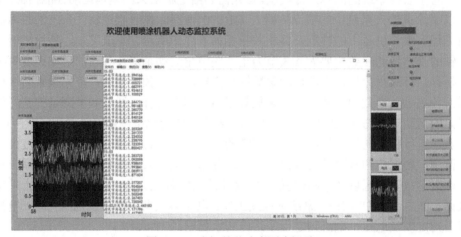

图 7.16 查阅关节速度历史记录

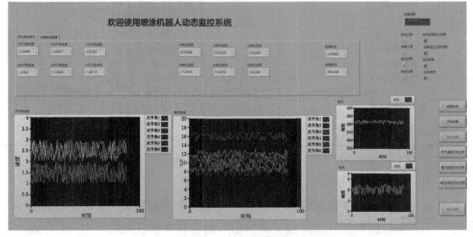

图 7.17 模拟报警界面

（1）打开登录界面，输入用户名和密码进入监控系统主界面。

（2）按照喷涂机器人参数规格和使用手册设置相应的参数阈值，设置完毕后单击"阈值检测"按钮。弹出"阈值正常"提示框，即可开始下一步操作。

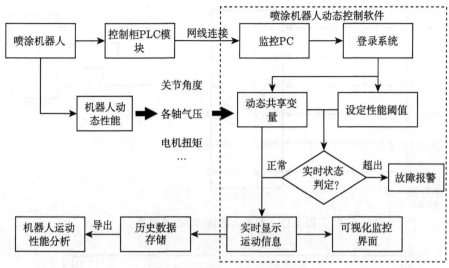

图 7.18　系统监控运行流程图

（3）单击 "开始采集" 按钮，系统开始运行采集程序。分别以数值形式和波形图表形式显示出所采集的机器人实时变量。各项参数运行正常，系统 "扭矩正常"、"速度正常"、"电压正常"、"电流正常" 指示灯处于点亮状态；"故障报警" 指示灯以及各项异常报警警报灯处于熄灭状态。

（4）单击 "停止采集" 按钮后，系统停止采集程序。单击 "查看关节速度历史记录" 按钮，打开相应 txt 文本，可查看其刚才运行过程中所采集到的历史记录。

（5）改变阈值设定，将 J3 速度最大值改为 2.8，模拟故障的产生。再次单击"开始采集" 按钮运行程序。运行后系统弹出 "J3 速度超出正常范围" 提示框；"速度正常" 指示灯熄灭，"速度超出正常范围" 指示灯点亮，"故障报警" 指示灯点亮。达到预期报警效果。

使用监控软件测得的喷涂机器人的运行数据，通过监控软件可以存储为历史数据库。在后续的研究中，可以将监控数据导出，并与 MATLAB 软件的 Simulink模块相结合，进行喷涂机器人的运动性能的进一步分析，通过机器人运动学的知识建立机器人的运动仿真模块，可以得到机器人整个周期的三维运行轨迹及各个方向的位置坐标，其仿真模块如图 7.19 所示。对机器人的关节角进行求导，可以得到机器人的速度运行曲线图，对后续的精度分析及可靠性研究有着重要的作用。其结果如图 7.20 和图 7.21 所示。

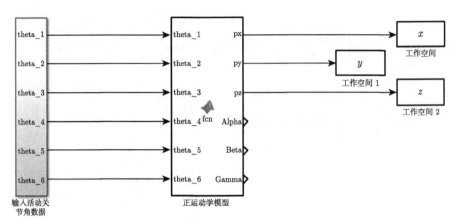

图 7.19　机器人的运动学仿真模块

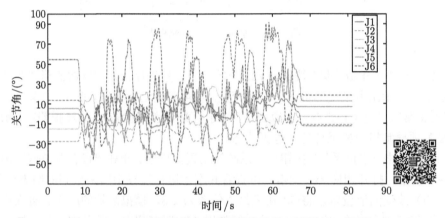

图 7.20　一个喷涂周期内的角度变化曲线（彩图见二维码）

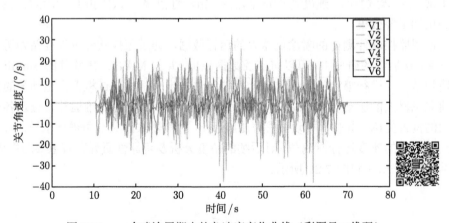

图 7.21　一个喷涂周期内的角速度变化曲线（彩图见二维码）

# 7.4 智能喷涂生产线多机协同系统实验

## 7.4.1 智能多机喷涂生产线介绍

本节通过底漆的喷涂实验来验证协同控制技术的正确性和有效性。底漆喷涂实验平台如图 7.22 所示，是基于喷涂机器人协同控制系统进行设计和搭建的，主要包含如下实验设备：1-控制柜，2-埃夫特 GR630 机器人，3-供漆系统，4-控制柜，5-传动机构，6-埃夫特 GR630 机器人，7-视觉扫描架，8-埃夫特 ER10-2000型机器人，9-转台，10-控制柜，11-控制柜。其中，控制柜 1 是总控制柜，控制柜4、控制柜 10 和控制柜 11 为 3 个子控制柜。控制柜 10 用于控制埃夫特 GR630机器人进行拖动示教；控制柜 4 用于接收视觉扫描架扫描工件的信息并加以处理，继而控制埃夫特 GR630 机器人按照生成的预定轨迹喷涂；控制柜 11 用于控制埃夫特 ER10-2000 型机器人对工件进行抓取和放下；总控制柜 1 通过和各子控制柜进行通信，从而控制各机器人的运行状态；供漆系统的作用是为各喷涂机器人的喷枪提供喷漆。

图 7.22 底漆喷涂实验平台

根据两种工业机器人的参数，本节使用两个埃夫特 GR630 机器人分别用于拖动示教喷涂和自动轨迹喷涂；由于埃夫特 ER10-2000 型机器人的有限负载重量更大，故使用埃夫特 ER10-2000 型机器人用于平板件的搬运。

搬运机器人需借用传送机构，从而实现在不同工作点位进行取件、放件和协同喷涂，如图 7.23 所示为传送机构的结构图。可知，整个传送机构由底座、滑台和传送带组成。底座用于承载搬运机器人，滑台用于保证底座的移动方向不变，传送带在电机的牵引下带动底座的平移。第一层底漆喷涂完成后，需旋转工件到一定角度，继而进行第二层底漆喷涂，如图 7.24 所示为转台的整体结构。转台转动的原理是基于电机带动轴旋转，进而带动旋转平台的转动。

图 7.23　传送机构

图 7.24　转台的整体结构

总控制柜与各个机器人控制柜进行通信，并对各个机器人、转台和传送台进行逻辑控制，其外部交互设备分为状态提示灯、操作开关和 HMI 监控界面，如

图 7.25 所示。其中状态提示灯有三种指示灯颜色，自上而下分为红、绿、黄。当总控程序正常运行时，绿灯亮起；当总控程序遇到错误以及任意一个机器人程序运行报错时，红灯亮起；当程序在运行中暂停时，黄灯亮起。我们可以根据状态指示灯的状态判断当前程序的运行情况。

图 7.25 总控制柜外设图

### 7.4.2 喷涂生产线多机协同喷涂系统

#### 1. 系统通信构架

整个喷涂生产线的通信架构如图 7.26 所示，系统采用基于总线的 PLC 的总线控制方式，生产线通过一个总控制柜对各个模块进行控制信号和时序信号的传输。总控制柜上有总控的触摸屏显示面板及各 4E2A 模块的运动控制按钮，通过触摸屏和运动控制按钮可以直观地进行信息的反馈和有效的人机交互，总控制柜里的 PLC 模块通过 Profibus 通信和 Profinet 通信进行信号的传输，其中喷涂系统的控制子模块包括示教机器人控制柜、视觉扫描机器人控制柜、转台、输送带以及搬运机器人控制柜。各个子模块也可以将信号以反馈的形式传输到总控制柜，从而进行一些动态监控及故障诊断等的应用。

#### 2. 协同喷涂实验流程

对于多机器人系统协同喷涂方式，采用搬运机器人与喷涂机器人进行多机器人协同喷涂的方式完成平板件的多次喷涂。如图 7.27 所示，首先搬运机器人将板件搬运至转台上，拖动示教机器人接收来自总控系统的信号，加载提前示教好的喷涂程序，通过与转台的配合对板件进行第一次喷涂；喷涂完成后，搬运机器人接收信号，拖动板件进行视觉扫描，然后与视觉扫描的喷涂机器人进行协同喷涂作业，进行板件的第二次喷涂；完成喷涂后，搬运机器人接收信号，再拖动板件到指定位置与视觉检测装置协同工作，完成板件的喷涂效果检测，最后，搬运机器人再拖动工件回到原来的位置，完成对板件的多机器人协同喷涂作业[15]。

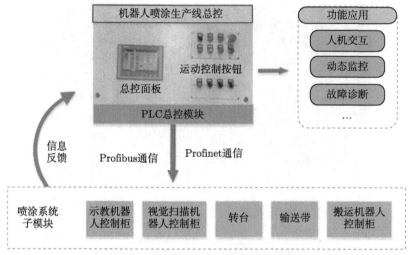

图 7.26　喷涂生产线系统通信架构

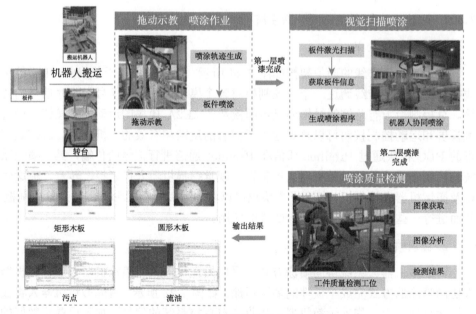

图 7.27　多机器人协同实验方式

3. 协同喷涂程序设计

本节基于控制系统的 PLC 模块进行程序设计，其中程序段主要在子程序模块中编写，再通过主程序调用相关子程序实现系统控制。中断程序主要通过读取硬件状态，判断是否存在异常来实现程序的中断。子程序主要编写多机协同的任务规划和具体角色分配的逻辑流程，如图 7.28 所示。其中，搬运机器人取件、传送机构传动、视觉扫描、搬运机器人执行器下降、自动轨迹喷涂机器人喷涂、搬运机器人放件、转台旋转和示教机器人喷涂等工序都是基于执行时间长短向 PLC 传递完成信号的。当某个工序执行时长在预先保存的正常时间范围内时，PLC 继续进行下个工序；当工序执行时长不在设定的正常时间范围内，就可视为错误动作，继而执行中断程序，终止后续工序的执行。

为便于对 PLC 程序进行现场调试，需对多机协同整条产线上的所有工位设定自动、半自动和手动三种控制模式。其中，自动模式是指整条多机协同系统的产线进入自运行状态，PLC 根据图 7.28 的工作原理进行循环运行，连续完成所有控制动作；半自动模式是指系统在运行过程中，需人工干预才能完成整条多机协同产线的控制；手动模式主要是对整条多机协同产线进行设备调试和系统调整。

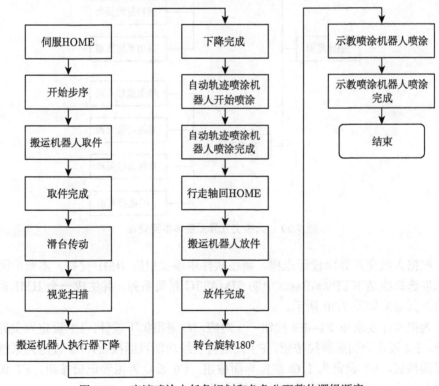

图 7.28 底漆喷涂中任务规划和角色分配整体逻辑顺序

### 4. 人机交互界面

整个人机交互界面分别通过通用界面和功能界面进行设计，便于后续的修改和完善，整体框架如图 7.29 所示。其中，通用界面由主页面、开机页面、报警记录页面、报警复位页面和退出系统页面组成；功能界面由伺服监控页面、系统功能页面、系统诊断页面和 I/O 监控页面组成。通用界面主要为用户提供监控系统的公共信息和操作，可以通过调用公共模板完成设计。功能界面主要用于多机协同系统的运动控制、伺服监控和 PLC、伺服及机器人的 I/O 口监控，继而直观地反映设备的运行状态，从而保障设备和操作者的安全。本书主要从系统功能页面设计进行说明，其他页面通过调用相应模板完成设计。

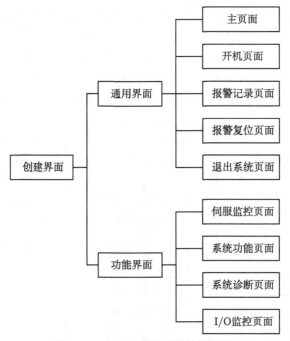

图 7.29　人机交互界面整体框架设计

根据人机交互界面设计流程，需在软件中添加相应 HMI 设备。本章中面板显示屏选择的是 KTP900Basic 中的 SIMATIC 精简系列，并生成一个 HMI 设备模块，其画面如图 7.30 所示。

为把设计要求与 F1~F8 按钮一一对应，故采用如下设计：F1 设定为主界面按钮，F2 设定为伺服监控按钮，F3 设定为系统功能页面按钮，F4 设定为系统诊断界面按钮，F5 设定为 I/O 监控界面按钮，F6 设定为报警记录按钮，F7 设定为报警复位按钮，F8 设定为退出系统按钮。

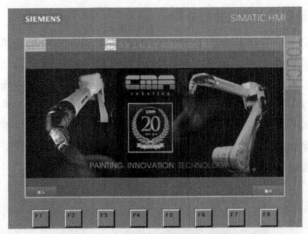

图 7.30　HMI 通用模板界面

　　由图 7.31 可知，整个多机协同系统功能模块由各机器人回初始设定点、开始步序、转台自转、滑台传动、搬运机器人取件及放件和激光扫描仪扫描等组成，并在页面中设计相应的功能模块。其中，步骤清零表示各机器人回初始设定点；开始步序表示机器人按照图 7.27 中的喷涂流程完成底漆喷涂。页面中所有功能模块相当于一个开关，与 PLC 程序中相应的公开变量相匹配，从而实现相应的模块功能。

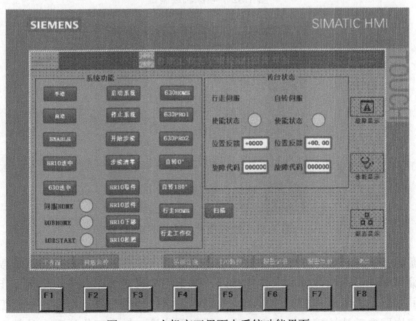

图 7.31　人机交互界面中系统功能界面

### 7.4.3　协同喷涂实验过程及数据分析

当整个实验平台和各机器人运动程序准备完毕后，需对所有机器人进行现场调试，拖动示教机器人现场调试是用于生成并存储示教轨迹，其现场调试实验如图 7.32 所示，具体过程为：① 将待喷涂平板件置于木板中间矩形槽内，通过双手拖动末端执行器运动出预想的示教轨迹，同时确保喷枪距离工件表面的设定距离；② 存储拖动示教程序；③ 通过主控制系统给出控制信号，并调用示教程序进行板件表面喷涂。如图 7.33 所示为拖动示教轨迹保存成功的画面，至此完成了拖动示教机器人现场调试工作。

图 7.32　喷涂轨迹调试

图 7.33　完成拖动示教后的界面

搬运机器人在整个底漆喷涂过程中需进行两次放件和取件，故需在示教器中提前编写好先后两次放件和取件的代码，便于后续直接调用。传送机构工作原理基于伺服驱动器驱动电机完成传动，现场需设定好传送带移动距离，使其工作点位能够协同自动轨迹喷涂机器人完成工件表面喷涂。转台工作原理也是基于伺服驱动器驱动电机完成旋转的，现场需设定好转台旋转角度为180°。激光扫描仪用于扫描工件表面轮廓，使得自动轨迹喷涂机器人能够按照扫描轮廓进行自动轨迹喷涂，需现场调试激光扫描仪扫描生成的轮廓和自动轨迹喷涂机器人的喷涂轨迹。为保证所有工序完成后，机器人能回到初始位置，所以每个机器设备都需设置初始位置，并现场对每个机器人进行回零调试。

　　当机械设备现场调试工作完毕后，需先把所有机器人回调到初始点，避免后续机器人在运动过程中停留的点位与设定的点位不一样，为后续底漆喷涂做准备。如图 7.34 所示为自动轨迹喷涂机器人协调搬运机器人完成第一层底漆喷涂的过程，首先由搬运机器人托举转台上的待喷涂件，然后由传动机构运转至视觉扫描和自动轨迹喷涂机器人的工位点。在搬运机器人传动过程中，视觉扫描架完成对工件表面视觉扫面并生成自动轨迹代码。喷涂机器人根据自动轨迹代码控制各关节运动，协同搬运机器人完成第一层底漆喷涂。当机器人完成第一层底漆喷涂后，需先暂停整个系统，便于对第一层底漆进行烘干等一系列预处理。

图 7.34　第一层底漆喷涂过程

　　如图 7.35 所示为第二层底漆喷涂的完整过程。预处理完毕后，搬运机器人由传动机构传动至转台和拖动示教机器人的工位点。当搬运机器人到达转台工作点位时，搬运机器人按照设定好的程序进行放件；放件完成后，搬运机器人的空间位置和各关节的位姿回到设定好的初始点，避免与示教机器人发生运动干涉。然后，转台旋转 180°，用于调整工件的喷涂角度。最后，示教机器人通过调用设定好的喷涂轨迹程序协同转台完成第二层底漆的喷涂。

　　整个底漆喷涂工序完成后，需先暂停整个系统，并取下平板件，便于对底漆进行烘干等一系列预处理。尽管整个实验平台的机器人在完成相应工序后，都已经调用过回零程序，为避免部分机器没回到初始点，需重新对整个实验平台的机械设备进行回零处理，保障下次底漆喷涂流程不会出现问题。为保证底漆表面喷涂的质量，需提前对涂料进行配比。书中严格按照油漆桶上的配比进行调配，最终的涂料成分比例为油漆∶固化剂∶稀释剂 = 2∶1∶1。

图 7.35　第二层底漆喷涂过程

　　当平板件两层底漆喷涂完成后，对喷涂件表面进行烘干处理，便于后续直接采用测厚仪测定表面底漆涂层厚度。图 7.36 和图 7.37 分别表示对多机协同喷涂和人工喷涂的底漆涂层厚度进行测定，为保证所测得数据的有效性，在喷涂件表面随机选取 100 个点位进行厚度测定，得到如表 7.3 所示的实验数据。

　　为评估多机协同喷涂和手工喷涂的底漆涂层厚度的均匀性，采用 MATLAB 对表 7.3 中的数据进行了处理和分析。首先，调用指令 kstest 分别判断了上述两组数据都符合正态分布。然后，计算了两组数据的最大值、最小值、均值、标准差和极差，如表 7.4 所示。最后，根据表 7.4 中统计的参数得到了多机协同喷涂和手工喷涂的底漆涂层厚度的正态分布概率图，如图 7.38 所示。

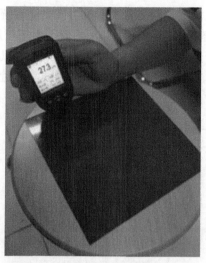

图 7.36　底漆的涂层厚度测定（一）

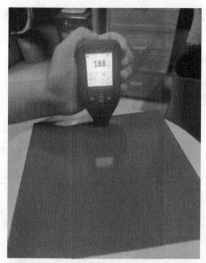

图 7.37　底漆的涂层厚度测定（二）

表 7.3　底漆的涂层厚度数据

| 底漆喷涂实验平台所喷涂的底漆涂层厚度/μm | | | | | | | | | | | | | | |
|---|---|---|---|---|---|---|---|---|---|---|---|---|---|---|
| 19.2 | 21.3 | 20.5 | 22.6 | 22.2 | 21.9 | 22.3 | 21.5 | 21.8 | 20.8 | 20.8 | 21.2 | 22.8 | 23.5 | 23.7 |
| 22.4 | 25.6 | 27.1 | 27.6 | 27.3 | 22.2 | 24.6 | 24.8 | 22.6 | 22.9 | 22.5 | 21.2 | 22.6 | 23.8 | 23.5 |
| 21.4 | 22.8 | 24.1 | 24.8 | 24.2 | 25.8 | 24.8 | 20.8 | 20.7 | 22.7 | 22.5 | 21.6 | 22.4 | 23.6 | 23.5 |
| 21.6 | 21.3 | 20.9 | 22.8 | 22.7 | 22.3 | 25.8 | 23.2 | 22.3 | 22.8 | 26.3 | 25.8 | 23.7 | 25.3 | 25.5 |
| 24.6 | 22.0 | 21.5 | 21.3 | 19.6 | 19.4 | 22.5 | 22.3 | 22.5 | 25.3 | 25.0 | 21.2 | 23.2 | 22.5 | 22.8 |
| 22.6 | 22.9 | 22.2 | 21.2 | 21.6 | 21.4 | 23.2 | 22.8 | 22.5 | 25.3 | 25.6 | 24.5 | 24.9 | 27.3 | 27.1 |
| 27.4 | 27.9 | 27.3 | 22.5 | 22.3 | 22.1 | 23.2 | 22.5 | 22.8 | 24.1 | | | | | |
| 手工喷涂的底漆涂层厚度/μm | | | | | | | | | | | | | | |
| 19.8 | 17.6 | 19.3 | 22.4 | 25.9 | 28.5 | 18.6 | 18.9 | 23.5 | 29.4 | 22.9 | 26.6 | 26.2 | 23.5 | 22.9 |
| 18.3 | 19.0 | 19.8 | 18.4 | 18.3 | 22.8 | 23.5 | 26.4 | 28.5 | 28.3 | 26.8 | 27.2 | 27.0 | 24.6 | 22.2 |
| 24.2 | 18.5 | 18.6 | 20.6 | 25.3 | 26.8 | 27.3 | 22.1 | 20.6 | 21.8 | 23.6 | 22.6 | 28.9 | 25.2 | 25.8 |
| 28.9 | 22.5 | 25.6 | 29.3 | 28.9 | 22.5 | 20.5 | 19.8 | 18.4 | 18.6 | 20.9 | 19.6 | 18.6 | 17.3 | 17.2 |
| 22.3 | 24.5 | 22.3 | 22.5 | 27.8 | 27.3 | 28.4 | 27.8 | 28.4 | 27.5 | 26.3 | 25.6 | 26.8 | 24.3 | 26.5 |
| 27.3 | 25.8 | 25.9 | 27.2 | 27.3 | 28.5 | 24.3 | 22.9 | 19.5 | 21.2 | 20.5 | 26.8 | 26.4 | 19.3 | 21.5 |
| 22.5 | 27.6 | 28.2 | 28.1 | 24.3 | 22.3 | 22.8 | 20.5 | 21.6 | 22.5 | | | | | |

表 7.4　底漆的涂层厚度数据统计

| 底漆涂层厚度 | 最大值/μm | 最小值/μm | 均值/μm | 标准差/μm² | 极差/μm |
|---|---|---|---|---|---|
| 多机协同喷涂 | 27.9 | 19.2 | 23.177 | 1.9364 | 8.7 |
| 手工喷涂 | 29.4 | 17.2 | 23.707 | 3.5053 | 12.2 |

　　标准《汽车 油漆涂层》（QC/T 484—1999）中已经明确规定，底漆的涂层厚度要 ≥15μm。从底漆的涂层厚度数据统计和涂层厚度的正态分布概率图可知，无论多机协同喷涂还是手工喷涂，都能满足该标准的要求。从表 7.4 中可以得知，多

机协同喷涂的涂层厚度极差明显小于手工喷涂，说明了整个多机协同喷涂系统的稳定性优于手工喷涂。再结合图 7.38 中正态分布概率图可知，相较于手工喷涂，多机协同喷涂的涂层厚度更为集中，大部分分布在均值附近，说明了采用多机协同技术所喷涂的底漆厚度更为均匀，凸显了多机协同喷涂技术能得到喷涂质量更好的底漆表面。

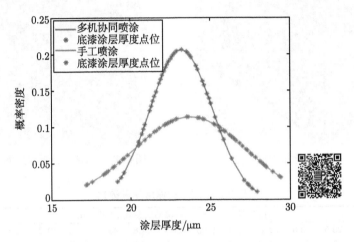

图 7.38    底漆涂层厚度的正态分布概率图（彩图见二维码）

## 7.5    本 章 小 结

本章介绍了多机器人系统协同框架,分析了多机器人系统协同和协调机制,针对喷涂生产线多机器人系统，进行了系统动态监控整体架构的设计，并规划了整个监控系统的运行模式，说明了每个模块之间的联系与作用。对喷涂系统进行动态监控，使得整个喷涂系统生产线变得更加透明化，生产线上的设备信息、机器人运行状态和故障信息非常直观地呈现在人们面前。并且集成化的监控设计使得工作人员可以远程监控整个系统的运行状况和故障信息，并及时对系统的故障做出反应，显著提高了喷涂系统生产的效率及工作安全性。本章还介绍了喷涂机器人生产线动态监控软件，对软件的功能、界面、操作进行了详细的说明，并进行了喷涂机器人工作的监控测试，本章最后针对多机器人协同控制的方法和具体操作进行了详细的实验说明，证明了多机器人协同喷涂的方式的有效性。

### 参 考 文 献

[1]  Ji S, Shin J, Yoon J, et al. Three-dimensional skin-type triboelectric nanogenerator for detection of two-axis robotic-arm collision. Nano Energy, 2022,97: 107225.

[2] Li T D, Qin W, Zhang J, et al. Research and application of visualized real-time monitoring system for complex product manufacturing process. Key Engineering Materials, 2013, 579-580: 787-791.

[3] Shogo H, Wan W W, Keisuke K, et al. A dual-arm robot that autonomously lifts up and tumbles heavy plates using crane pulley blocks. IEEE Transactions on Industrial Informatics, 2021: 2101.09526.

[4] 马斌奇. 多机器人协作与控制策略研究. 西安: 西安电子科技大学, 2009.

[5] 王振. 工业机器人多轴同步控制技术. 哈尔滨: 哈尔滨工业大学, 2018.

[6] 包翔宇, 曹学鹏, 张弓, 等. 多机器人协同系统的研究综述及发展趋势. 制造技术与机床, 2019,(11): 26-30.

[7] 张兴国, 张柏, 唐玉芝, 等. 多机器人系统协同作业策略研究及仿真实现. 机床与液压, 2017, 45(17): 44-51.

[8] 谭晓杰. 打码与喷码协同的标刻机器人研究与应用. 北京: 冶金自动化研究设计院, 2022.

[9] 秦元庆. 多移动机器人系统运动控制研究. 武汉: 华中科技大学, 2007.

[10] 王友发. 面向智能制造的多机器人系统任务分配研究. 南京: 南京大学, 2016.

[11] Pan J F, Zi B, Wang Z Y, et al.Real-time dynamic monitoring of a multi-robot cooperative spraying system. IEEE International Conference on Mechatronics and Automation, 2019: 862-867.

[12] 李兆雨. 基于物联网的机器人抛磨产线远程监控系统的开发. 武汉: 华中科技大学, 2020.

[13] 唐明明. 基于数字孪生的船舶组立焊接生产线可视化监控与应用方法研究. 镇江: 江苏科技大学,2021.

[14] 潘敬锋. 涂装机器人系统动态性能监控与喷涂轨迹精度可靠性研究. 合肥: 合肥工业大学, 2020.

[15] 李超群. 基于涂层厚度均匀性的喷涂机器人轨迹规划与协同控制技术研究. 合肥: 合肥工业大学, 2022.

# 第8章
## 智能喷涂机器人柔性化生产线研发

柔性生产线出自柔性生产，它来源于欧美汽车制造领域，主要通过柔性化管理为企业带来时间与成本优势，可快速将具备价格竞争优势的优质产品带到市场上[1]。随着机器人技术的发展，以工业机器人为主体的"智能制造"柔性生产线，它可实现对人工生产的绝对替代。目前，机器人柔性化生产线已经应用于汽车[2]、钢铁[3]等行业，对产品的自动化、智能化生产起到了极大的促进作用。

智能喷涂机器人柔性生产线的研发对于提高生产效率和产品质量有着重要的作用，以家具行业的喷涂为例，除了少数头部企业采用往复机、机器人自动喷涂外，大部分中小企业仍采用人工喷涂的方式，效率低下。研发智能化、柔性化的喷涂生产线，能够显著提高产品的批量生产和喷涂效率，喷涂生产线也是喷涂机器人关键技术的集成应用，柔性化的喷涂生产线具备喷涂机器人的各项功能，能够大批量、稳定地进行产品的喷涂，且具有较高的自动化和智能化水平。本章主要以家具喷涂为例，阐述喷涂生产线的基础架构和家具喷涂环节的编程解决方案等问题，并介绍几条已经投入生产的家具喷涂柔性化生产线案例。

## 8.1 喷涂机器人柔性化生产线概述

### 8.1.1 常用喷涂方法

#### 1. 手工喷涂

手工喷涂因为设备投资小，在喷涂作业中被广泛应用。人工喷涂作业对设备的要求相对简单，在工业产品喷涂应用领域，大部分的产品及部件都能采用手工喷涂的方法。手工喷涂的缺点是涂料利用率较低，喷涂时所产生的浓雾对人体不利，所以应有良好的通风环境及废气处理设备。常用的喷涂工具主要是喷枪。与喷枪配套的设备及工具有空气压缩机、油水分离器、储漆罐等，以及把各种设备连接在一起的高压气管与接头，如图 8.1 所示。

#### 2. 往复机

往复机按喷涂方式可分为垂直往复与水平往复两种，往复式喷涂设备，是固定自动喷涂设备的一种，可以机械式往复喷涂。顾名思义，往复式就是将喷枪与往复机固定，按照设定的角度、喷涂量和速度，对工件进行均匀的左右往复式喷涂，适用于工件规格固定、变化范围较小的大规模生产应用场景，如图 8.2 所示。

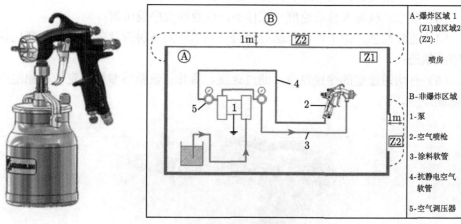

图 8.1 手工喷枪

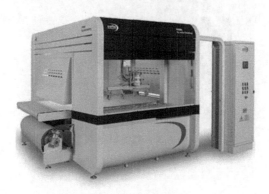

图 8.2 往复机

## 3. 喷涂机器人

机器人喷涂的方式，相对于往复机可对复杂工件进行准确仿形。可喷涂平板类工件、立体工件，在汽车工业、工程机械、木器、一般工业、轨道交通等应用场景得到广泛应用。喷涂机器人如图 8.3 所示。

机器人喷涂过程中，根据工件外形进行喷涂轨迹编程、根据工件的喷涂工艺要求配置喷涂参数，进行试喷后保存程序。生产过程根据来件检测调用相应喷涂程序实现自动化喷涂。机器人配备相应的工艺控制软、硬件设备后，可以根据喷涂工艺需求对喷涂距离、运动速度、雾化、扇形、流量等参数进行匹配。机器人喷涂在喷涂质量保证、柔性化生产的适应性方面主要通过以下方面满足喷涂的基本要求：

（1）喷涂距离在每段轨迹里可以根据需要进行设定；

（2）喷涂角度保持直角或者根据产品特点进行调整；

（3）喷涂时机器人移动速度在工件不同位置的程序段可调；

（4）适应性强，由于可编辑运行轨迹，可以针对各种形状的产品形状变化各种喷涂轨迹；

（5）有均匀稳定的涂膜厚度，通过速度、雾化、流量等参数设定，可稳定控制涂膜厚度。

图 8.3　喷涂机器人

**4. 辊涂设备**

辊涂设备是利用带油漆的涂漆轮对工件的挤压，把油漆涂在工件上，达到上油效果，具有油漆自动回收功能，油漆利用率为 98% 以上，并具有调油辊独立动力、变频调速、自动伸缩、角度调整、清洗方便等特点；配有自动加热油漆盒。如图 8.4 所示为辊涂设备的结构图。

辊涂设备规划选型时，为满足柔性化生产及数字化控制需求，设备需要具备的标准配置如下所述。

（1）防撞装置。例如，当机器工件高度设置为 16mm 时，操作工将 18mm 工件误入时，会碰到感应器，蜂鸣器会报警。并立即启动自动升高装置，升高 5mm，同时输送带会停止传动。

（2）联线功能。工件碰到防撞装置时，从第一台上料输送带到当前工件输送带都会立即停止，滚轮会自动升起，还会继续转动防止压伤涂布轮，灯管会灭掉，报警后的机台会继续前进，收完所有工件。重启机台即可恢复生产。

（3）配方功能。系统自动记忆某类工件的油漆工艺、速度、温度、高度等参数，保存后，下次读取即可操作上次的配方。例如，密度板白色工艺，会自动存储白色漆的涂布量要求所对应的所有轮轴，皮带的速度和温度，各种光源干燥的能量。

（4）扫码功能。可以通过扫描对应的条形码自动切换不同的工艺配方。

（5）数据库软件功能。可以自动对所有油漆线的产量、产能、油漆使用量、损耗件等进行分析，可以远程维修，可以更新最新迭代版本。例如，普瑞特公司研发的智能辊涂线应用软件可连局域网，可实现运行故障提醒、运行时长统计和能耗统计等功能。

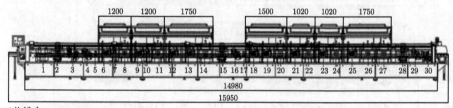

工艺排布：

1-预铣；2-砂架；3-上下精修；4-上下砂盘；5-除尘；6-辊涂；7-辊压；8-烘干；9-辊涂；10-辊压；11-烘干；12-辊涂；13-辊涂；14-烘干；15-砂架；16-上下砂盘；17-除尘；18-辊涂；19-辊涂；20-烘干；21-辊涂；22-烘干；23-辊涂；24-烘干；25-辊涂；26-烘干；27-烘干；28-砂架；29-上下砂盘；30-砂头

技术参数：

| | | | |
|---|---|---|---|
| 1-工件送料宽度： | 80～1500mm | 2-送料厚度： | 10～55mm |
| 3-工件进料最小长度： | 150mm | 4-送料电机(硬齿面)： | 380V 50Hz 7.5kW 1400r/min |
| 5-送料速度： | 10～16 m/min | 6-气压： | 0.7MPa |
| 7-总功率： | 58 kW | 8-外形尺寸(长×宽×高)： | 1600mm×1200mm×1700mm |

图 8.4　辊涂设备结构图

## 8.1.2　智能喷涂机器人柔性化生产线主要组成部分

本章以家具喷涂生产线为例来进行喷涂生产线的介绍。家具喷涂生产线需要满足多种家具产品及部件的喷涂需求，在规划建设过程需要根据不同产品的工艺特点投建辊涂机、往复机、机器人等设备。为满足不同批次订单的产品规格、颜色、数量的不确定性的生产交期要求，喷涂生产线需要在工艺路线柔性化、机器人编程柔性化、生产组织柔性化等方面进行技术革新才能实现喷涂产品的高效率、低成本、高质量交付。

### 1. 工艺路线柔性化

家具喷涂常见的几种工艺如下：① 基材打磨-人工色漆-自动底漆-底漆打磨-人工色漆-自动面漆；② 基材打磨-人工色漆-自动底漆-底漆打磨-自动面漆；③ 基

材打磨-自动底漆-底漆打磨-自动面漆。图 8.5 所示的浴室柜生产线门板、柜身、异形条等部件生产工艺路线各不相同。通过工厂数字化系统 MES 进行生产建模、SCADA 系统进行数据采集与监控、ERP 企业运营系统进行产、供、销、人、财、物数据管理，满足不同产品上线生产到下件出货的柔性化工艺路线需求。

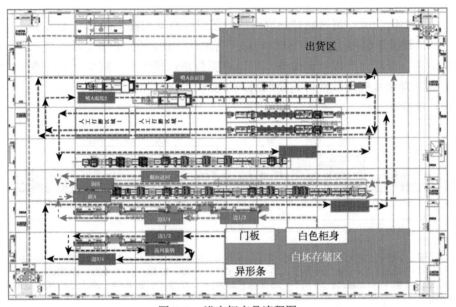

图 8.5　浴室柜产品流程图

SCADA 是 supervisory controI and data acquisition 的缩写，即数据采集与监控系统，是工业过程自动化和信息化不可或缺的关键系统。通过 SCADA 系统可以实现对工业现场本地或远程的自动控制，对生产工艺执行情况进行全面的实时监控，为生产和管理提供必要的数据支撑，即 SCADA 著名的 "四遥" 功能。传统家具制造缺乏生产数据，效率较低，无法满足部分消费者的需求，因此家具制造转型势在必行。埃夫特凭借研发国产工业机器人和智能制造系统的经验，对家具企业实现智能化工厂创新提出了一体化的数字解决方案，如图 8.6 所示。通过自主研发的 SCADA 系统对生产设备数据进行实时采集与生产工艺的监控，通过系统协同生产，将生产数据同步给生产模型系统，不断优化生产工艺的精准性，大幅减少物料的损耗，提高产品的品质要求。

2. 轨迹编程柔性化

机器人喷涂柔性化生产线主要满足不同规格、种类产品的柔性化生产需求，主要是在不同品类产品的共线喷涂过程中，能够满足机器人喷涂轨迹自动实时生成、工件在机器人可达范围内可任意摆放的柔性化生产需求[4]，如图 8.7 所示。

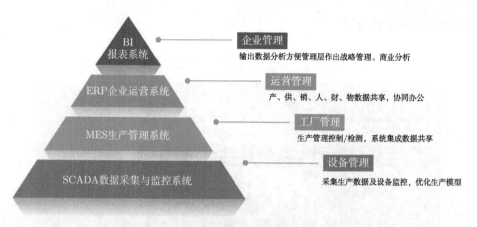

图 8.6 埃夫特家具制造一体化系统解决方案

图 8.7 多种规格家具产品不规则摆放

为了满足多种规格家具产品不规则摆放的柔性化喷涂生产需求,降低机器人使用难度,降低使用门槛和维护成本。采用智能视觉编程技术对工件轮廓进行识别并生成图像,随后该图像经过工控机的处理,根据预先设定好的喷涂参数,基于喷涂工艺专家系统,生成特定的机器人运动轨迹,并发送给机器人执行。机器人视觉编程根据输送方式的不同分为地面输送方式和悬挂输送方式,如图 8.8 和图 8.9 所示。

3. 喷涂机器人工作站系统

喷涂机器人工作站系统主要由喷涂机器人、电气控制系统、在线跟踪系统、上位机、安全系统等组成。喷涂机器人主要由机器人本体、控制柜、软件系统及喷涂工艺包组成,多采用 6 自由度关节型结构,主要功能为进行自动喷漆或者将其他涂料喷涂到工件表面。

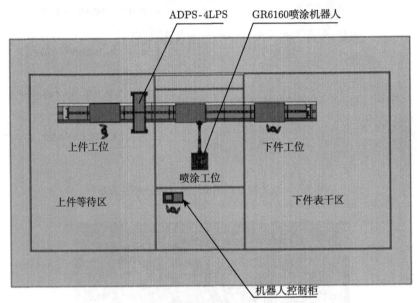

图 8.8    地面输送机器人柔性化喷涂系统

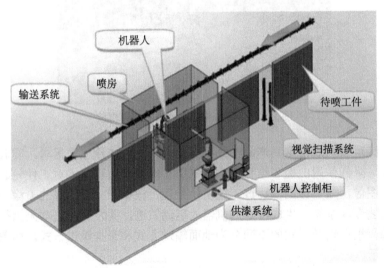

图 8.9    悬挂输送机器人柔性化喷涂系统

喷涂机器人区别于其他工业机器人的特点包括以下几个方面。

（1）喷涂机器人具备防爆功能。涂料中的可挥发性有机物 (丙酮、甲苯、二甲苯、乙醚等) 在密闭的喷涂房中形成具有潜在爆炸的气体环境，喷漆区内爆炸性气体环境为 1 区危险区域, 爆炸性粉尘环境为 2 区危险区域, 故喷涂机器人置于喷涂房中的执行部分 (机器人本体) 需要具有防爆功能。喷涂机器人防爆效果的实现, 一般利用正压防爆技术, 在机器人本体内部防爆区域充入惰性气体或其他安全气体, 始终保持正压区域不会产生危险气体及粉尘聚集。

（2）机器人手腕有中空手腕、偏执手腕等结构, 如图 8.10 所示。象鼻型中空手腕结构: 中空手腕的设计满足在喷涂过程中不能引起油漆管和手腕内壁摩擦。

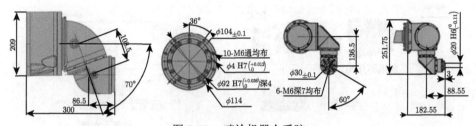

图 8.10　喷涂机器人手腕

长度数据的单位为 mm

（3）仿真软件。离线编程的软件平台, 替代传统人工逐点示教。根据实际应用经验显示, 在机器人绝对精度足够的情况下, 采用离线编程技术, 机器人编程效率和精度要同时提高 20 倍以上。

（4）喷涂工艺包: 喷涂工艺软件。针对集成度较高的喷涂设备, 喷涂机器人可通过喷涂工艺软件进行喷涂工艺参数 (涂料流量、雾化空气压力、扇幅空气压力等, 包括开关量和模拟量) 的快速控制及喷涂过程 (清洗、换色) 的快速控制。

电气控制系统的主要功能是通过现场总线、工业以太网实现机器人与总控 PLC 之间的信号交互, 其总体配置如图 8.11 所示。电气控制程序逻辑控制保证机器人喷涂启动前确认外部条件具备才能启动喷涂。逻辑判断信息包含工件型号信息、工件位置信息、喷房状态信息、输送状态信息、安全及消防信息等。喷涂完成后, 机器人反馈完成信息, 系统放行进入下一个工件喷涂循环。

4. 供漆系统

机器人喷涂供漆系统包含油漆罐、供漆泵、过滤器、搅拌器、调压阀、换色阀、管路、喷枪等部分。如图 8.12 所示, 供漆系统根据使用油漆的颜色数量合理配置油漆罐、溶剂桶的数量及容积; 过滤器有效过滤沉淀物及杂质以免堵塞喷枪喷嘴及影响喷涂质量; 供漆泵根据油漆特性及喷漆工艺要求, 供漆泵可选择隔膜泵或者柱塞泵; 调压阀根据喷涂的出口压力要求进行供漆压力调节; 机器人喷涂用自动喷枪, 实现油漆自动喷涂于工件表面; 通过换色阀实现油漆自动切换及自动清洗。

机器人自动喷枪的选型对喷涂的效果与质量起到重要作用, 自动喷枪根据雾化类型主要分为空气喷涂、无气喷涂、空气辅助无气喷涂和静电喷涂等类型，各类型的设计系统原理图如图 8.13 所示，几种喷涂方式的优缺点比较如表 8.1 所示。

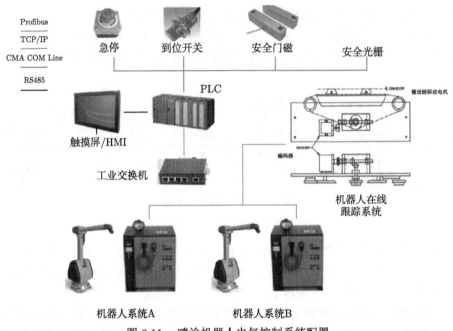

图 8.11　喷涂机器人电气控制系统配置

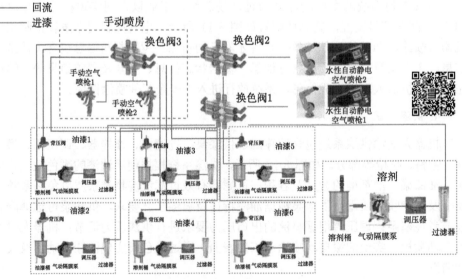

图 8.12　喷涂机器人供漆系统框架（彩图见二维码）

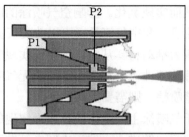
(a) 空气喷涂

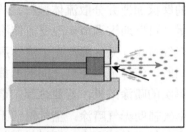
(b) 无气喷涂

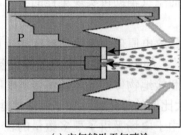
(c) 空气辅助无气喷涂

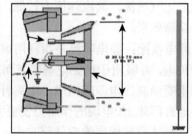
(d) 静电喷涂

图 8.13　设计系统原理图

表 8.1　几种喷涂方式优缺点

| 喷涂方式 | 优点 | 缺点 |
|---|---|---|
| 空气喷涂 | 非常高的表面质量<br>易于调节喷涂量和扇面形状<br>投资成本低, 用途广泛 | 低传播效率, 高过喷<br>油漆需要稀释才能喷涂<br>低喷涂速度, 低流量单层膜厚低 |
| 无气喷涂 | 高速喷涂应用<br>低过喷, 高传播效率<br>高表面覆盖能力<br>可用于高黏度材料 | 较差的表面质量<br>喷涂扇面只能通过更换喷嘴来调节<br>不适用于大部分金属漆<br>或高磨蚀性材料 (如陶瓷) |
| 空气辅助无气喷涂 | 空气辅助无气喷涂相对于无气喷涂的优点:<br>油漆要求压力较低; 降低了喷嘴的磨损;<br>喷涂扇面可调节, 柔性的喷涂射流, 降低了过喷;<br>较高的喷涂质量, 油漆节省高达 20%<br>空气辅助无气喷涂相对于空气喷涂的优点:<br>可以应用于中高黏度材料;<br>更好的涂层附着力和一次成膜率;<br>空气消耗量节省高达 75%;<br>油漆节省高达 40% | |
| 静电喷涂 | 对涂料的雾化效果好, 能显著改善涂膜的外观<br>对涂料的利用率高, 节约涂料, 减少污染<br>喷涂灵活性高, 利于仿形, 能应用于机器人<br>的喷涂涂膜均匀, 质量稳定 | 凹陷部位不易上漆<br>边角容易积漆<br>不容易喷涂到工件内部<br>喷涂金属涂料时容易导致<br>修补色差问题, 被涂物必须是导体 |

（1）空气喷涂：空气喷涂表现为流体从喷嘴慢速喷出，周围是高速气流。流体

与空气间的摩擦加速并分散流体颗粒，从而实现雾化。影响空气喷涂的因素主要有流体流量（可以通过调节来改变流体流量）和空气流量（可以改变气流速度）。

（2）无气喷涂：无气喷涂是由流体压力推动材料从喷口喷出而实现的，当流体离开喷口时，流体流与空气之间的摩擦使流体流分散为小颗粒，无气喷涂能实现最快最厚实的喷涂效果，若要达到完整喷幅，则需要更高的压力。

（3）空气辅助无气喷涂：空气辅助无气喷涂主要是由流体压力实现的。该液压力小于无气技术的液压力，所以仅雾化喷幅的中心，然后由空气辅助雾化填满喷幅。较之无气喷涂，其流体压力较低，而空气辅助可实现更佳的雾化，从而达到更佳的涂饰效果。

（4）静电喷涂：静电喷涂是指利用电晕放电原理使雾化涂料在高压直流电场作用下荷负电，并吸附于荷正电基底表面放电的喷涂方法。静电喷涂设备由喷枪、喷杯及静电喷涂高压电源等组成。电离针和接地物体间的电场将带电的喷涂粒子吸引到接地目标体上，电场的作用力使更大比例的带电喷涂粒子到达接地物体，而不会偏离目标体或被周围的空气流吹走。由于电场吸引了更多数量的粒子到达目标体，静电使喷涂涂层过程的传递效率提高了。

供漆系统在设计过程中，根据产品油漆工艺的需求，确定采用的系统配置，设计系统原理图见图 8.14。

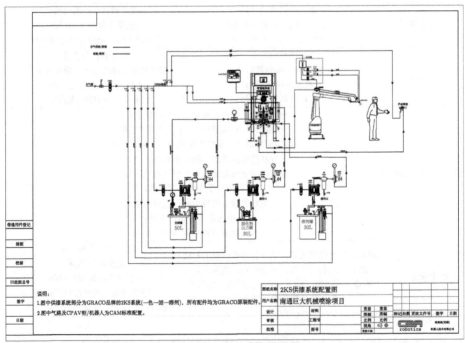

图 8.14　供漆系统原理图

5. 视觉系统

在机器人柔性喷涂生产线中，使用计算机视觉及图像识别方式能够提取喷涂目标喷涂物的容貌特征，视觉装置被安装在喷涂工作区的前端，以便对等待喷涂的工件进行扫描。获取的数据被发送到计算机处理，并实时显示获取的扫描数据，同时由自动轨迹生成系统生成机器人的喷涂程序，图像获取可以是二维形式或三维形式。

1）二维视觉通过光栅获取

光栅可以以各种分辨率测量较大区域，并能在不同的现场总线环境中进行数据传输，传感器由一个发射器和一个接收器组成，一个在前一个在后。其工作原理是基于发射器和接收器之间的物件，光栅将会被隔断。光栅有较强的适应环境干扰能力，例如，不间断光照、光反射系数、物体颜色、磁场等干扰，此外还可以在较脏的工作环境使用。增加更多的光栅可以对工件的形状和高度进行测量，进而可以得到工件简单的三维模型，见图 8.15。

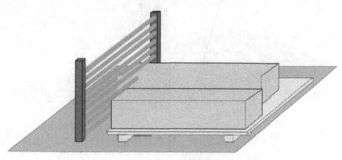

图 8.15　光栅获取

2）带结构光技术的相机

对于采用带结构光技术的相机进行图像获取，系统主要包括一台相机和一套钢结构装置以突出目标物。该方式的优势在于不需要移动工件或者传感器，因为照相机能够获取全部区域的图像，同时数据在嵌入的软件中进行处理；缺点在于对工件与背景有色差要求。

3）三维视觉

三维扫描系统有能力识别和辨识每个工件的特征，3D 硬件组成部件主要是立体摄像机或者激光束传感器。立体摄像机是由两个或者更多的摄像机组成的系统。它模拟了人眼的视觉系统，可以建立三维影像，这种方案的分辨率低于激光束系统，很少被使用。激光束扫描器的工作方式是将激光照射在待测工件表面，然后照相机获取从工件表面反射过来的光线，进而生成工件的三维影像。传感器的工作原理基于三角测距原理，激光束被扩展成一条线并投射到物体上，由此形成的反射光被含有线探测器的照相机捕获。

　　线激光测量装置（图 8.16）测量工件的横截面和材料表面，横截面的测量可以生成三维点集，以便生成工件的表面积测量数据。该传感器可以生成高分辨率的图像，激光线的长度和分辨率由传感器和被测物体的距离决定，且多个传感器运行能避免相互干扰（图 8.17）。当其中一个传感器的反射光被另外一个传感器接收到即产生干扰，为避免干扰，需要将传感器设定为级联模式，主要表现为第二台传感器的数据采集动作由第一台传感器的数据采集完成信号启动，为实现该级联方式，第一个传感器的级联输出需与第二个传感器的启动输入对接。

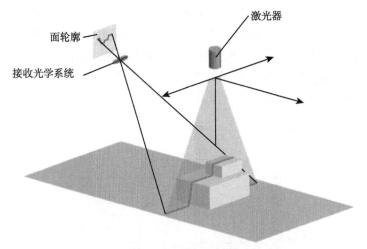

图 8.16　线激光测量

图 8.17　多个传感器测量

# 8.2 喷涂机器人家具生产线柔性化编程解决方案

## 8.2.1 平板类家具解决方案

面对平板类家具工件的机器人喷涂，采用机器人视觉扫描轨迹自动生成系统解决方案可以解决小批量多品种家具产品机器人喷涂轨迹反复编程的问题。采用视觉系统和自动轨迹生成系统生成喷枪连续和光滑的运动轨迹，从而提高喷涂的效率，这种自动化方案由以下几个部分组成——目标获取、目标分割、图像映射、最优路径规划、轨迹生成。平板类家具产品视觉编程如图 8.18 所示。

图 8.18　平板类家具产品视觉编程

### 1. 机器人喷涂轨迹视觉编程工作流程

视觉编程控制系统中没有固定存储的程序，喷涂系统需要通过在连续生产过程中扫描工件图像来自动生成新程序，实现对平板类家具产品的机器人柔性化喷涂，系统的工艺流程图如图 8.19 所示，其具体步骤如下所述。

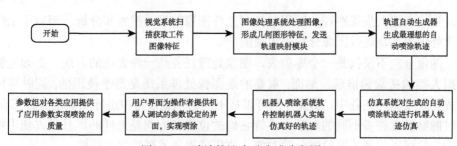

图 8.19　喷涂轨迹自动生成流程图

（1）获取被喷涂工件特征数据。利用光栅或激光传感器视觉系统扫描固定式或移动式工件，得到工件数据以获取喷涂物的容貌特征，数据可以实时显示及传输计算机处理，调试生成机器人喷涂轨迹。

（2）图像处理系统处理所获取数据。图像处理系统接收来自视觉系统的数据后，模拟人类视觉和推理首先删除多余信息，如不需要的喷涂区域、被喷涂工件的支架等。然后图像处理软件提取出被喷涂工件的实体数据，如外部边沿、内部边沿及正面，组成喷涂工件的几何图形。接下来这些特征将被检测和发送至轨迹映射模块中，最后由轨迹自动生成器进行轨迹自动生成处理。

（3）轨迹自动生成。目标是基于喷涂工艺专家系统，根据图像处理所得的工件形状、尺寸及所设定的喷涂工艺要求，自动生成最理想的自动喷涂轨迹。软件将图形理论分析、路径优化算法、生成机器人运动轨迹等集成化处理，其中软件内部仿形系统具备数字化的功能，目的是实现恒定喷涂速度和高平滑性。

（4）仿真系统。轨迹自动生成后由仿真模型模拟机器人去完成设定好的喷涂任务，从而对运动路径和轨迹进行模拟仿真。

（5）机器人喷涂系统。机器人喷涂系统根据确定好的仿形轨迹、结合输送系统、喷涂工艺要求，对各种工件进行喷涂。

（6）用户界面。操作者通过操作用户界面实现喷涂。用户界面主要为操作者操作机器人提供简易而方便的操作，可以选择语言、各类参数、统计、远程协助等功能。

（7）喷涂参数。机器人喷涂轨迹完成了喷涂的基本走向，为确保质量系统提供各类喷涂的参数调整功能。平面和边缘通用参数提供了偏移、开枪及关枪距离、轨迹过渡等参数；对于工件边缘的参数有 $Y$ 角、偏移深度、连续移动角度、边选择等参数；对于平板的参数有运动方向、$Y$ 角度、$Y$ 角摆动、$Z$ 角度、$Z$ 角摆动、并行轨迹间隔、并行轨迹偏移、工件喷涂次数等参数；对于线参数有 $Y$ 角度、$Z$ 角度、顶点偏移、顶点修正、角通过速度、面板框架等参数。

**2. 图像分割与映射**

生成机器人最优路径的过程包括对工件图像信息的搜索和分析，而对于工件图像处理主要是通过图像分割来实现的[5]。

图像分割不仅仅是一个库列表，图像处理任务是一种先进的方法，必须能够模拟人类的视觉和推理。然而，重要的是图像处理系统是易于使用的，同时可以集成到开发循环任务中。图像分割可以从不同的视觉设备中进行图像的合成工作，同时能够处理许多不同的对象而不管它们的位置和方向是怎样的，且通过使用特殊的参数可以强调或消除部分的对象，这样就提供了高度的灵活性。

图像处理的首要任务是删除所有不需要喷涂的部件，例如，现场环境中的支撑结构或不想要的部件。同时数据可以通过使用特殊的库进行删除和对传感器的噪声信号进行滤波。软件能够对获取的图像进行不同实体的提取，这些实体如外部边沿、内部边沿和正面组成了喷涂工件，所有这些实体通过使用几何基元来表示。然后这些特征将被检测和发送至轨迹映射模块，如图 8.20 所示，该系统能够自动创建每一个工件的 3D 模型，同时生成的程序能够保证高质量和精确的喷涂覆盖范围，如图 8.21 所示。

图 8.20　窗户识别

图 8.21　图像处理（一）

　　当进行扫描时，空中输送的对象可能会摆动，该软件可以自动处理 3D 点和分配工件的坐标，这可以保证检测到正确的工件细节，如图 8.22 所示。

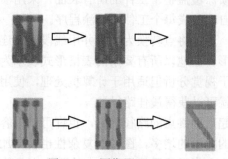

图 8.22　图像处理（二）

　　特定的工件中可能有不同的厚度，这些槽必须单独使用一种特殊的路径和参数进行喷涂，因为它需要更多的油漆，如图 8.23 所示为特定的带沟槽的工件。分割器对所有扫描到的 3D 数据进行处理以便于找出沟槽，如图 8.24 示。

图 8.23　带沟槽工件

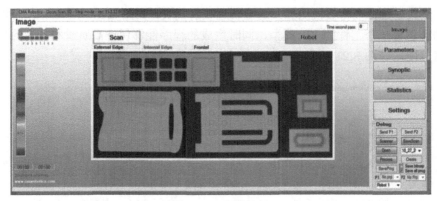

图 8.24　沟槽处理

### 3. 运动轨迹生成器

轨迹生成器的目标是为一个任何形状和尺寸的工件找到一个最理想的自动喷涂轨迹，通过机器人喷涂覆盖整个工件的所有表面，采用喷涂项目经验的编程规则，轨迹生成器能够自动生成每个工件的喷涂程序。

工件的表面特征，通过将点转换为顶点并用线段互相连接起来的方式，被映射到一张图片上。图形普遍地以所有要素的表格形式表示为节点和顶点，这种表现形式不能直接被用于视觉分析但适用于计算机处理，使用公开的、有效的研究算法进行图表处理，就可以获得最佳路径。

对于小型图像从起点到终点的路径优化，也许可以很容易用视觉检验图形来完成，但随着待处理的元素的增多，图像的复杂性也会增加。对于一个复杂的图形，有必要使用策略确定应用使用的规则，在达到终止条件时运算终止[6]。算法的基本思路是将图形拆分为不同的子图。每一张子图都被视为一个元图，以保证能够获得连续的轨迹，并满足强制要求。在机器人应用过程中，针对轨迹生成的主要限制条件和特征如下：

（1）整个工件需全部覆盖；

（2）轨迹需要尽可能地平滑；

（3）需要优化机器人的所有运动，以获得最高的品质；

（4）同一工件必须避免有多种喷涂轨迹；

（5）同一节点允许有多条轨迹；

（6）起点和终点必须在工件的喷涂范围外。

同一节点的两个线段形成的夹角，必须大于一个用户设定的可以持续喷涂作业的最小角度。因为对于小角度的两个相邻的元素，会产生不符合品质标准的集中喷涂和过量喷涂，需要使用恒定的速度进行喷涂。首先外框线的基本元素需要搜索和验证，然后利用算法搜索最优轨迹并提交给用户，最后处理内部基本元素。

喷涂节拍的算法优化，目标是要找出在不同元件或工件之间移动的最小距离。对于边缘，理想状态是按照图像的连续性顺序连接所有的基本元素，此时喷涂任务的起点和终点是相同的。

**4. 仿形与仿真系统**

仿形作为一个数字化的功能，目的是实现恒定喷涂速度和高平滑性。仿形要求基于工件的三维传感器的信息，以在正确的高度和走向上插入每个轨迹点，其中喷枪必须垂直于工件表面，通过分析邻近的点可以完成以上的计算，如图8.25所示为仿形案例。

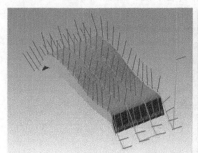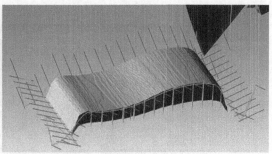

图 8.25　仿形系统中的样条分析

当工件的表面为光滑或黑色时，其三维扫描的结果受噪声影响，获取的数据会有很多错误，如高度的变化检测和工件边缘的变形等，会导致机器人的运行出现波动。为减少或者忽略干扰，需要应用滤波器，以使得工件的表面尽可能地光滑，为使得机器人的运动尽可能平顺，会通过邻近点对机器人轨迹进行分析，如图8.26所示为机器人关节的轨迹角度分析。

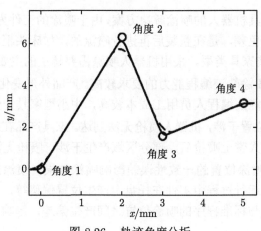

图 8.26　轨迹角度分析

通过仿真模型复现拟人机器人去完成设定好的喷涂任务，从而对运动路径和轨迹的优化进行模拟仿真 [7]。机器人的关键概念如正运动学、逆运动学、微分运动学、静态动态均可仿真实现。模拟器采用了相同的界面呈现在机器人编程设备上，在多边形网格中，划分的网格被转换成数字图像，而该图像包含了需要喷涂的对象，网格则是顶点和面的集合，定义了对象的形状也简化了图像的渲染。

　　在仿真中，采用不同的颜色变化突出显示应用于该对象的整个表面的喷涂量，且用户可以显示所有机器人连杆的位置、速度以及加速度。末端执行器的路径仿真可以达到突出的成效，模拟运行仿真也可用于检测并解决碰撞、奇异点、关节速度极限和关节位置极限等问题，相关仿真软件界面如图 8.27 所示 [8]。

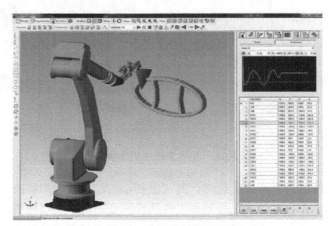

图 8.27　仿真软件界面

## 8.2.2　整装家具机器人喷涂解决方案

　　对于整装类家具机器人的喷涂解决方案，由于喷涂的工件为实木家具产品，为了实现产品喷涂无色差，是在整装后再进行喷涂的，如床头柜、椅子等产品。如图 8.28 所示为整装家具类型。采用机器人喷涂需要解决的主要问题包括如下。

　　(1) 对机器人喷涂轨迹编程能力的要求较高。产品外形变化大，对机器人编程技能要求高，高技能的编程人员用工成本较高，中小型家具企业往往无法配备。

　　(2) 部分喷涂位置干涉，机器人喷枪无法到达。家具产品在装配后进行机器人喷涂时，由于机器人带上喷枪后，部分区域产生干涉，喷枪无法到达喷涂位置。

　　(3) 工件到达喷涂位置的一致性误差影响喷涂效果。喷涂过程中，输送线停止位置误差、输送运行过程中工件在托盘上产生位置偏移等，引起工件在进入喷漆室后的停止位置与标准程序的喷涂位置之间产生偏差，影响机器人自动喷涂的效果。

(a) 整装椅子      (b) 餐桌椅      (c) 床头柜

图 8.28   整装家具类型

面对整装类家具的喷涂，需要采用机器人轨迹编程的方法，喷涂机器人轨迹编程常用方式有点对点编程、离线编程、手持拖动示教编程等方式。

**1. 点对点编程**

点对点编程（图 8.29）即编程人员对喷涂轨迹进行规划，选择轨迹中的若干有效点，机器人可自动生成连续的运行轨迹。通过示教器可以随时修改喷涂轨迹、速度等相关参数。

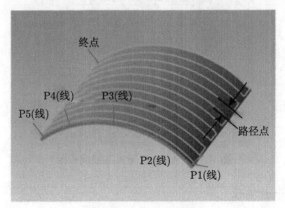

图 8.29   点对点编程

**2. 离线编程**

利用离线编程软件，搭建机器人喷涂工作站模型，对机器人喷涂工件进行离线编程，模拟的轨迹可以下载到喷涂机器人进行实测喷涂。离线编程有以下特点：

(1) 可在计算机上设计程序（离线化），不影响生产；

(2) 可同步观察到操作结果；

(3) 可及时调整各程序参数（流量、雾化、速度等）；

(4) 可用于机器人编程及训练。

机器人离线编程图如图 8.30 和图 8.31 所示。

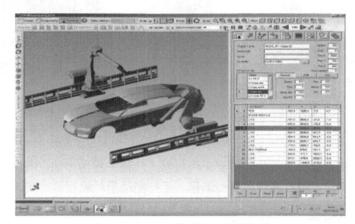

图 8.30 CMA 机器人离线编程图

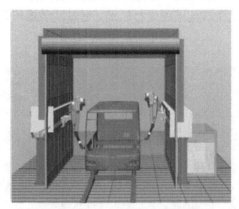

图 8.31 ABB 机器人离线编程图

### 3. 手持拖动示教编程

为实现机器人手持拖动示教，机器人本体基于"动态稳定"理论和"主动平衡"技术，采用可变参数曲柄连杆机构，对机器人的 1/2/3 轴关节设计了重力平衡装置，该装置依据下位机检测出的机器人各轴位姿信息和上位机发出的每一位姿的平衡参数，通过伺服比例电磁阀和平衡气缸，实现机器人任意位姿的主动平衡。末端手腕 4/5/6 轴的传动采用一套链条链轮机构，以降低传动过程的摩擦阻力，保证拖动示教编程轻松灵活，从而使快速拖动机器人可以在工程上实现。手持拖动示教功能（图 8.32），让编程变得非常简单。喷漆工无须具备机器人的使用基础，通过手持机器人末端的手柄进行示范喷涂，机器人即可记住并复现喷漆工的喷涂轨迹。

图 8.32 手持拖动示教编程

## 8.3 机器人喷涂家具产品工艺验证与测试

涂料的主要功能有保护功能、装饰功能、特殊功能（防腐、隔离、标志、反射、导电等用途）。涂层的厚度、均匀度、光泽度和丰满度等是评价喷涂表面质量的重要指标，而在航空领域，特别是飞机表面的喷涂 [9,10]，则对厚度和均匀度提出了更为严格的要求。喷涂机器人容易满足安全环保、高效和高质量的喷涂要求，是未来自动化喷涂发展的必然趋势 [11]。

不同产品油漆保护性与装饰性功能侧重点如图 8.33 所示。

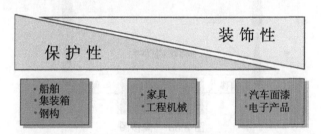

图 8.33 不同产品油漆保护性与装饰性功能侧重点

### 8.3.1 机器人喷涂通用参数

1. 喷涂工艺参数

（1）喷涂距离（图 8.34）：喷嘴和工件之间的距离，正值，单位 mm。例如，0mm，即喷嘴和工件接触；100mm，代表喷嘴和工件之间距离为 100mm。喷涂的样板为 300mm×200mm，因此喷幅不宜过宽过窄，经工业生产的要求，一般喷幅是板材宽度的 1/6～1/3，因此本次实验的喷幅范围确定为 50～70mm。

（2）颜色/流量：与比例阀配合使用，此参数用于控制喷涂油漆流量，参数范围 0～1000（0 表示最小流量，1000 表示最大流量）。输出对象为比例阀。

（3）雾化：与比例阀配合使用，用于控制喷枪的雾化空气，参数范围 0 ～ 1000（0 表示最小流量，1000 表示最大流量）。输出对象为比例阀。

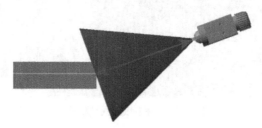

图 8.34　喷涂距离

（4）扇形：与比例阀配合使用，用于控制喷枪的喷幅扇形，参数范围 0 ～ 1000（0 表示最小流量，1000 表示最大流量）。输出对象为比例阀。

（5）速度：机器人喷涂速度设定，百分比设定，最大 100（100 = 1m/s）。

（6）偏移（图 8.35）：用来获得恒定喷涂速度所需要的距离。

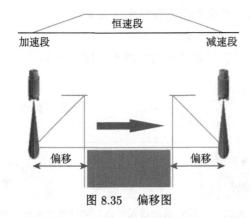

图 8.35　偏移图

（7）开枪距离（表 8.2）：开枪距离补偿能够提前或延迟启动油漆流动。如果此参数等于偏移量，则喷枪将在移动到工件边缘时开始喷涂；如果该距离小于偏移量，则喷枪在移动到工件边缘前就开始喷涂；如果该距离大于偏移量，则喷枪在移动到工件边缘后就开始喷涂，如图 8.36 所示。

表 8.2　喷枪距离的调整对喷涂效果的影响

| 喷枪高度调整结果 | | | | | |
| --- | --- | --- | --- | --- | --- |
| 距离（空气喷枪） | 10cm | 20cm | 30cm | 40cm | 50cm |
| 漆膜厚度 | 较厚 | 适中 | 适中 | 薄 | 过薄 |
| 雾化程度 | 不明显 | 明显 | 明显 | 较明显 | 不明显 |
| 浪费程度 | 否 | 适中 | 适中 | 轻微 | 较多 |
| 是否流挂 | 是 | 否 | 否 | 否 | 否 |

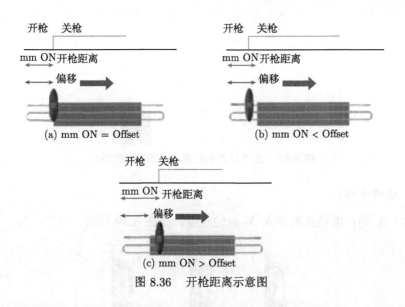

图 8.36　开枪距离示意图

（8）关枪距离：关枪距离补偿能够提前或延迟关闭油漆流动。如果该距离与喷枪偏移量相等，则喷枪将在移动到工件边缘时结束喷涂；如果该距离小于偏移量，则喷枪在移动到工件边缘后结束喷涂；如果该距离大于偏移量，则喷枪在移动到工件边缘前结束喷涂，如图 8.37 所示。

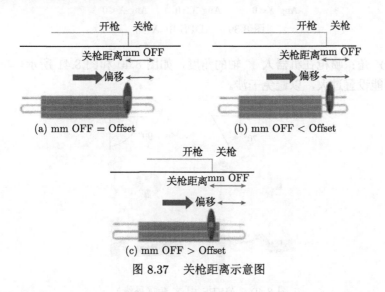

图 8.37　关枪距离示意图

（9）角度过渡：该参数用来设定喷枪的运动轨迹（初始轨迹见绿线），建立一个小的圆弧过渡轨迹（见黄线），以避免在轨迹集中处（见蓝色箭头标定轨迹）喷涂过量，用来标定蓝色箭头标定的轨迹长度，如图 8.38 所示。

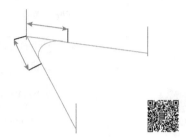

图 8.38　角度过渡示意图（彩图见二维码）

**2. 边喷涂参数**

（1）$X$ 角：喷枪在机器人 $X$ 轴的角度，如图 8.39 所示。单位：°。

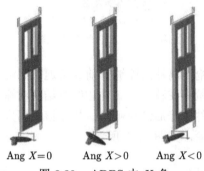

Ang $X=0$　　Ang $X>0$　　Ang $X<0$

图 8.39　ADPS 中 $X$ 角

（2）$Y$ 角：喷枪在机器人 $Y$ 轴的角度，如图 8.40 和图 8.41 所示。单位：°。注意：不能设置过大，以避免干涉。

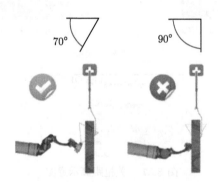

70°　　　　　90°

图 8.40　AWPS 中 $Y$ 角（外缘）

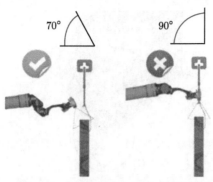

图 8.41　AWPS 中 $Y$ 角（内缘）

（3）$Z$ 角：喷枪相对于机器人 $Z$ 轴的偏转角。图 8.42 表明机器人在水平或垂直运动时喷枪的倾斜状况。单位：°。

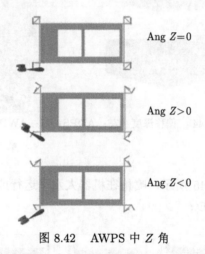

图 8.42　AWPS 中 $Z$ 角

（4）偏移深度：通常情况下，喷涂轨迹处于工件侧边的正中央，该参数用来设定实际喷涂轨迹相对于中央线的偏移量，单位 mm。

（5）连续移动角度：若两个连续的机器人轨迹线段的夹角大于该设定值，机器人将不停顿地平滑通过其交点，否则将视为两个独立的轨迹，以 0°～180° 表示。图 8.43 为将该参数设置为 130° 时的例子：① 两个轨迹的夹角为 90°（低于设定值），所以机器人将视其为两条轨迹，走如图 8.43 所示的轨迹；② 两个轨迹的夹角为 150°（高于设定值），所以机器人将视其为同一条轨迹，在交点处不停顿通过，如图 8.44 所示。

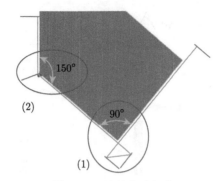

图 8.43　连续移动角度

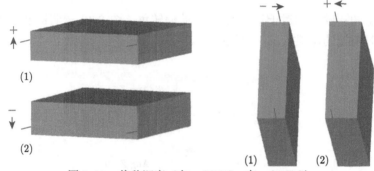

图 8.44　偏移深度（左：ADPS，右：AWPS）

### 3. 面喷涂参数

（1）角度：如图 8.45 所示，喷枪在机器人水平运行或者垂直运行时在 $Y$ 轴方向上倾斜的角度，单位：°。

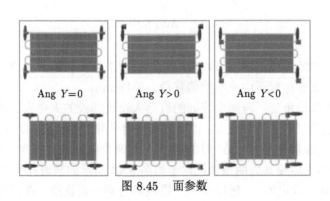

图 8.45　面参数

（2）步进（图 8.46）：每条轨迹之间的距离，适用于自动生成轨迹的情况，单位 mm，正值。

（3）喷涂方向（图 8.47）：设定平面喷涂时的方向。

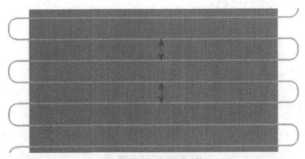

图 8.46　步进参数

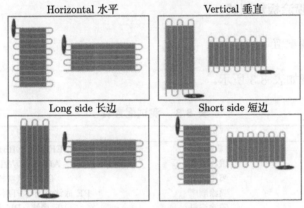

图 8.47　喷涂方向

（4）面板框架（图 8.48）：如果使用该参数，则会根据工件的面的宽度/厚度生成更多的线轨迹而不是面轨迹。适用于多个工件级联的物体，而路径之间的间距由前述参数"并行轨迹间隔"确定。该参数仅适用于含有四个外边和一个内边缘的工件。

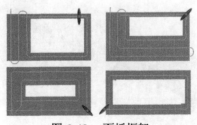

图 8.48　面板框架

（5）复杂平面（图 8.49）：不使用时，喷涂时喷枪将一直处于开启状态；使用时，喷涂时喷枪将在运动时在仅需要喷涂的地方开启。根据"喷枪喷涂角度"定义的扇幅角度确定开关枪的时机。

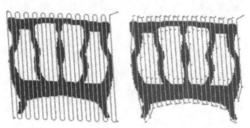

图 8.49　复杂平面

### 8.3.2　机器人喷涂板件测试

1. 测试设备配置

测试配置表如表 8.3 所示。

表 8.3　测试配置表

| 序号 | 内容 | 说明 |
| --- | --- | --- |
| 1 | 机器人 | EFORT GR6160 |
| 2 | 编程方式 | ADPS 自动编程 |
| 3 | 喷枪类型 | 自动空气喷枪 |
| 4 | 喷涂顺序 | PE 底漆-腻子及打磨-PU 面漆 |
| 5 | 喷涂漆料 | PE 底漆，PU 面漆 |
| 6 | 漆料输送 | 隔膜泵输送 |

机器人喷涂设备布置图如图 8.50 所示。

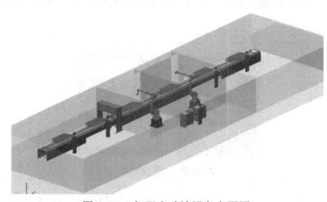

图 8.50　机器人喷涂设备布置图

2. 橱柜板测试

橱柜板测试喷涂采用 GR6160+ADPS 自动扫描（图 8.51），根据工件的形状和尺寸自动生成喷涂轨迹。对于喷涂工件，"把手"凹槽处为了保证上漆率，应增大流量，增大雾化，增加喷涂次数，并采用喷边摆枪的方式进行喷涂。从喷涂效果来看，当喷枪带有把手的凹槽边时，有以下几种方案可供选择。

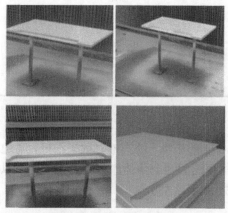

图 8.51 橱柜板喷涂测试

橱柜板测试数据如表 8.4 所示。

表 8.4 橱柜板测试数据

| 工件 | 喷涂时间 | 温度 | 湿度 | 喷涂距离 | 喷涂间距 | 喷涂速度 | 喷涂区域 | 喷涂道数 |
|---|---|---|---|---|---|---|---|---|
| 橱柜板 | 19s | 20℃ | 60% | 200mm | 100mm | 1000mm/s | 四边＋面 | 2 道 |

方案 1：应在水平方向设置左右摆枪，并多次喷涂，这样凹槽弯角处更容易上漆（此种方式试喷效果较好）。

方案 2：在水平方向以一定角度倾斜喷涂一次，再以相反的角度倾斜喷涂一次。

方案 3：沿圆弧边的形状喷涂。

喷涂角度、喷涂次数要根据实际上漆效果来设置，均可单独修改。ADPS 自动扫描生成轨迹，工艺参数经过修改，喷涂效果良好。对于需要先喷涂一遍沟槽的板件，后期修改机器人工程，可实现该功能。

3. 带沟槽橱柜板

试喷工件有沟槽，且工件的外边、沟槽均需要喷涂。油漆调整好黏度在 18S。根据目前喷涂目标的喷涂工艺需求，选用 GR6160 型机器人作为该项目试喷机器人，采用扫描自动编程，供漆采用柱塞泵方式，喷枪为 KREMLIN 混气喷枪，并增加摆动气缸采用两个工具，喷枪可以在 0°～90° 切换（表 8.5）。

表 8.5 带沟槽橱柜板喷涂参数

| 参数 | 喷边 | 喷沟槽 |
|---|---|---|
| 泵压 | 3bar | |
| 油漆黏度 | 18S | |
| 喷枪 | KREMLIN 混气枪 | |
| 枪嘴 | 06-074 | |
| 油量 | 1.8bar | 1.5bar |
| 雾化 | 2bar | 2.4bar |
| 扇形 | 0 | 0 |
| 喷涂距离 | 180mm | 200mm |
| 喷涂速度 | 1000mm/s | 1000mm/s |
| 喷枪角度 | 第一遍 90°，第二遍 50° | |
| 喷涂次数 | 2 | |
| 步宽 | 无 | |

注：1 巴（bar）=100 千帕（kPa）。

试喷采用的是 06-074 的枪嘴。喷沟槽时效果很好，喷边 90° 喷涂时效果也较好，但 50° 喷边时会出现面的四个角油漆附着量偏大，所以改用了摆枪动作，改动后效果较好（图 8.52 和图 8.53）。

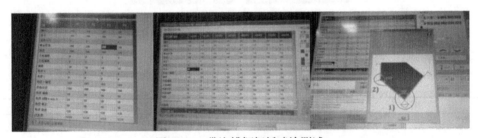

图 8.52 带沟槽橱柜板喷涂测试

(a) 喷涂前                                  (b) 喷涂后

图 8.53 带沟槽橱柜板喷涂测试效果

4. 柜体试喷实验

本次喷涂采用 GR6160+ADPS 自动扫描，根据工件的形状和尺寸自动生成喷涂轨迹。喷涂过程中发现，喷涂漆膜越厚，裂纹越大，喷涂漆膜越薄，裂纹越

小。根据工艺要求,反复测试流量大小,最终认为当流量达到 1.0bar,雾化 2.4bar
时,步进间距为 60mm,裂纹效果较好（表 8.6、表 8.7 和图 8.54）。

**表 8.6 柜体试喷实验参数报告**

| 工件 | 喷涂时间 | 温度 | 湿度 |
|---|---|---|---|
| 柜体 | 15s | 21℃ | 60% |

**表 8.7 柜体试喷实验参数**

| 面 | P1 |
|---|---|
| 流量/bar | 1.0 |
| 雾化/bar | 2.4 |
| 喷涂速度/(mm/s) | 1000 |
| 喷涂距离/mm | 200 |
| 偏移值/mm | 150 |
| 开枪偏移/mm | 20 |
| 关枪偏移/mm | 20 |
| 角度 $Y$/(°) | −5 |
| 间距/mm | 60 |
| 宽度偏移/mm | 60 |
| 喷涂方向 | 竖直 |

(a) 试喷前工作　　　　　　　(b) 试喷后效果

图 8.54 柜体裂纹漆测试效果

# 8.4 喷涂机器人家具喷涂柔性化生产线案例

### 8.4.1 整装椅子机器人喷涂生产线

整装椅子机器人喷涂生产线,采用地面输送机器人静电喷枪面漆喷涂的方式,
可喷涂水性 LED 色漆/面漆。生产流程为上件-除尘-LED 色漆/面漆喷涂-加热流
平-LED 固化-下件。采用拖动示教机器人进行编程,配置 2 台机器人吹灰,4 台
机器人在线跟踪喷涂,可实现 120 ~ 180 件/h（整装餐椅）的生产能力,椅子生
产线如图 8.55 所示。

图 8.55　椅子喷涂生产线

### 8.4.2　实木床柔性化喷涂生产线

机器人喷涂实木床柔性化喷涂生产线根据床头产品的特点，床头采用吊挂的形式进入喷漆室，利用工件图像扫描及轨迹规划，实现多种实木家具共线的柔性喷涂。

1. 工作流程

（1）向输送链上人工挂工件，机器人 1 和机器人 2 在原点位置等候。

（2）工件在输送机上运行，通过工件检测系统 1，实现两维（长、宽）视觉扫描功能，并将相应的视觉图像发送给机器人 1；工件在输送机上运行，通过工件检测系统 2，实现两维（长、宽）视觉扫描功能，并将相应的视觉图像发送给机器人 1。单品床底漆喷涂线如图 8.56 所示。

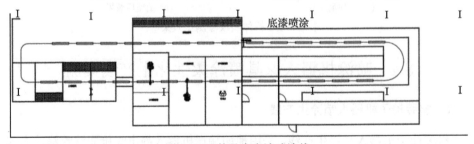

图 8.56　单品床底漆喷涂线

（3）机器人控制系统根据事先设定的参数（喷涂部位、喷涂次序、喷涂遍数、喷枪角度、喷枪扇幅、喷枪雾化、喷枪流量），自动生成机器人轨迹，并传送给机器人 2。

（4）工件到达 P1 位置，输送线将前面工件到位信号 1 发送给机器人，机器人 1 根据生成的轨迹对工件进行喷涂；工件到达 P2 位置，输送线将工件到位信号 2 发送给机器人，机器人 1 进行旋转，然后根据生成的轨迹对工件进行喷涂；工件到达 P3 位置，输送线将工件到位信号 3 发送给机器人，机器人 2 根据生成的轨迹对工件进行喷涂；工件到达 P4 位置，输送线将工件到位信号 4 发送给机器人，机器人 2 进行旋转，然后根据生成的轨迹对工件进行喷涂。

（5）喷涂完成后，机器人将喷涂完成信号发送给输送线，输送线运行，将工件移出机器人喷涂工位。同时，机器人回到原点位置。

（6）系统循环进行，实现生产线的自动连续喷涂。

### 2. 油漆烘干工艺

本方案为板式工件的机器人喷涂线，主要用于板式工件的自动喷涂，可喷涂工件的 4 边（含斜下边和正面）。

本方案干燥工艺为加湿流平 1 小时-低温表干 1 小时-高温烘干 2 小时。

喷涂输送线：采用板式链条输送。

吹灰除尘工位采用内循环干式吹灰房，脉冲布袋式过滤。

轨迹自动生成：轨迹自动生成喷涂系统，扫描方式采用工件停止，扫描仪自动行走进行扫描。

喷涂机器人：采用 GR680 机器人，配置 ADPS 专用扫描软件，自动生成轨迹，自动喷涂，无须人工编程。

喷漆房采用微正压无尘喷房，送排风风机变频控制。

喷漆设备：采用旋杯喷涂，具备优异的喷涂品质，节约油漆。

干燥：工人将喷好油漆的工件放置于货架上，货架置满后，将其推入烘干线输送机上。

先后进入加湿流平段-低温表干段-高温烘干段，完成干燥工艺。

干燥输送机采用地面链条输送，伺服电机控制，最大运行速度 15m/min，可设置连续或步进运行。

洁净度控制：干燥线送风系统通过多层过滤，保证各个环节的环境洁净度，所有工艺段衔接采用自动门控制。

### 3. 机器人轨迹自动生成系统

机器人轨迹自动生成系统的关键设备由机器人本体、机器人电控柜、光栅和光栅支架，以及编码器和扫描触发传感器构成。数量则根据项目需求，有单机器人项目和双机器人项目，如图 8.57 所示。

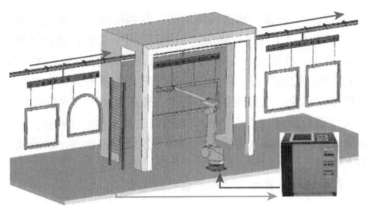

图 8.57　机器人轨迹自动生成系统

### 8.4.3　浴室柜产品柔性化喷涂生产线

生产线对生态板、橡木板和 PVC 三种材料的浴室柜整柜或者板材进行喷涂加工，各种材质的产品与工艺及产线对应关系如图 8.58 所示。浴室柜以板式结构为主，本生产线以浴室柜板为主要加工对象。

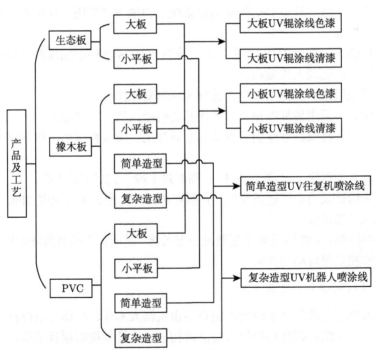

图 8.58　浴室柜喷涂线产品、工艺及产线对应关系

（1）平板式产品（生态板；PVC 柜身；橡木柜身）喷涂方案以 UV 辊涂为主。

（2）造形门板（PVC 门板；橡木门板）喷涂方案以机器人喷涂＋往复式喷涂为主，解决门板有简单造形的产品，由于造形强度不大，花纹较简单，足够满足喷涂要求。

（3）特殊造形门板（PVC 门板；橡木门板；造形罗马柱；虎脚等）喷涂方案以机器人喷涂为主，解决造形复杂的产品，由于花纹复杂，造形深浅不一，需用机器人编程喷涂模拟人工喷涂效果。

浴室柜产品柔性化喷涂生产线全景图如图 8.59 所示。

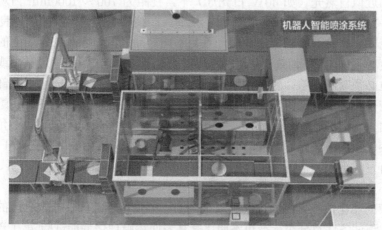

图 8.59　浴室柜产品柔性化喷涂生产线全景图

### 1. 喷涂工艺

（1）浴室柜柜身-白色喷涂方案：边部-UV 侧边辊涂封边，B 面-辊涂 UV 底漆＋辊涂 UV 面漆，A 面-辊涂 UV 底漆＋辊涂 UV 面漆。

（2）浴室柜门板-白色喷涂方案：边部-UV 侧边辊涂封边，B 面-辊涂 UV 底漆＋辊涂 UV 面漆，A 面-辊涂 UV 底漆＋喷涂 UV 面漆。

（3）浴室柜柜身-其他花色喷涂方案：边部-UV 侧边辊涂封边，B 面-辊涂 UV 底漆＋喷涂水性面漆，A 面-辊涂 UV 底漆＋喷涂水性面漆。

（4）浴室柜门板-其他花色喷涂方案：边部-UV 侧边辊涂封边，B 面-辊涂 UV 底漆＋喷涂水性面漆，A 面-辊涂 UV 底漆＋喷涂水性面漆。

### 2. 涂料信息

（1）涂料类别：采用 UV 紫外线固化涂料，简称 UV 涂料。主要由光活性齐聚体、光活性单体、光引发剂等组成，利用 UV 光源的辐射作用，使液体化学物质快速聚合交联来实现固化。

（2）涂料固化需求：根据常用 UV 涂料施工特性，要求涂膜在 5 ～ 8s 固化。硬度在 2H 以上，要有良好的抗刮磨性能，耐酸碱；而溶剂等方面的物理性能，产品表面光泽依油漆光泽而定，要求持久，不容易黄变，经久面耐用。

（3）涂层厚度要求：采用 UV 涂料做边部辊涂工艺，每次辊涂不低于 $15g/m^2$，涂层厚度要求为底漆干膜厚度不低于 $40\mu m$，底面漆干膜厚度不低于 $70\mu m$。

（4）喷涂质量评定：外观质量是消费者正常使用条件下可以直接接触和感受到的家具表面效果，必须光滑无缺陷，具体可在自然光下或光照度 300 ～ 600lx 范围内的近似自然光（如 40W 日光灯）下，视距为 700 ～ 1000mm 内观察，要求不允许有明显的自身缺陷，如开裂、接缝、胶痕、明显色差及修补不良等。

无论同一产品不同部位还是同一系列不同产品之间，家具外露表面的颜色和喷涂亮度必须均匀，协调统一。允许内外喷涂有别，但要求消费者最常用或可能看到的部位必须喷涂完整，包括抽屉和门的边框、遮光条等开启即可见的部位。涂层表面应平整光滑、无明显粒子、涨边等现象，且无明显加工痕迹、划痕、雾光、白棱、白点、鼓泡、油白、流挂、缩孔、刷毛、积粉和杂渣等缺陷。不允许有流漆、脱漆、漏漆、皱皮等现象，也不允许有明显的修补痕迹；涂膜必须干燥充分，不允许有发黏现象，无褪色和掉色等现象；家具装配五金（如铰链、合页、锁、拉手等）不允许油漆污染；条及装饰部件要求与木材表面色泽协调一致。

漆膜的理化性能无法通过肉眼观察判断，要借用相关的仪器及相应的实验方法。具体测试条件及分级标准可参照《家具表面漆膜理化性能试验 第 1 部分：耐冷液测定法》（GB/T 4893.1—2021) 等国家标准。

在浴室柜柜门的喷涂过程中，采用往复机喷涂面，机器人喷涂边和沟槽的配置模式，可提升喷涂的节拍，工艺过程如图 8.60 所示。

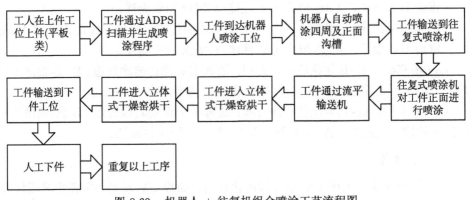

图 8.60　机器人 + 往复机组合喷涂工艺流程图

# 8.5　本　章　小　结

　　本章主要针对智能喷涂机器人柔性化生产线的构建进行了介绍，以家具喷涂为例，介绍了喷涂生产线的基本构成及柔性化编程的解决方法，并进行了家具喷涂产品的工艺验证与测试说明。本章以椅子、实木床和浴室柜喷涂生产线为例介绍了不同产品的生产线结构，不同工艺要求的产品喷涂生产线结构与配置也各有特点，智能化的柔性喷涂生产线对小规模定制产品及产品的批量喷涂效果显著，能够有效提升生产效率及产品质量，对企业生产的自动化和智能化升级有着重大意义。

## 参 考 文 献

[1] 黄忠仕, 梁东确. 基于工业机器人的 "智能制造" 柔性生产线的工作原理分析. 装备制造技术, 2021, (7): 40-42.

[2] 袁斌. 北汽越野车焊装柔性化生产线规划研究. 北京: 北京工业大学, 2018.

[3] 张健民, 单旭沂. 热轧产线智能制造技术应用研究——宝钢 1580 热轧示范产线. 中国机械工程, 2020,31(2): 246-251.

[4] 徐强, 郑磊, 蒋立军, 等. 基于迭代学习控制的喷涂机器人轨迹精度策略研究. 科技创新与应用, 2021, (27): 95-97.

[5] 蒋立军, 周建辉. 喷涂机器人运动控制和视觉补偿探究. 自动化应用, 2021, (4): 164-165, 170.

[6] Wang W N, Ding W L, Hua C C, et al. A digital twin for 3D path planning of large-span curved-arm gantry robot. Robotics and Computer-Integrated Manufacturing, 2022, 76: 102330.

[7] 郝建豹, 蔡文贤. 柔性制造生产线仿真设计与关键数据标定. 机床与液压, 2021,49(15): 52-56, 133.

[8] 游玮, 崔云从, 方华杰, 等. 打磨机器人控制器的软件系统设计. 机器人技术与应用, 2021, (3): 38-40.

[9] 宋利康, 郑堂介, 朱永国, 等. 飞机脉动总装智能生产线构建技术. 航空制造技术, 2018, 61(S1): 28-32.

[10] 杨国荣, 来云峰, 解安生, 等. 新舟飞机智能化精益生产线构建技术研究. 航空制造技术, 2020, 63(12): 24-30.

[11] 曾辉, 夏富生, 蒋立军. 面向喷釉工艺过程的机器人成套系统设计. 机器人技术与应用, 2021, (4): 30-34.

# 第9章
## 智能喷涂机器人典型应用

随着我国智能制造技术及其应用的发展[1]，结合先进的机器人、智能传感器、物联网等技术，能够开发出功能强大、安全且经济高效的智能工厂[2]。目前，传统的喷涂方法已经难以满足现阶段各行业的智能、高效的生产要求，智能喷涂机器人技术作为一种高度集成化的复杂机器人系统，具有高精度、智能、柔性化的特点，正逐步引领高品质产品的喷涂作业。

智能喷涂关键技术的应用及喷涂生产线的搭建，能够加速企业生产模式的升级，促进制造业的智能化进程。针对汽车、家具、卫浴、五金及钢结构等领域，智能喷涂机器人及其技术的集成应用，代替了人工喷涂，提高了生产效率和喷涂质量；喷涂生产线的应用，在保证产品质量的前提下，缩短产品生产周期，降低产品成本，最终使中小批量生产能达到大批量生产的效果，显著提升了企业生产的自动化水平。共享制造是制造业与新一代信息技术融合发展的必然趋势，智能喷涂共享工厂生产模式的提出及应用，能够解决喷涂机器人的规模化应用问题，对涂装行业的智能化和绿色化生产的改造升级有着重要的作用。本章主要介绍智能喷涂机器人在钢结构、家具及迷彩喷涂方面的典型应用，并以家具共享喷涂为例，介绍了智能喷涂共享中心的规划与应用。

## 9.1　智能喷涂机器人在钢结构喷涂中的应用

当前钢结构行业的喷涂普遍采用人工作业，人工作业的方式存在喷涂质量一致性较差、效率偏低、操作者存在健康隐患及造成一定的环境污染等诸多问题。相对地，机器人喷涂系统具有可重复性好、喷涂质量稳定、工作效率高、可集中处理相关污染源等优点。ABB、DURR、发那科、安川等国外机器人公司研发的喷涂机器人及其喷涂控制系统已经在汽车行业广泛应用，汽车喷涂因其大批量、多品种的喷涂应用场景，机器人喷涂在轨迹示教后，可持续使用较长的时间，而对于钢结构的机器人喷涂，其产品特性及场景切换频繁，采用机器人喷涂需要解决机器人轨迹示教的易用性。通过轨迹自动生成的形式解决编程问题，能够实现机器人喷涂在钢结构行业的广泛应用[3]，推动我国钢结构产品喷涂的自动化升级改造。

### 9.1.1 钢结构自动喷涂路径规划系统

对于典型的钢结构工件，具有以下特点：

（1）从几何上看，它是由多种不同位置姿态的平面组合而成的较复杂的三维构件；

（2）在某个维度，假设为 $Y$ 方向，其尺寸远大于另外两个维度的尺寸，且 $Y$ 方向尺寸远超出六自由度喷涂机器人的工作范围；

（3）几乎所有的外表面都要求被涂料所覆盖[4]。

因此，普通的路径规划方法很难适用在钢结构喷涂中，需要进行钢结构自动喷涂路径规划系统的研发[5]。

国内钢结构产品人工喷涂和国外钢结构产品人工喷涂如图 9.1 和图 9.2 所示。

图 9.1　国内钢结构产品人工喷涂　　　　图 9.2　国外钢结构产品人工喷涂

机器人喷涂钢结构产品的轨迹自动生成开发，工艺上需要考虑喷涂方向，如厂房钢结构构件的长度（沿坐标轴 $Z$ 方向）约为 8m，远大于构件的其他尺寸。因此，在喷涂轨迹规划中，长度方向是首要考虑的问题。除了喷涂方向，还要确认特征的边界框，一个特定的部件可能有许多小尺寸的子部件，如果直接处理这些子部件，则喷涂轨迹的规划非常复杂，得到的轨迹肯定是无效的。另一种情况，子部件在部件的某些区域的分布可能非常密集，如果我们逐个处理这些子零件，在加工单个子零件时，不让喷枪与其他子零件发生碰撞是重要的研发工作。

为了简化问题，我们定义了子零件的边界框，并处理边界框而不是子零件本身，这里通过四个参数描述边界框、框的几何尺寸及边界框中的子零件数。在实际的机器人喷涂过程中，喷涂机器人可以提供定义边界框及如何定义边界框的参考信息。钢结构机器人喷涂轨迹自动生成有以下几个步骤：

（1）导入新的 XML 文件；

（2）根据 XML 文件中包含的信息生成 3D 对象；

（3）生成喷漆程序；

（4）模拟喷漆程序并检查其是否无碰撞；

（5）喷涂程序将程序和对象分成三部分来生成：顶部、侧面和底部。

轨迹规划流程图如图 9.3 所示。

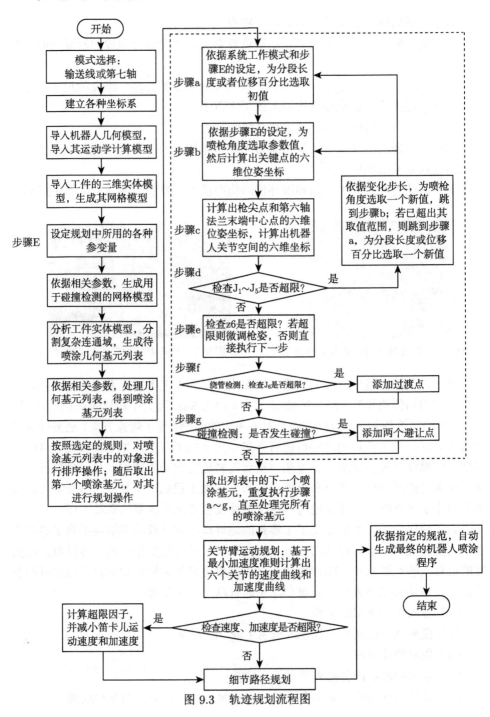

图 9.3 轨迹规划流程图

### 9.1.2 轨迹规划技术在钢结构喷涂的应用

对于钢结构喷涂的轨迹规划，根据生产车间的空间、生产节拍的要求可以有两种方式，一种是喷涂机器人位置固定，工件进行步进移动的方式实现喷涂，如图 9.4 所示；另一种是喷涂机器人可移动，当工件进入喷房后，机器人通过安装在移动轴上运动实现对工件的喷涂，如图 9.5 所示。

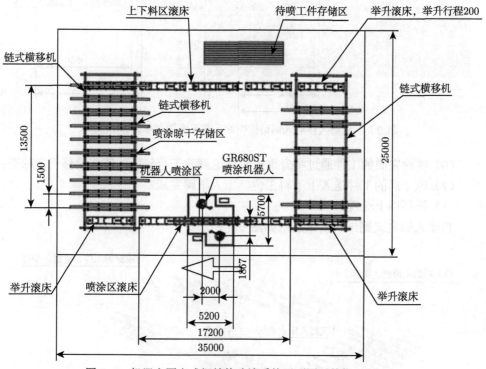

图 9.4　机器人固定式钢结构喷涂系统平面图（单位：mm）

#### 1. 机器人固定式钢结构喷涂系统

机器人固定式钢结构喷涂系统工作流程如下：

（1）工人通过桁车上料，将工件定位并固定在滑橇上，输入对应的工件信息；

（2）举升滚床升起，与滚床齐平对接滑橇，将工件送到链式横移机上部，举升滚床下降，工件放在横移机上；

（3）横移机步进运行，将工件送到横移机的末端；

（4）位于末端的举升滚床升起，将工件送入喷涂区滚床；

（5）线体 PLC 控制系统发送工件信息给喷涂机器人，机器人按照工件信息调用在 offline 里已生成的程序喷涂，工件步进，机器人执行喷涂；

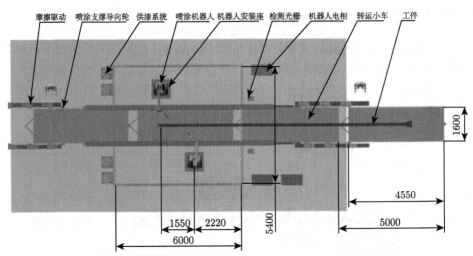

图 9.5 机器人移动式钢结构喷涂系统平面图（单位：mm）

（6）喷涂完成的工件通过举升滚床对接送到晾干存储区的链式横移机，晾干；

（7）晾干后的工件送入上下料工位，工人下料完成；

（8）循环以上流程。

机器人固定式钢结构喷涂系统如图 9.6 所示。

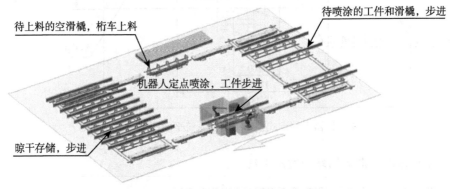

图 9.6 机器人固定式钢结构喷涂系统

机器人固定式钢结构喷涂系统主要部件如表 9.1 所示，具体如下：

（1）喷涂机器人及喷房 2 套，对称布置；

（2）重载滚床 6 套；

（3）重载链式横移机 2 套；

（4）重载举升滚床 4 套；

（5）输送滑橇 15 套。

表 9.1　机器人固定式钢结构喷涂系统主要部件

| 序号 | 名称 | 数量 |
|---|---|---|
| 1 | 重载滚床 | 6 |
| 2 | 重载链式横移机 | 2 |
| 3 | 重载举升滚床 | 4 |
| 4 | 喷涂机器人及喷房 | 2 |
| 5 | 输送滑橇 | 15 |

**2. 机器人移动式钢结构喷涂系统**

机器人移动式钢结构喷涂系统如图 9.7 所示，喷涂的具体工作流程如下：

（1）工人在吊装区将工件放置在转运车固定，送到喷房入口，与其他插销小车对接；

（2）摩擦驱动将工件送往喷房内；

（3）光栅检测工件的最前部位置，定为工件的基准点，离线编程基准与检测基准一致；

（4）工件运行到喷房内部，连续慢速运行，机器人对工件在线追踪喷涂；

（5）喷涂结束，工件从喷房另一端送出去；

（6）循环以上动作。

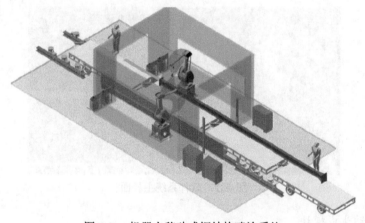

图 9.7　机器人移动式钢结构喷涂系统

机器人移动式钢结构喷涂系统主要部件如表 9.2 所示，其配置方案如下：

（1）喷涂机器人 GR630ST 2 台，对称布置；

（2）机器人固定底座 2 套，对称布置；

（3）供漆系统 + 混气喷枪，2 套；

（4）检测光栅 1 套，检测工件的前端基准；

（5）摩擦驱动 12 套，喷房出入口各 6 套，对称布置；

（6）喷涂区承载导向轮 2 套，对称布置；

（7）转运小车 20 套。

表 9.2　机器人移动式钢结构喷涂系统主要部件

| 序号 | 名称 | 数量 |
| --- | --- | --- |
| 1 | 喷涂机器人、移动轴、供漆系统总成 | 2 |
| 2 | 喷枪总成 | 2 |
| 3 | 转运小车 | 20 |
| 4 | 摩擦驱动 | 12 |

### 9.1.3　钢结构自动喷涂轨迹软件系统

为了更好地阐述喷涂机器人在钢结构的应用及其自动喷涂路径规划系统，这里详细介绍钢结构自动喷涂路径规划系统软件，其主界面如图 9.8 所示。为了确保输出的喷涂程序能在实际机器人中无差别地运行，首先要根据后台配置参数，对导入的钢结构模型进行分析，规划最优喷涂路径，并生成相应的机器人喷涂程序。然后对自动生成的机器人喷涂程序进行实时仿真，校验程序的正确性，如发现问题则可对喷涂程序进行局部微调，最后输出校验完的喷涂程序。软件系统包括两个模块——自动生成模块和实时仿真模块。

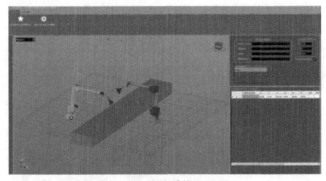

图 9.8　软件系统主界面

#### 1. 自动生成模块

自动生成模块，对应“自动生成”选项卡，其中包括参数设置与配置文件管理、喷涂路径规划与程序生成两个选项。“参数设置与配置文件管理”部分的主要功能有两个，一个是设置与喷涂路径规划相关的各种参数，包括喷涂机器人、其他设备、喷涂工件、路径规划等相关参数以及喷涂程序的等待时间；另一个主要是后台配置文件的管理，包括新建、加载、保存、另存为、确认、取消等操作，其中系统中的后台配置文件，用来保存所有参数的取值，具体参数如下所述。

（1）喷涂机器人参数。机器人参数分为 6 部分，分别为机器人模型、机器人基准坐标系、工具坐标系、关节角限位、笛卡儿运动参数和工作空间限位。与机器人模型相关的参数包括机器人型号、关节类型及附加轴类型等。与机器人基准坐标系相关的参数包括定位基准坐标系原点位姿的 $X$、$Y$、$Z$ 以及 $RX$（绕 $X$ 轴旋转的角度）和 $RZ$（绕 $Z$ 轴旋转的角度）等。与工具坐标系相关的参数包括定位工具坐标系原点位姿的 $X$、$Y$、$Z$ 和 $A$、$B$、$C$（欧拉旋转角）等。与关节角限位相关的参数包括对机器人 6 个轴的正负角度限位等。与笛卡儿运动参数相关的参数包括移动速度、移动加速度、旋转速度及旋转加速度等。与工作空间限位相关的参数包括 $Z$ 向正负限位等。这里我们定义，在机器人基准坐标系中，$Y$ 方向默认为输送线运动方向，$X$ 方向为垂直于 $Y$ 方向的另一个水平方向，这两个方向的限位由系统在路径规划时进行动态控制。

（2）其他设备参数。其他设备参数包括输送线和工件支撑装置。与输送线相关的参数包括输送线使能、输送线方向、输送线速度、输送线起始运动位置、等待子段使能、输送线 $Z$ 向位置及输送线 $Z$ 向安全阈值等。与工件支撑装置相关的参数包括支撑块的位置及尺寸，是一个用于软件系统后台计算的假想值，通常设置为比实际值稍大一些。

（3）工件参数。与工件坐标系相关的参数包括是否使用新 XML 格式的工件模型、工件姿态、工件坐标系的原点坐标 Pos X、Pos Y、Pos Z 等。

（4）路径规划参数。路径规划参数分为 3 部分，包括一般设置、喷涂平面特征、其他可选项。与一般设置相关的参数如图 9.9 所示，包括工件分割长度、最小平面宽度等。与喷涂平面特征相关的参数包括平面与线的临界阈值、平面步进宽度、最大平面长度、平面高度方向偏移值、平面长度方向偏移值、平面高度方向摆枪角度及平面长度方向摆枪角度等。

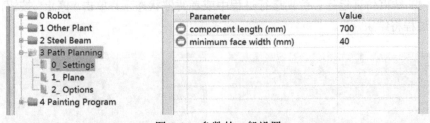

图 9.9  参数的一般设置

（5）喷涂程序参数：喷涂程序参数分为 5 部分，包括一般设置、路径修正、避免绕管、避免碰撞和喷涂工艺参数。与一般设置相关的参数如图 9.10 所示，包括安全距离、喷涂距离、工作速度百分比、过渡段速度百分比、工具号及 Pos 点类型等。

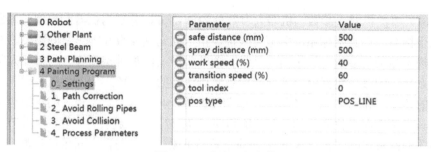

| Parameter | Value |
|---|---|
| safe distance (mm) | 500 |
| spray distance (mm) | 500 |
| work speed (%) | 40 |
| transition speed (%) | 60 |
| tool index | 0 |
| pos type | POS_LINE |

（左侧树形列表）

- 0 Robot
- 1 Other Plant
- 2 Steel Beam
- 3 Path Planning
- 4 Painting Program
  - 0_ Settings
  - 1_ Path Correction
  - 2_ Avoid Rolling Pipes
  - 3_ Avoid Collision
  - 4_ Process Parameters

图 9.10　喷涂工艺参数

**2. 实时仿真模块**

实时仿真模块，通过仿真对自动生成模块得到的喷涂程序进行校验，如果有需要，可对其进行修改，以保证喷涂程序在实际机器人上的顺利运行。实时仿真模块，对应"实时仿真"选项卡，其中有三个选项栏，分别为程序、仿真、分析，具体的仿真步骤如下。

（1）将喷枪移动至起点。假设将喷涂程序加载到系统后，机器人的状态如图 9.11 所示；单击"起始点"按钮后，机器人带着喷枪移动至所加载喷涂程序的起点，如图 9.12 所示。

（2）启动仿真运行。单击"运行"按钮，系统将启动喷涂程序的实时仿真运行，如图 9.13 所示，此处实时的含义是本软件系统中所用的机器人运动学求解算法与实际机器人控制器中所使用的运动学求解算法完全一致，所以仿真过程中机器人各个关节的运动速度、加速度等参数与实际机器人执行过程中的对应参数完全一致，故称为实时仿真。

（3）暂停仿真运行（图 9.14）。仿真执行过程中，单击"暂停"按钮，则仿真过程将暂停。

（4）结束仿真运行。仿真运行过程中或者暂停状态下，单击"停止"按钮，则仿真过程将结束。

图 9.11　初始状态

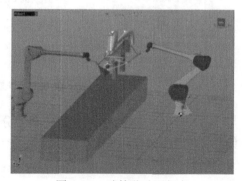

图 9.12　喷枪移动至起点

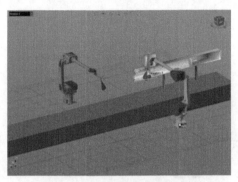
图 9.13　喷涂程序的运行图

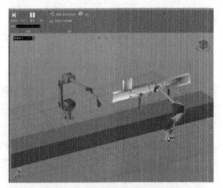
图 9.14　仿真过程的暂停

## 9.2　智能喷涂机器人在家具喷涂中的应用

### 9.2.1　视觉编程技术在家具喷涂中的应用

针对家具喷涂行业，板式家具和实木家具平板类存在工件种类繁多，且编程复杂的问题，采用视觉自动编程系统，能够显著缩短编程时间及解决工件定位的问题，并解决机器人喷涂平板类工件小批量多品种的柔性化问题。机器人视觉编程技术，可实现不同工件喷涂轨迹自动生成，从而降低用户的操作难度，替代了传统的针对单个不同型号的待喷涂工件的人工编程，缩短了喷涂加工所耗费的时间，提高了生产效率。机器人喷涂系统根据仿形轨迹、结合输送系统、喷涂工艺要求，对各种工件进行喷涂。该系统可以很容易地应用于有多种特殊形状工件的喷涂线上。自动喷涂系统的轨迹生成软件可同时适用于不同的生产线，如窗户、门板、条板等，根据输送工件的不同，主要分为地面输送和悬挂输送两种形式。

1. 地面输送机器人视觉编程系统应用

面对平板类家具工件的机器人喷涂，采用机器人视觉扫描轨迹自动生成系统解决方案可以解决小批量多品种家具产品机器人喷涂轨迹反复编程的问题。通过采用视觉系统和自动轨迹生成系统生成喷枪连续和光滑的运动轨迹，提高喷涂过程的效率，系统配置见图 9.15。

地面输送机器人视觉编程系统多用于平板类家具产品喷涂，板件按外形分为平板件、曲面件、三角形板件、带沟槽件、带把手的工件、圆形件等，如图 9.16所示为各种类型的平板件。

视觉编程系统应用的工作流程如下：

（1）人工向输送链上放置工件（图 9.17）；

（2）工件跟随输送系统通过视觉检测装置；

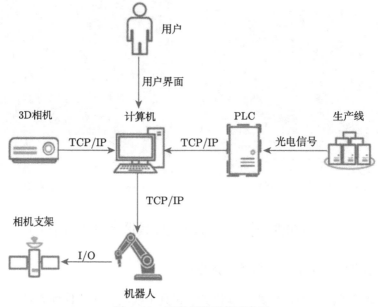

图 9.15　视觉系统通信示意图

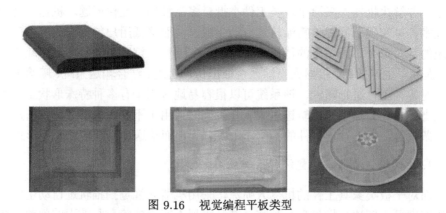

图 9.16　视觉编程平板类型

（3）视觉检测装置根据预先设定的参数，自动生成机器人轨迹，并传送给机器人；

（4）机器人根据生成的轨迹对工件进行喷涂；

（5）工件移出机器人工位，到人工下件工位，实行人工下件；

（6）系统循环进行，实现生产线的自动连续喷涂。

皮带输送光固化漆平喷线如图 9.18 所示，采用机器人喷边部及沟槽，往复机喷涂平面。工作流程为上件—自动扫描—机器人喷涂轨迹自动生成—喷边—往复喷涂面—加热流平—LED 光固化—下件，系统配置见表 9.3。

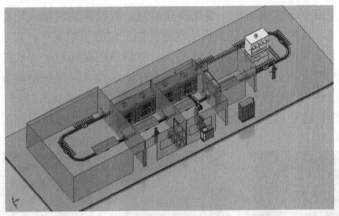

图 9.17 地面输送视觉编程系统布置图

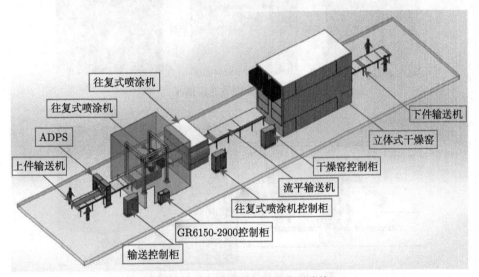

图 9.18 皮带输送光固化漆平喷线

表 9.3 皮带输送光固化漆平喷线配置

| 序号 | 设备名称 | 主要功能 |
|---|---|---|
| 1 | 输送机 | 皮带输送，工件输送 |
| 2 | 粉尘清除机 | 板面静电除尘 |
| 3 | 扫描系统 | 激光扫描仪，获取工件数据 |
| 4 | 机器人喷涂系统 | 喷涂工件边部及沟槽（含 1 泵双枪供漆系统） |
| 5 | 往复式自动喷涂机 | 喷涂工件面部（含 1 泵 4 枪供漆系统） |
| 6 | 回收型喷漆除尘柜 | 喷漆除尘 |
| 7 | 流平干燥隧道 | 流平及干燥 |
| 8 | 往复式光固化机 | 往复式光固化 |
| 9 | 系统控制柜 | 系统控制 |

扫描段采用皮带式输送机，设正压隔离室，其功能为机器人轨迹自动生成系统的视觉扫描，如图 9.19 所示。系统将激光扫描仪置于喷房前，它可以对通过的一个或者多个工件进行扫描，并生成图像。随后该图像经过工控机的处理，根据预先设定好的喷涂参数，生成特定的机器人运动轨迹，并发送给机器人执行。以上过程全部自动化，无须人为干预。采用视觉成像技术，机器人进行自动编程，效率高，且工件可随意摆放，柔性高。视觉扫描编程工作站示意图如图 9.20 所示。

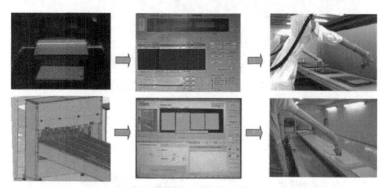

图 9.19　地面输送扫描段

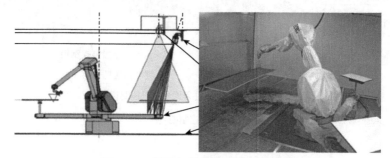

图 9.20　视觉扫描编程工作站示意图

在工厂空间有限的情况下，采用机器人转台加扫描的配置节省空间，采用人工上下件的形式，配备自动扫描编程系统喷涂效率可以达到 $20 \sim 25 \mathrm{m}^2/\mathrm{h}$，最大工件可达 $1800\mathrm{mm} \times 800\mathrm{mm}$。

**2. 悬挂输送机器人视觉编程系统应用**

悬挂输送机器人视觉编程系统多用于窗户、门等涂漆集成系统，如图 9.21 所示。系统的主要工作流程如下，工件从输送上件区上件，通过悬挂输送机经过扫描光栅时，传感器获得工件位置，得到待喷涂工件数据以获取喷涂物的容貌特征，数据可以实时显示并传输至集成计算机处理，计算机内集成有用于扫描数据处理并生成机器人喷涂的最优路径的图像处理系统和仿真系统，得到待喷涂工件数据后立刻传输给集成计算机，生成机器人喷涂轨迹并进行喷涂。

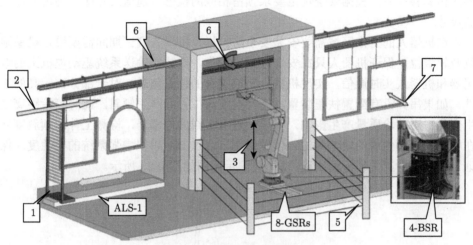

图 9.21　悬挂喷涂线系统组成

如图 9.22 所示，扫描光栅的位置并不重要，如果靠近机器人更好，因为在电源故障的情况下，机器人只会丢失最后一个工件的信息。如果扫描设备离机器人很远并且发生故障，它将丢失机器人和所有工件的信息，导致无法喷涂。工件在输送运动时激活工件扫描，扫描仪操作发生在传送器的步进运动期间，悬挂线在扫描期间必须无振动，工件通过光栅期间必须以直线模式完成，不允许对角线运动或曲线运动。

图 9.22　移动扫描光栅

当现场环境不具备以上光栅的安装条件时，可采用移动光栅形式，工件在进入喷涂区域前停止，移动 ALS-1 扫描工件全部轮廓，完成后返回初始位置。

为保证工件底部喷涂，工件最低处离地面距离最小需要约 450mm，如工件底部过于靠近地面，可在地面挖出地坑。在喷涂应用时需要仿真验证几个相对位置：

① 机器人中心相对于工件中心的位置；② 机器人喷涂工件最高点时对喷涂高度的要求；③ 机器人喷涂工件最低点时对地面的尺寸要求。在完成以上三个主要参数的仿真验证后，根据安全规范要求预留相应的检修、通道尺寸即可确定喷漆室的尺寸。

在机器人的工作区域需要安装安全防护栏，机器人调试期间需要设定机械限位及软限位，保证机器人只在安全区域内工作。安装在输送系统驱动电机上的编码器和机器人实时通信，实现机器人获取关键的位置信息。对于部分比较高的工件，如果吊具没有配置扶正装置，工件在喷涂位置会产生倾斜，此时喷涂距离发生变化，对喷涂质量产生影响，需要配置 3D 纠偏传感器，检测工件的倾斜度并在机器人自动生成的轨迹内进行位置纠偏，通过 3D 纠偏增强系统的柔性度，保证了不同尺寸工件喷涂的质量，3D 纠偏示意图如图 9.23 所示。

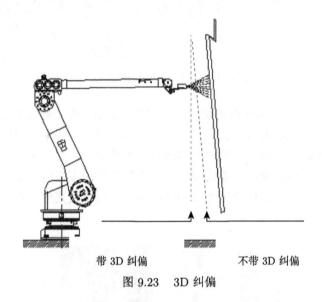

带 3D 纠偏　　　　　　　　不带 3D 纠偏

图 9.23　3D 纠偏

在某些应用条件下，需要移动机器人的位置时，还可以设计移动机构，根据实际使用需求将喷涂机器人安装于移动机构上，图 9.24 为其中一种安装方式。

图 9.24　机器人移动机构

### 9.2.2　智能喷涂机器人工作站在家具喷涂中的应用

#### 1. 木门喷涂工作站

木门的喷涂，一般工件的最大尺寸为 2400mm×1100mm×100mm，工艺要求沟槽及花纹无须特殊喷涂，往复喷涂即可。喷涂方式为定点喷涂，喷涂正面及侧边，正面喷涂完成后通过工装翻转喷涂背面。据木门外形主要为平板外形的特点，采用机器人视觉编程的形式可满足不同尺寸产品柔性化喷涂的应用。

采用 3D 视觉传感器自动扫描工件尺寸，并根据工件外形尺寸及预设的喷涂参数自动生成轨迹并喷涂，最大宽度 1200mm（扫描精度根据最大宽度调整）。喷涂动作最大可以设定 12 个，其中板件可以设定某一个边不喷。机器人视觉喷门工作站如图 9.25 所示。

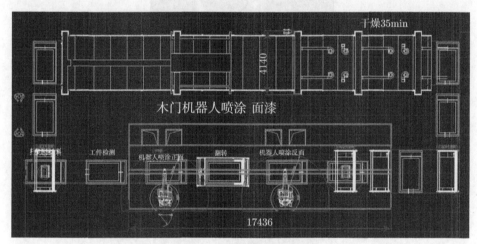

图 9.25　机器人视觉喷门工作站

木门工作站的具体工艺流程如下：

（1）工件到达扫描位，视觉系统扫描工件，工件到达 1 号喷涂机器人工位，机器人执行相应的喷涂程序；

（2）工件到达 2 号喷涂机器人工位，机器人执行相应的喷涂程序。

采用传送带和机器人喷涂的方式构建木门喷涂工作站，其结构和生产示意图如图 9.26 和图 9.27 所示。

#### 2. 码垛喷边工作站

部分家具产品如茶几、电视柜等，只需要喷涂边部，采用码垛喷涂的方式，可以提高喷涂的效率。码垛喷涂工作站的主要部件包括输送机构、喷房、供漆系统、换色系统、控制系统等，根据生产的产品进行组合，码垛喷边工作站布置图及工作站设备组成如图 9.28、图 9.29 所示。

图 9.26　木门喷涂工作站图

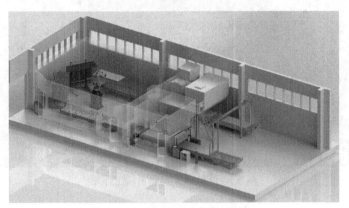

图 9.27　木门喷涂工作站方案图

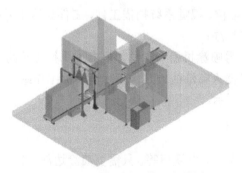

图 9.28　码垛喷边工作站布置图

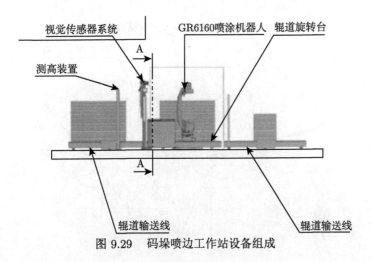

图 9.29 码垛喷边工作站设备组成

### 3. 悬挂线产品喷涂工作站

针对混合挂件门窗、金属条、大件长条等产品的喷涂，采用悬挂线在线跟踪喷涂方案，主要设备由机器人及附件、供漆/粉系统、喷枪、工件识别系统、旋转机构、CAPV 工艺控制柜等组成。悬挂线产品喷涂工作站配置图及工作站整体方案图如图 9.30、图 9.31 所示。

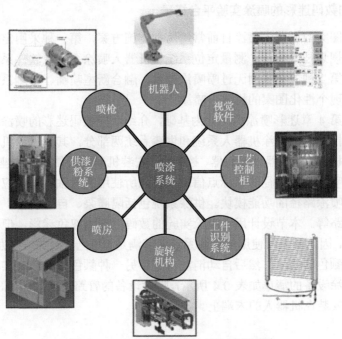

图 9.30 悬挂线产品喷涂工作站配置图

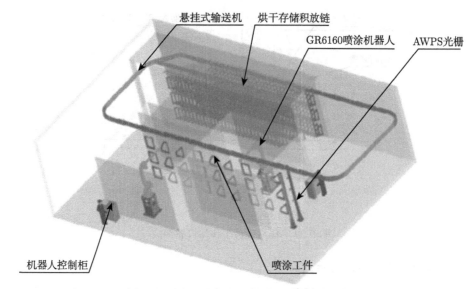

图 9.31　悬挂线产品喷涂工作站整体方案图

# 9.3　智能喷涂机器人在定制图案喷涂中的应用

### 9.3.1　面向数码迷彩的喷涂实验平台搭建

个性化图案的机器人喷涂目前常用两种实施方案，第一种采用定制迷彩喷涂机器人轨迹规划技术结合、测量定位系统、机器人喷涂系统、软件系统等实现机器人喷涂；第二种方案采用无过喷喷涂技术，融合新型喷嘴、检测系统、轨迹规划系统等实现个性化图案的机器人喷涂 [6]。

本节以第 4 章迷彩喷涂的研究为基础，介绍面向数码迷彩的喷涂实验平台的构建。系统框架包括喷涂机器人系统和供漆系统两部分，其中喷涂机器人系统包括六自由度机器人、机器人示教器、控制柜、安装机器人所使用的底座等。前面章节中规划出喷枪喷涂路径的坐标点信息，因此所使用的六轴机器人应该拥有导入路径点生成喷涂路径的功能模块。供漆系统包括隔膜泵、自动喷枪、涂料桶、气源及相关管路等。本节设计用于喷涂实验的数码迷彩为双色迷彩，但只用一个喷枪完成喷涂，因此要求所使用的供漆系统能够满足"两色一清洗"的功能，即喷枪先完成一种颜色的喷涂，然后自动清洗再进行另一种颜色的喷涂。实验平台所使用的主要喷涂设备的清单如表 9.4 所示，喷涂设备的管路连接如图 9.32 所示，其中自动喷枪安装在机器人的末端上。

表 9.4　喷涂设备清单

| 系统 | 设备名称 | 数量 |
| --- | --- | --- |
| 喷涂机器人系统 | 机器人本体 | 1 |
|  | 示教器 | 1 |
|  | 控制柜 | 1 |
| 供漆系统 | 隔膜泵 | 3 |
|  | 自动喷枪 | 1 |
|  | 换色阀 | 1 |
|  | 涂料桶 | 3 |
|  | 气源 | 1 |
|  | 空气调压器 | 4 |
|  | 调压阀 | 3 |
|  | 电磁阀 | 7 |
|  | 管线等其他配套设备 | 若干 |

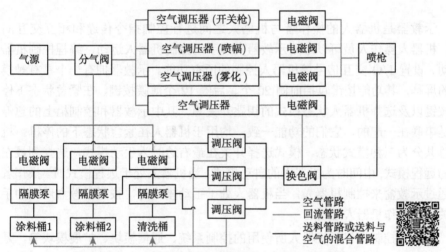

图 9.32　喷涂设备连接关系图（彩图见二维码）

**1. 喷涂设备**

根据所设计的喷涂实验平台及喷涂设备要求，喷涂实验设备选用埃夫特的 ER10L-C10 型机器人，如图 9.33 所示。该机器人是一种具有 6 个自由度的关节型机器人，其机械本体由底座、大臂、小臂、手腕部件和本体管线包部分组成。共使用 6 个马达来驱动其关节的运动从而满足机器人的各种运动要求，机器人最大负载重量可以达到 10kg，能有效地满足安装喷枪等喷涂设备的要求，最大运动半径为 2022mm，重复定位精度可达 ±0.06mm，能较好地满足喷涂范围及喷涂精度的要求。

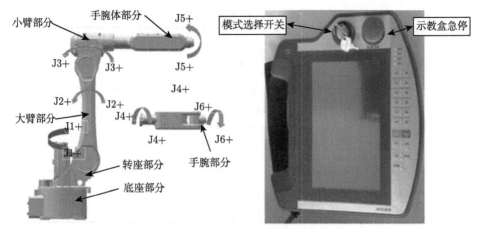

图 9.33　喷涂设备：喷涂机器人

示教器是机器人的操作者与机器人之间进行控制指令传递和相互交互的设备，机器人操作人员可以运用示教器实现手动控制机器人运动、编程控制机器人运动、设置 I/O 交互信号等机器人控制的所有功能。示教器拥有一个具有触摸功能的屏幕，其功能按键包括前侧 20 个、后侧 12 个薄膜按键、在紧急状态下停机的按键以及选择机器人状态模式的钥匙开关等。其中示教器和控制柜上的急停按钮是串联在一起的，它们的功能一致，均用于机器人在紧急状态下的停机。机器人总共分为三种模式状态，模式选择开关在最右边时为手动模式，选择到最左边时为远程模式，中间时为机器人的自动模式。当机器人处于远程模式时，操作者不能通过示教盒来控制机器人，当机器人处于手动模式时，按压示教盒后面的手压开关才能操作机器人运动。

机器人控制柜包括机器人所使用的控制系统、通信模块、扩展模块等，是机器人的"大脑"，控制机器人各关节电机的运动并通过相关算法执行操作者所发出的指令。控制柜前面板上有一排按钮，从左到右依次是主电源开关、开关伺服按钮、故障报警指示灯、急停按钮，实验所需的喷涂设备示意图如图 9.34 所示。

隔膜泵选用固瑞克的 Husky 716 型气动双隔膜泵。该隔膜泵为铝合金泵，配有免润滑、无死点的模块式气阀，最大工作流体压力可达 0.7MPa，最大自由流量为 $3.66\text{m}^3/\text{s}$，可外接电磁阀，以便从远程进行控制，配备易用的远程消声器功能，可达到更低的噪声水平。

喷枪选用固瑞克 AirPro 自动空气喷枪。该喷枪重 507g，具有体型轻巧、结构紧凑、重量轻的特点，最大工作流体压力为 0.69MPa，其稳定的喷涂性能带来高品质的涂层，可用于金属、木材和高耐磨领域的喷涂作业。由于喷枪和机器人末端法兰的限制，喷涂使用的喷枪不能直接安装在机器人末端的法兰上，必须使用专用的连接件安装在机器人上。

(a) 机器人控制柜

(b) Husky 716双隔膜泵

(c) 自动空气喷枪

(d) 换色阀

图 9.34  喷涂设备示意图

为满足"两色一清洗"的换色需求，实验平台所使用的换色阀选用 SMC 的 VCC13 型流体阀。该阀具有 3 个通口数量的 3 通气控阀，可以通过油漆、稀释剂、空气等流体。另外，该换色阀采用树脂集成块，可以增减集成位数，具有集成度高、省空间、轻量等特点，并可以安装在机械臂上使用。

除上述主要设备外，喷涂实验平台还包括调压阀、空气调压器、电磁阀、涂料桶、接头管线等其他配套设备，如图 9.35 所示。这些设备均选自固瑞克的产品，其中，每个涂料桶配有一个气动搅拌器用于涂料的搅拌以便于喷涂使用。

图 9.35 其他实验设备

**2. 喷涂实验平台搭建**

根据设计的实验平台及选用的喷涂设备，搭建完成了用于数码迷彩喷涂的实验平台。图 9.36 为换色系统的设备连接图，换色系统通过气泵提供气源，驱动隔膜泵从涂料桶中抽取涂料用于喷涂，三个隔膜泵分别与三个涂料桶相连，其中两个涂料桶用于存放不同颜色的涂料，另一个存放清洗剂用于喷枪的清洗。换色系统控制盒中的电磁阀与机器人控制柜的 I/O 接口相连接，机器人通过控制电磁阀的开关来控制喷枪的开关、雾化、扇形及隔膜泵的运行，从而实现换色系统"两色一清洗"的喷涂功能。

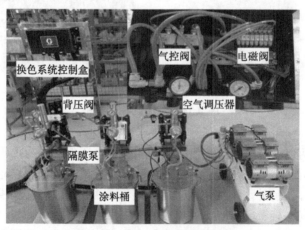

图 9.36 换色系统设备连接图

图 9.37 为搭建完成的喷涂实验平台，换色阀安装在机器人的小臂上，通过管线与换色系统相连接。喷枪安装在机器人末端，通过管线与换色阀及控制其开关、雾化、扇形的气路相连接。在实际喷涂过程中机器人通过换色系统控制盒控制换

色阀完成换色功能,换色阀的出料口与喷枪相连,通过电磁阀控制喷枪的开关、雾化、扇形等进行喷涂。

图 9.37 喷涂实验平台

### 9.3.2 数码迷彩喷涂实验验证

供漆系统具备两色一清洗的功能,即不停机工况下实现两种颜色的更换,如图 9.38 所示。整个供漆系统通过压缩空气提供动力,隔膜泵将不同涂料桶中的液体泵入换色阀。机器人控制柜控制电磁阀的通断实现 2 种颜色的切换和喷枪的开关操作,矩形喷枪固定于喷涂机器人末端法兰,连接供漆系统,设置喷涂工艺参数,使用 KAIRO 语言将规划好的迷彩喷涂路径点编写成机器人运动程序[7]。

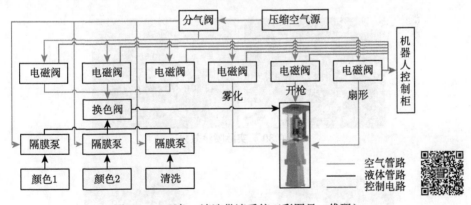

图 9.38 两色一清洗供漆系统(彩图见二维码)

#### 1. 迷彩喷涂工艺流程

由于喷涂机器人工作范围有限,本实验仅对靠近机器人的侧面、顶面、前面和后面进行喷涂。具体喷涂工艺流程如下所述。

（1）工件预处理。打磨工件表面，去除浮锈；采用压缩空气吹扫工件表面。

（2）喷涂底色。按照 2∶1∶1 的比例将油漆、稀释剂和固化剂混合搅拌均匀；使用圆形空气喷枪按照预先规划好的路径进行喷涂，对工件整体喷涂中绿色底漆。

（3）换色。执行自动换色程序，将供漆系统中的中绿色油漆替换为褐土色油漆。

（4）喷涂褐土色迷彩斑点。执行褐土色迷彩图案喷涂程序，使用矩形喷枪喷涂褐土色迷彩色块。

（5）换色。完成褐土色迷彩图案喷涂后，执行自动换色程序，将供漆系统中的褐土色油漆替换为深绿色油漆。

（6）喷涂深绿色迷彩斑点。执行深绿色迷彩图案喷涂程序，使用矩形喷枪喷涂深绿色迷彩色块。

（7）清洗。完成所有数码迷彩图案的喷涂工作后，执行自动清洗程序，将供漆系统中的油漆清洗、吹扫干净。

以上步骤中，除了预处理和调漆工作需要人工完成，第（2）～（7）步均由机器人迷彩喷涂系统自动完成。

**2. 迷彩喷涂实验结果与分析**

完成上述迷彩喷涂实验后，等待油漆完全固化，实际喷涂效果和设计的迷彩图案对比如图 9.39 和图 9.40 所示。效果图中产生的色差是由现场选用的喷漆颜色和实际调漆造成的，不影响实验结果分析。分析可知，实际迷彩喷涂的图案与设计的迷彩图案保持一致，整体涂装色彩均匀，边界处无明显过喷现象，且拐角处无明显圆弧过渡。

图 9.39　实际喷涂效果

图 9.40　设计的迷彩图案

### 9.3.3 个性化图案机器人喷涂的应用

为实现个性化图案的机器人自动化喷涂应用，国内外喷涂机器人公司在涂料、机器人、喷枪、3D 定位、轨迹规划等方面进行研究，其中代表性的应用成果如图 9.41 所示，如青岛九维华盾战场迷彩伪装机器人作业系统（图（a））、国外的 ABB 公司开发的 Pixel Paint（图（b））、德国杜尔公司的 Eco Paint Jet 无过喷技术（图（c））等都是为了解决在套色线上全自动喷涂各种类型的涂料而出现过喷、相邻色块污染的问题。

 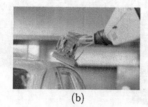 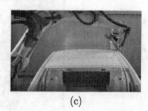

(a) (b) (c)

图 9.41  迷彩喷涂机器人作业系统

智能迷彩设计软件基于图像数字化处理、三维可视化设计、人工智能等技术，结合迷彩设计规则与传统 CAD 辅助迷彩设计经验，实现从背景光电特性数据到目标迷彩成果的全流程智能化分析处理与自动化设计。青岛九维华盾科技研究院有限公司研发的智能迷彩设计软件 [8] 采用先进算法对背景图像数据进行数字化处理，实现聚类、量化等特征分析，按照迷彩设计规则生成斑点型或数码型迷彩，并针对三维目标模型进行映射仿真和分析评估，迭代生成最终三维迷彩模型和二维施工图等，如图 9.42 所示。软件采用模块化设计理念，整体通过工程模式管理，专业功能采用向导化操作模式，具有智能高效、客观合理、简便易用等优点。软件主要包括预处理、主色提取、迷彩图案生成、迷彩三维映射、效果评估五大功能模块。

形成从背景数据处理、光电特征量化提取、智能迷彩图案设计、伪装效果客观评估的迷彩伪装设计全流程闭合回路；实现迷彩设计从专业人员人工手动设计到软件自动精确生成的标志性转变，显著提升了迷彩设计效率与客观准确性；应用机器学习方法对设计成果进行仿真评估，智能归纳总结，优化迷彩效果。可与背景数据库进行连接，进行背景数据调用或历史图案的查阅，方便设计应用管理，迷彩设计新成果直接入库。

软件系统的主体框架如图 9.43 所示，主要分为表示层、应用层、数据层三部分，表示层主要实现图像及其他数据的输入输出、结果的显示和一些简单的算法等功能，应用层主要实现复杂算法的处理及数据交互等功能，数据层主要实现数据库访问与更新。

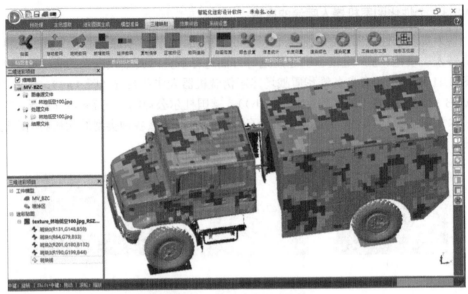

图 9.42　智能迷彩设计软件

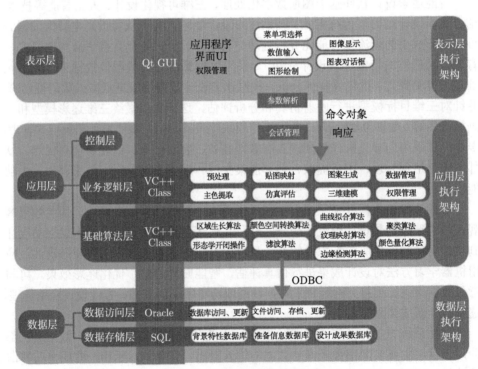

图 9.43　软件系统的主体框架

# 9.4 智能喷涂共享中心的规划与应用

## 9.4.1 共享喷涂中心新模式的优势

本节介绍一种新型的智能共享喷涂模式。针对目前中小型企业存在的喷漆、打磨等作业排放环保达标性、职业病频发、自动化程度低、产品一致性差及产品交付周期长等问题，共享智能喷涂工厂新模式的提出，能够在产业集聚区建立共享喷涂中心，解决企业产品的喷涂问题。喷涂共享中心的建设内容与优势具体如下所述。

（1）喷涂中心投资建设废气治理设备，实施动态管控，实现达标排放。如果企业单独投资废气处理设备，投资成本很高，企业承担不了。共享喷涂中心的治污措施解决了废气排放不达标、生态环境部门管控又不允许的矛盾。

（2）喷涂中心采用机器人喷涂、AGV 无人化运输、机器人打磨等自动化设备，将劳动者从劳动强度大、噪声、污染严重、危险性大等工位解放出来，机器人作业无职业病危害，安全生产。

（3）共享喷涂中心投入数字化系统通过工艺制造模型化、生产数据实时化、管理运营视图化，实现生产过程设备可感知、过程可管控、数据可分析、经验可传承及质量可追溯的智能化喷涂，达到生产工艺标准化、提升品质、产能可预测、提升交付效率的效果。

（4）通过云平台结合工业软件、人工智能等技术由专业人员集中远端服务，解决工厂养不起专业团队的难题。通过云工厂专业管理软件帮助工厂运营者更好地提升管理能力。

共享喷涂中心为实现服务于不同产品的应用需求，数字化系统在云端存储产品数据集，根据市场需求（质量、交期、成本）导出不同产品单元的制造数据模型，输出到生产设备按计划生产。生产过程 OT 侧完善数据采集迭代和修正 IT 侧制造数据模型，系统在运行中不断优化完善，其中喷涂过程管控示意图如图 9.44 所示。

共享喷涂中心创新模式的难点主要有两大部分：第一在于产品标准作业模型要准确，包括产品参数、工艺、工序、设备及成本等参数；第二要能覆盖绝大多数加工的产品。目前即使是国内头部家具厂，也没有完全做到这一点。要做到这两点，一要设备数据打通，实时采集生产过程中的数据，人工环节增加外围数采，这样才能不断反馈数据，不断修正模型；二要有平台，连接更多的工厂或加工节点，获取更多的产品类型数据，不断丰富数据库。

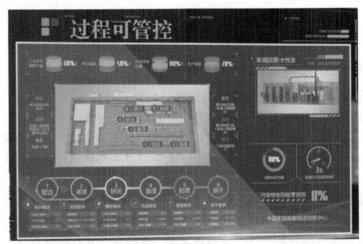

图 9.44　喷涂过程管控

## 9.4.2　家具喷涂中心的规划建设

这里我们以定制家具的喷涂为例来进行喷涂共享中心的规划建设介绍，家具喷涂中心的规划建设，包括喷涂产品定义、喷涂中心产能设计、产品油漆工艺、生产线平面布置图设计、设备选型、仓储物流规划、废气处理方法及数字化系统规划、动能核算等内容。

1. 喷涂中心喷涂产品规划生产工艺流程

家具产品的分类如下。

（1）按家具风格分为现代家具、后现代家具、欧式古典家具、美式家具、中式古典家具、新古典家具、新装饰家具。

（2）按所用材料分为玉石家具、实木家具、板式家具、软体家具、藤编家具、竹编家具、金属家具、钢木家具，以及其他材料组合如玻璃、大理石、陶瓷、无机矿物、纤维织物、树脂等。

（3）按功能分为办公家具、客厅家具、卧室家具、书房家具、儿童家具、厨卫家具 (设备) 和辅助家具等几类。

（4）按结构分为整装家具、拆装家具、折叠家具、组合家具、连壁家具、悬吊家具等。不同的家具产品有不同的生产工艺。

根据不同的材料分类，家具制造的工艺流程如图 9.45、图 9.46 所示。

定制家具常用的喷涂加工工艺流程如下所述。

（1）实色漆产品（产品 1 底 1 面）喷涂工艺。客供图纸 → 报价 → 原材料采购、客供白坯 → 底漆：往复式自动机喷涂光固化白底 + 加热流平光固化 → 底漆打磨（自动砂光线配合人工检砂）→ 面漆：机器人喷涂线喷涂水性实色面漆 → 常温表干 → 集中加热烘干 → 质检 → 交付。

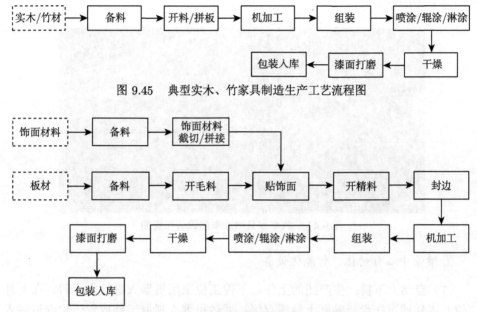

图 9.45　典型实木、竹家具制造生产工艺流程图

图 9.46　典型板式家具制造生产工艺流程图

（2）实色漆产品（中高端产品 2 底 1 面）喷涂工艺。客供图纸 → 报价 → 原材料采购、客供白坯 → 底漆 1 往复式自动机喷涂光固化白底 + 加热流平光固化 → 底漆 1 打磨（自动砂光线配合人工检砂）→ 底漆 2：往复式自动机喷涂光固化白底 + 加热流平光固化 → 底漆 2 打磨（自动砂光线配合人工检砂）→ 面漆：机器人喷涂线喷涂水性实色面漆 → 常温表干 → 集中加热烘干 → 质检 → 交付。

（3）透明色产品（低端产品：1 底 +1 色 +1 面）喷涂工艺。客供图纸 → 报价 → 原材料采购、客供白坯 → 底漆：往复式自动机喷涂光固化白底 + 加热流平光固化 → 底漆打磨（自动砂光线配合人工检砂）→ 色漆：机器人喷涂线喷涂水性色漆 → 常温表干 → 集中加热烘干 → 面漆：机器人喷涂线喷涂水性面漆 → 常温表干 → 集中加热烘干 → 质检 → 交付。

（4）透明色产品（中高端产品：擦色 +1 底 +1 色 +1 面）喷涂工艺。客供图纸 → 报价 → 原材料采购、客供白坯 → 擦色：人工擦色 + 加热烘干 → 底漆：往复式自动机喷涂光固化白底 + 加热流平光固化 → 底漆打磨（自动砂光线配合人工检砂）→ 色漆：机器人喷涂线喷涂水性色漆 → 常温表干 → 集中加热烘干 → 面漆：机器人喷涂线喷涂水性面漆 → 常温表干 → 集中加热烘干 → 质检 → 交付。

　　在进行共享喷涂中心工艺平面布置图的规划时，需要确定油漆工艺，根据油漆工艺和生产节拍要求进行设备选项及布置规划，共享家具喷涂车间设备布置图如图 9.47 所示。

图 9.47　共享家具喷涂车间设备布置图

**2. 喷涂中心自动化、智能化设备**

　　（1）自动上下料：生产线的上件、下件工位采用机器人进行上下料。在上件工位，工件通过托盘运输到上件缓存区，通过机器人抓取工件放置于输送机进入油漆工位进行油漆作业。完成油漆及烘干后，工件进入下件区，在下件暂存区，机器人及抓手将工件抓取放置于托盘支架上。在部分辊涂线上，完成正面辊涂，然后通过双机器人协作，实现下件、翻转、转线的自动化线间转移，实现无人化上下件，如图 9.48 所示。

图 9.48　机器人上下料及线间转移

（2）智能物流：利用激光导航智能叉车，实现不同工序间无人化物流运输[9]。智能举升叉车 AGV 有以下特点：① 环境轮廓自然导航（激光导航），实施环境趋于零改造；② 安全激光与防撞接触边软硬结合，为 AGV 行驶保驾护航；③ 支持后向倒车安全防护；④ 与智能调度系统结合，实现全自动的指挥调度；⑤ 手动驾驶与自动行驶自由切换；⑥ 采用多阶 Bezier 曲线方式平滑过弯；⑦ $7 \times 24$ 小时不间断工作，支持自动充电和换电池两种充电方式；⑧ 空间定位精度 $\pm 8mm$；⑨ 举升高度可达 1.8m；⑩ 支持地面二维码带的二次精准定位，如图 9.49 所示。

图 9.49　家具喷涂生产线智能物流

（3）智能喷涂：机器人视觉编程，通过视觉扫描工件外形，完成喷涂程序自动编程；实现板件侧边、外表面、沟槽自动涂装。激光束被扩展成一条线并投射到物体上，由此形成的反射光被含有线探测器照相机捕获。采用视觉成像技术，机器人进行自动编程、效率高；工件可随意摆放，柔性高，如图 9.50 所示。

图 9.50　机器人视觉扫描喷涂

### 3. 废气处理方案

根据《中华人民共和国大气污染防治法》(以下简称《大气法》)第八十六条第二款规定："重点区域内有关省、自治区、直辖市人民政府 …… 按照统一规划、统一标准、统一监测、统一的防治措施的要求,开展大气污染联合防治,落实大气污染防治目标责任。国务院生态环境主管部门应当加强指导、督促。"第九十六条第一款规定:"县级以上地方人民政府应当依据重污染天气的预警等级,及时启动应急预案,根据应急需要可以采取责令有关企业停产或者限产、限制部分机动车行驶 …… 等应急措施。"

在当前重点区域污染物排放总量远超环境容量的情况下,一旦遇到不利气象条件,仍会出现区域性重污染天气。按照《大气法》要求,当空气质量恶化到一定程度时,为保障公众身体健康,在地方政府启动重污染天气应急响应时,涉气重点行业产均应按照当地应急预案,开展应急减排。家具制造行业产排污情况一览表如表 9.5 所示。

**表 9.5　家具制造行业产排污情况一览表**

| 级别 | 生产工艺 | 废气产排污节点 | 污染物种级 | 排放形式 | 治理设施 |
|---|---|---|---|---|---|
| 木质家具、<br>竹藤家具、<br>其他家具 | 机加工 | 开料、<br>零部件加工<br>打磨 | PM | 有组织 | 袋式除尘<br>中央除尘系统<br>负压舱 |
| | 施胶 | 调胶<br>拼板<br>贴皮 | VOC | 有组织 | 集气设施或密闭车间<br>干式过滤棉/过滤箱<br>活性炭吸附<br>浓缩 + 燃烧/催化氧化 |
| | 涂装 | 调漆<br>涂装<br>烘干 | VOC | 有组织/无组织 | 集气设施或密闭车间<br>水帘机<br>干式过滤棉/过滤箱<br>活性炭吸附<br>浓缩 + 燃烧/催化氧化 |
| | | 打磨 | PM | 有组织 | 袋式除尘<br>中央除尘系统<br>负压舱 |
| 金属家具 | 机加工 | 焊接<br>打磨 | PM | 有组织 | 中央除尘系统<br>打磨房 |
| | 前处理 | 脱脂<br>酸洗<br>磷化 | 硫酸雾、氯化氢 | 无组织 | — |
| | 涂装 | 喷粉 | PM | 有组织 | 袋式除尘<br>滤筒过滤器<br>旋风除尘 |
| | | 烘干 | VOC | | 活性炭吸附<br>收集燃烧 |

#### 4. 喷涂中心废气处理治理方式

家具喷涂生产线的污染环节主要在修色工位、喷涂工位、装配工位，喷涂中心的废气处理方案需要进行 VOC 排放量核算，制定源头控制、过程控制、末端治理方案同步实施。

（1）源头控制：水性漆替代溶剂型油漆。如表 9.6 所示为水性漆和溶剂型漆特点比较，采用 LED 光固化涂料新材料技术，从配方源头避免溶剂型高 VOC 排放的有害稀释剂，用节能环保的 LED 光源照射涂层，几秒钟即可完全固化。LED 光固化涂装速度快、省人工、效率高、适应异型工件柔性喷涂、漆膜终端性能优异，且 LED 光固化涂料的 100%固含和单组分特性可以实现漆雾回收循环利用，同时进一步通过涂料新材料和自动化涂装设备整合，从而显著降低涂装综合成本。

表 9.6 水性漆与溶剂型漆比较

| 比较项目 | 有机溶剂 | 水 | 对水性漆的影响 |
|---|---|---|---|
| 表面张力/(mN/m) | 29.0 | 72.0 | 表面张力大，易流挂、缩孔等 |
| 蒸发热/(kJ/kg) | 350～450 | 2258 | 蒸发热和热容值大 |
| 热容值/(kJ/(kg·K)) | 1.6～2.0 | 4.18 | 水蒸发慢，易流挂，需设置中间加热挥发区 |
| 介电常数 | 2.37～5.10 | 80.37 | 导电性好，对静电喷涂有效 |

（2）过程控制：无组织废气做到"应收尽收"，将晾干、储存、拼板、底漆喷涂等环节采用密闭并收集无组织废气。储存环节应采用密闭容器、包装袋、高效密封储罐、封闭式储库、料仓等；处置环节应将盛装过 VOC 物料的废包装容器加盖密闭，按要求妥善处置，不得随意丢弃；高 VOC 含量废水的集输、储存和处理环节，应加盖密闭。

（3）末端治理：生产线、生产装置和生产车间的密闭良好，生产线排口的废气与喷涂废气由废气处理设施收集处理。安装在线监测设施，加强排放监管，做到实时监控，企业建立 VOC 环境管理信息台账，VOC 综合治理框图如图 9.51 所示。

#### 5. 喷涂车间数字化系统

智能设备和柔性生产线是智能制造的核心[10]。埃夫特智能装备股份有限公司以智能喷涂机器人及其柔性化喷涂生产线为核心进行共享工厂的创新应用，作为在产业集聚区的大型的共享喷涂中心，其目的是实现高效、自动化的生产模式，以低成本、高效率获取客户资源达到盈利目标。为了助力共享工厂实现盈利目标，提供进销存一条龙的信息化平台，以便提高管理效率，降低人力成本，实现各个环节的数据共享。根据客户的实际情况以及要求，在进行信息化系统总体设计的时候，所选的系统必须具有可靠的管理功能和符合国情的经济实用性，力求做到系统结构配置先进实用、更经济，节省项目的总体投资。

研究污染工艺环节

底漆 → 打磨 → 喷漆 → 有机氨气 → 喷漆等·晾干 → 有机氨气 → 组合 ← 五金配件 → 包装成品

VOC排放量核算

| 序号 | 品名 | 年使用量 | 厂内最大储存量 |
|---|---|---|---|
| 1 | 无溶剂固化底漆 | 12.5吨 | 3吨 |
| 2 | 水性面漆 | 8吨 | 2.5吨 |
| 3 | 水性固化剂 | 0.8吨 | 2.5吨 |
| 4 | 酒精 | 10吨 | 1吨 |

实施VOC综合治理方案

源头控制
1. 低挥发性原料调整：将逐步使用高固分涂料及水性漆
2. 工艺调整：将采用高流量低压喷枪等涂装效率较高的涂装工艺减少VOC的排放

过程控制
1. 无组织废气做到"应收尽收"，将晾干、储存、拼板、底漆喷涂等环节处于密闭环节并收集无组织废气
2. 储存环节应采用密闭容器、包装袋、高效密封储罐、封闭式储库、料仓等
3. 处置环节应将盛装过VOC物料的废包装容器加盖密闭，按要求妥善处置，不得随意丢弃
4. 高VOC含量废水的集输、储存和处理环节，应加盖密闭

末端治理
1. 生产线、生产装置和生产车间的密闭良好，生产线排口的废气收集后与喷涂废气一并经废气处理设施收集处理
2. 安装在线监测设施，加强排放监管，做到实时监控，企业建立VOC环境管理信息台账

废气处理系统

图 9.51　　VOC 综合治理框图

（1）稳定性和安全性原则。系统的稳定性和安全性是信息化系统成功实施的首要前提。设计方案要充分考虑涉及不同部位对生产设备的不同使用要求，对设备及软件的选型要考虑选用可靠、成熟的技术和产品，以期构筑一个稳定、可靠、安全的数字化工厂信息管理系统。

（2）合理性与易操作性原则。智能工厂系统[11]应围绕客户的生产经营目标，以提高生产效率、提高产品质量、节能降耗为原则，进行系统和工程设计；以实现"物流、信息流、资金流三流合一"为目标，为客户生产、经营和管理决策提供所需的数据信息，实现信息资源共享。在实际使用中应可以相对独立，要考虑各子系统之间的接口具有标准、通用的特性，以保证各子系统间可以完整集成和无缝连接，即实现有机合理、维护简洁又相互联动的系统。在操作上则要求采用中文界面，易学易懂，操作简单。

（3）先进性与实用性原则。设计方案要从实际需求出发，既能够满足现阶段数字化工厂中喷涂打磨等环节的需求，完成信息化的初步建设，也要考虑将来新技术的发展，对接后续工业互联网云平台。系统本着"总体策划、分期实施"的原则，对整个企业信息化进行总体设计，确保系统的完整性。但在今后的实际建设过程中，可根据资金投入情况、应用系统重要性和紧迫性情况等，分若干个阶段进行。

（4）完备性与扩展性原则。设计方案要综合考虑人、机、料、法、环的有机结合，形成一个完整的、覆盖各个环节的数字化工厂的信息系统。在设备上则既考虑现有系统的改造利用、更新，又兼顾未来技术的发展、升级和扩容。不但能和现有设备融为一体，共同运转，同时也能保持一定的前瞻性。随着 IT 技术的发展，系统能和将来的新技术相融合。

（5）标准性与模块化原则。系统采取模块化设计，具有相当的灵活性。当用户需求有所改变时，只需更换相应模块即可解决，达到方便管理、使用和维护的目的。软硬件系统应尽量满足不断优化、平滑升级的要求，具有可扩充性，以充分保护用户的利益。

（6）经济性与灵活性原则。在满足应用要求的基础上，尽可能地利用原有系统设备，尽可能地降低造价。在系统布线方面要求能满足各种应用的要求，尽可能地保持系统的灵活性。

基于"绿色、智能"的建设理念，按照《国家智能制造标准体系建设指南》的建设思路与目标，同时借鉴德国"工业 4.0"、美国"智能制造生态系统"的建设思路，对智能制造工厂进行信息化总体规划。本数字化工厂智能制造系统采用多层级架构设计，集中体现了生产自动化、管理数字化、决策科学化、结构柔性化、系统集成化及数据可视化等特征，数字化系统模拟生产工艺路线图如图 9.52 所示。

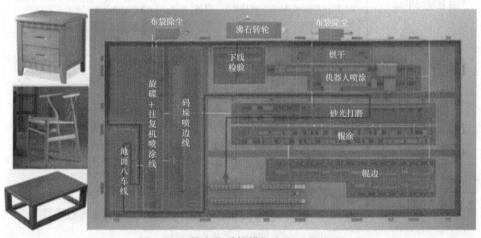

图 9.52　数字化系统模拟生产工艺路线

信息化系统的主要功能除对生产环节的进、销、存进行管理外，对设备运行状态、喷涂线的油漆消耗、设备运行时间等也可以进行信息收集和管理，信息化系统可以对喷涂线喷涂工序过程追溯，通过 RFID 的方式，设定不同的编码规则，标识待加工的产品、喷涂产线置料件支架，形成虚拟流程卡，在实际作业过程中，通过工业相机监控工人搬运的动作、识别待加工的物件，在信息化系统中形成虚拟的喷涂加工流程，虚拟流程卡同时绑定虚拟喷涂加工过程。

通过 RFID，将自动喷涂的工艺参数、设备运行状态参数与料件绑定，做到具体料件工时、喷漆量、能耗等数据收集。喷涂完成后，通过虚拟流程卡跟踪到加工后的物件，再通过下料工业相机对加工后的物件进行拍照存储，在信息化系统中进行真实与虚拟的对比，根据对比结果记录工件信息，形成质量数据。

如图 9.53 所示为喷涂中心数字化系统示意图，信息化系统主要包含以下内容。

（1）CRM 系统: 系统客户管理、订单管理、出库与报价管理、数据分析。

（2）SRM 系统：客户管理、订单管理、办公协同、报表统计。

（3）ERP 系统：物质资源、资金资源和信息资源集成一体化管理。

（4）SCADA：动态数据管理、全方位实时监控、可视化报表。

（5）WMS 系统：标准化的仓储流程，一体化的平台管理。

（6）APS 系统：智能排产、数字化生产计划、高效揉单、产能均衡、节拍一致。

（7）MES 系统：协同办公、敏捷制造、大数据分析提高决策效率、柔性化生产信息一体化。

图 9.53  喷涂中心数字化系统

### 9.4.3 家具喷涂中心的典型应用

通过工业互联网的产业平台为全产业链参与方赋能补强,完善产业链配套资源的调取。智能共享工厂以共享核心加工环节为切入点,整合产业链资源,实现全环节高效协同运作,共享核心加工环节拉动产业链下游的共享备料、共享设计的资源整合,如图 9.54 为智能共享工厂商业模式示意图。

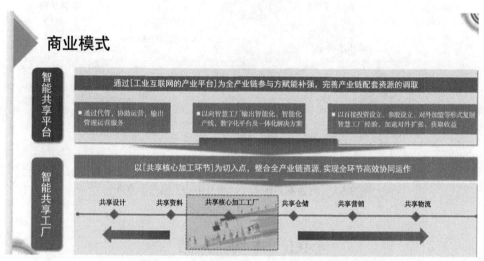

图 9.54 智能共享工厂商业模式示意图

共享设计,充分整合专业的技术、资质、服务能力为客户提供如研发设计类、非标准定制类、检验检测类等临时性的制造服务,可通过外包、合作、联盟等方式完成。核心加工工厂对下游共享设计的整合,主要体现在设计和加工的直接对接效率提高、双方减少闲置时间从而缩短时间、减少环节、降低成本,提高自身核心竞争力。

以智能制造、大数据、物联网驱动的共享核心加工工厂对共享备料中心的备料需求、备料周期等下游产业通过产业智联网实现智能调度和优化排程,按产品规格进行批量化处理,减少由转换产品规格而导致的调机停线,从而提高生产资源利用率,进一步降低生产成本。

共享备料中心通过集中共享方式提供更为经济高效的备料流程,可以有效地提升整个产业链的协同效率,并实现降低成本,同时提高物流周转速度,减少资金占用。智能共享平台整合产业数据中台,共享制造工厂与共享仓储中心信息、数据互通,实现仓储空间及时有效地、高效地中转。如图 9.55 所示为南康家具制造的"一网五中心"模式示意图。

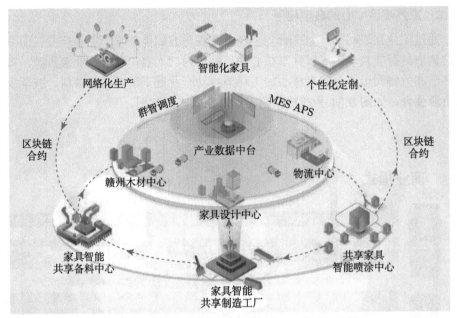

图 9.55 　南康家具制造"一网五中心"模式示意图

# 9.5 　本 章 小 结

　　本章针对智能喷涂机器人关键技术的应用进行了阐述,如轨迹规划在钢结构喷涂上的应用,视觉扫描技术在家具喷涂行业的应用,以及面向迷彩喷涂的应用等。喷涂技术的集成应用与智能化柔性喷涂生产线的搭建,显著提高了企业的生产效率和涂装质量,解决了人工涂装难、质量难以控制、生产效率低等难题。智能喷涂共享工厂模式的提出,为产业集聚区内众多中小企业面临产业升级、安全环保、人力资源不足等问题提供了解决方案,共享工厂模式对解决工业机器人的规模化应用问题也具有重要意义。智能喷涂机器人关键技术、柔性化生产线及喷涂共享工厂模式的应用,对喷涂行业及制造业的智能化升级起到重大的促进作用。

## 参 考 文 献

[1] 臧冀原, 刘宇飞, 王柏村, 等. 面向 2035 的智能制造技术预见和路线图研究. 机械工程学报, 2022,58(4): 285-308.

[2] Javaid M, Haleem A, Singh R P, et al. Substantial capabilities of robotics in enhancing industry 4.0 implementation. Cognitive Robotics, 2021,1: 58-75.

[3] 窦德玉, 王建凯, 马力, 等. 涂装车间机器人外喷站钢结构稳定性分析. 现代涂料与涂装, 2022,25(6): 57-60.

[4] 艾青林, 郑凯, 宋国正. 钢结构建筑探伤机器人刚柔耦合空间位姿解析与实验研究. 机器人, 2018,40(5): 597-606.

[5] 王富博. 大型钢结构立面作业机器人液压伺服控制与路径规划研究. 哈尔滨: 哈尔滨工程大学, 2021.

[6] 袁京然. 面向定制迷彩的机器人喷涂轨迹规划研究. 合肥: 合肥工业大学, 2021.

[7] 徐锋, 訾斌, 袁京然, 等. 喷涂机器人矩形喷枪建模分析与迷彩图案全覆盖路径规划. 机器人, 2023, 45(2): 139-155, 165.

[8] 九维华盾. 智能迷彩设计软件. http://joowee.com.cn/product/detail?cid=984[2022-10-15].

[9] 李海啸. 面向智能工厂的无线传感器网络定位技术研究. 北京: 中国科学院大学, 2021.

[10] Hu L, Miao Y M, Wu G X, et al. iRobot-factory: An intelligent robot factory based on cognitive manufacturing and edge computing. Future Generation Computer Systems, 2019,90: 569-577.

[11] Wan J F, Li X M, Dai H N, et al. Artificial-intelligence-driven customized manufacturing factory: Key technologies, applications, and challenges. Proceedings of the IEEE, 2021, 109(4): 377-398.